高等职业院校土建专业创新系列教材

钢结构构造与识图
(微课版)

孙煦东　李　婕　唐丽萍　主　编
麻子飞　但　敏　赵嘉玮　副主编

清华大学出版社
北京

内 容 简 介

本书以建筑钢结构行业职业能力要求为出发点，突出教学内容的实用性与针对性，以培养学生的实际应用能力为目标进行编写，重点突出钢结构构造与识图的相关内容。

全书共 5 章，第 1 章为钢结构识图基础，侧重介绍钢结构的发展和应用、钢结构用钢材的表达及应用、建筑钢结构制图基本规定和钢结构施工详图的设计内容；第 2 章为轻型门式刚架构造与识图，包括门式刚架组成及特点、基础、主结构、次结构、支撑系统、维护结构、辅助结构；第 3 章为多高层钢结构构造与识图，内容涉及多高层钢结构的结构体系及布置、钢梁及钢柱的构造及识图、柱脚的构造与识图、支撑的构造与识图以及楼板的构造与识图等；第 4 章为钢桁架结构构造与识图，钢桁架分为普通钢桁架和管桁架，内容主要为钢桁架结构形式及构造和钢桁架结构施工图识读；第 5 章为空间网格结构构造与识图，主要讲述空间网格结构中网架、网壳的结构形式及其特点，空间网格结构节点连接的方法与构造，以及网架结构施工图的识读。

本书可作为高等职业学校、高等专科学校、应用型本科学校各相关专业的教材，也可作为函授、自学、岗位培训教材及现场施工人员的指导书。

本书封面贴有清华大学出版社防伪标签，无标签者不得销售。
版权所有，侵权必究。举报：010-62782989，beiqinquan@tup.tsinghua.edu.cn。

图书在版编目(CIP)数据

钢结构构造与识图：微课版/孙煦东，李婕，唐丽萍主编. —北京：清华大学出版社，2022.3
高等职业院校土建专业创新系列教材
ISBN 978-7-302-57768-3

Ⅰ．①钢… Ⅱ．①孙… ②李… ③唐… Ⅲ．①钢结构—建筑构造—高等职业教育—教材 ②钢结构—建筑制图—识别—高等职业教育—教材 Ⅳ．①TU391②TU758.11

中国版本图书馆 CIP 数据核字(2021)第 050727 号

责任编辑：	石　伟　　桑任松
装帧设计：	刘孝琼
责任校对：	周剑云
责任印制：	沈　露
出版发行：	清华大学出版社
网　　址：	http://www.tup.com.cn, http://www.wqbook.com
地　　址：	北京清华大学学研大厦 A 座　　邮　编：100084
社 总 机：	010-83470000　　邮　购：010-62786544
投稿与读者服务：	010-62776969, c-service@tup.tsinghua.edu.cn
质量反馈：	010-62772015, zhiliang@tup.tsinghua.edu.cn
课件下载：	http://www.tup.com.cn, 010-62791865
印 装 者：	三河市铭诚印务有限公司
经　　销：	全国新华书店
开　　本：	185mm×260mm　　印　张：20　　字　数：485 千字
版　　次：	2022 年 4 月第 1 版　　印　次：2022 年 4 月第 1 次印刷
定　　价：	59.00 元

产品编号：085461-01

前　言

"钢结构构造与识图"是高职高专土建类专业的主干课程之一。本书以建筑钢结构行业职业能力要求为出发点，突出教学内容的实用性与针对性，以培养学生的实际应用能力为目标进行编写。一方面，本书遵循"标准融入、项目贯通"的原则，"标准融入"就是将钢结构工程中的各项标准充分融入课程教学的实施过程中，紧密结合与建筑钢结构行业有关的国家、行业部门制定的现行规范、标准、图集等文件，力争反映当前建筑钢结构的特点，并具有一定的前瞻性。"项目贯通"就是以钢结构工程中常见的4种典型结构——轻型门式刚架结构、多高层钢结构、钢桁架结构、空间网格结构作为学习对象，以代表性的实际工程项目为载体，将学习内容贯穿于"识图初步—理解构造—识图提高—应用实际"的核心能力培养中。另一方面，本教材结合职业岗位特点，采用模块式内容编排，各模块中学习单元的编排考虑到建筑钢结构的制造和安装施工顺序特点，按先后工序排序，便于培养实际操作技能。

本教材由内蒙古建筑职业技术学院的孙煦东、李婕、唐丽萍任主编，麻子飞、但敏、赵嘉玮任副主编。参加编写工作的人员分工是：第1章由唐丽萍、但敏编写；第2章由麻子飞、范鸿波、孔凡广编写；第3章由李婕、赵嘉玮编写；第4章由孙煦东、罗晓波编写；第5章由杨晓敏编写。本教材由内蒙古工业大学姜丽云老师主审。

由于编者的水平和实践经验有限，书中难免存在不妥之处，恳请广大读者和同行专家批评指正。

编　者

目　　录

微课教学资源
获取方式.pdf

第1章　钢结构识图基础 1

1.1　钢结构概述 1
1.1.1　建筑钢结构的发展 1
1.1.2　建筑钢结构的应用 2
1.1.3　建筑钢结构的特点 7
1.1.4　学习本门课程的方法 8

1.2　钢结构用钢材的表达及应用 9
1.2.1　钢结构用钢材的种类及
　　　　牌号标准 9
1.2.2　钢结构用钢材的性能 11
1.2.3　钢结构用钢材的规格与
　　　　表达方法 18
1.2.4　钢结构用钢材的选用 20

1.3　建筑钢结构制图基本规定 22
1.3.1　钢结构施工图制图规定 22
1.3.2　钢结构图纸表达方法 26

1.4　钢结构施工图简述 33
1.4.1　钢结构设计制图阶段划分及
　　　　深度 33
1.4.2　钢结构设计图的内容 34
1.4.3　钢结构施工详图的设计内容 34
1.4.4　钢结构施工图识读步骤及
　　　　方法 35

【思维导图】 37
【课程练习题】 37

第2章　轻型门式刚架构造与识图 39

2.1　门式刚架概述 39
2.1.1　轻型单层门式刚架的组成 40
2.1.2　门式刚架各构件的作用 42
2.1.3　门式刚架的特点 43

2.2　门式刚架基础 44
2.2.1　门式刚架基础设计的特点 44
2.2.2　门式刚架基础构造设计 45

2.2.3　典型柱基础详图识读 49

2.3　门式刚架主结构 56
2.3.1　刚架柱与刚架梁构造 58
2.3.2　门式刚架山墙结构构造与
　　　　识图 60
2.3.3　门式刚架伸缩缝 62
2.3.4　托梁及屋面单梁 62
2.3.5　典型主结构详图识读 64

2.4　门式刚架次结构 75
2.4.1　冷弯薄壁型钢的特点 76
2.4.2　檩条的布置和构造 76
2.4.3　墙梁的布置和构造 79
2.4.4　典型次结构详图识读 80

2.5　门式刚架支撑系统 85
2.5.1　支撑布置的目的与原则 85
2.5.2　支撑的类型 86
2.5.3　柱间支撑 87
2.5.4　屋面水平支撑 88
2.5.5　隅撑布置 89
2.5.6　典型支撑结构详图识读 89

2.6　门式刚架维护结构 97
2.6.1　门式刚架屋面系统 97
2.6.2　门式刚架墙面系统 104
2.6.3　采光与通风 106
2.6.4　典型维护结构详图识图 111

2.7　门式刚架辅助结构 117
2.7.1　雨篷、挑檐和女儿墙 117
2.7.2　吊车梁和牛腿 119
2.7.3　钢平台和栏杆 121

2.8　门式刚架施工图的内容 123
2.8.1　钢结构设计图纸的内容 123
2.8.2　钢结构施工详图设计的
　　　　深度 125

2.8.3 钢结构施工详图的图纸
绘制 125
2.8.4 某轻型门式刚架施工图
识读 127
【思维导图】 145
【课程练习题】 145

第3章 多高层钢结构构造与识图 147

3.1 多高层钢结构房屋概述 147
    3.1.1 多高层钢结构房屋的划分 147
    3.1.2 多高层钢结构房屋的应用 148
    3.1.3 多高层钢结构房屋的发展 148
3.2 多高层钢结构的结构体系及布置 149
    3.2.1 多高层钢结构的结构体系 149
    3.2.2 多高层钢结构的结构布置 154
    3.2.3 结构平面布置图识读 156
3.3 多高层钢结构的柱脚构造与识图 158
    3.3.1 柱脚的连接形式及
          构造要求 158
    3.3.2 柱脚详图识读 162
    3.3.3 常见柱脚连接节点 162
3.4 多高层钢结构的钢梁构造与识图 168
    3.4.1 梁的拼接 168
    3.4.2 梁与梁的连接形式及
          构造要求 169
    3.4.3 主次梁连接节点详图识读 172
    3.4.4 常见主次梁连接节点 172
3.5 多高层钢结构的钢柱构造与识图 177
    3.5.1 柱与柱的连接形式及
          构造要求 177
    3.5.2 常见钢柱拼接节点 179
3.6 多高层钢结构的梁柱连接构造与
    识图 188
    3.6.1 梁与柱的连接形式及
          构造要求 188
    3.6.2 梁与柱连接详图识读 192
    3.6.3 常见梁与柱连接节点 192
3.7 多高层钢结构的支撑构造与识图 198
    3.7.1 中心支撑类型及构造 198
    3.7.2 偏心支撑类型及构造 201
    3.7.3 支撑连接详图识读 202
    3.7.4 常见支撑连接节点 202
3.8 多高层钢结构的楼板构造与识图 211
    3.8.1 组合楼板构造 211
    3.8.2 组合楼板节点详图识读 216
    3.8.3 常见楼板节点 217
3.9 多层钢框架结构施工图实例识读 220
【思维导图】 229
【课程练习题】 230

第4章 钢桁架结构构造与识图 232

4.1 普通钢桁架屋架构造与识图 232
    4.1.1 普通钢桁架屋盖结构的
          布置 232
    4.1.2 普通钢桁架屋架形式与
          组成 234
    4.1.3 普通钢桁架屋盖的
          支撑体系 238
    4.1.4 普通钢桁架屋架杆件截面 241
    4.1.5 普通钢桁架屋架节点 243
    4.1.6 普通钢桁架屋架施工图
          识读 250
4.2 管桁架的构造与识图 263
    4.2.1 管桁架的特点、材料及
          规格 263
    4.2.2 管桁架的分类 263
    4.2.3 管桁架屋架的杆件 266
    4.2.4 管桁架屋架的节点 267
    4.2.5 管桁架连接节点识图 273
4.3 钢桁架结构工程实例 277
    4.3.1 梯形屋架工程实例 277
    4.3.2 管桁架工程实例 278
【思维导图】 286
【课程练习题】 287

第5章 空间网格结构构造与识图 288

5.1 空间网格结构概述 288

  5.1.1 空间网格结构的概念 288
  5.1.2 空间网格结构的特点 288
 5.2 网架结构的选型 289
  5.2.1 网架结构的形式 289
  5.2.2 网架结构的支承方式 293
 5.3 网壳结构的选型 295
 5.4 空间网格结构的杆件与节点 296
  5.4.1 空间网格结构的杆件 296

  5.4.2 空间网格结构的节点 297
 5.5 网架结构施工图识读 302
  5.5.1 工程概况 302
  5.5.2 网架施工图识读 303
【思维导图】... 311
【课程练习题】... 311

参考文献 312

第1章 钢结构识图基础

【学习要点及目标】

- 了解钢结构的发展和应用。
- 掌握钢结构用钢材的表达及应用。
- 掌握建筑钢结构制图的基本规定。
- 掌握钢结构施工详图的设计内容。

【核心概念】

钢结构、钢材、钢结构连接、钢结构制图、钢结构施工详图

【引用案例】

钢结构可以移动重建、拆卸重建，钢材可以回收利用，不会产生大量的建筑垃圾，因此钢结构是一种"绿色"的工程结构，其推广应用符合可持续发展的理念。中国的钢结构研究正处于迅猛发展时期，学好钢结构，用好钢结构，已成为土木工程专业技术人员的一项共识。本章介绍了识读钢结构施工图所需的基本知识和技能，实例均选自设计单位的施工图和标准图集，具有较强的实用性。通过对本章的学习，学生可以对钢结构施工图有较全面的理解，并能较快地学以致用。

1.1 钢结构概述

1.1.1 建筑钢结构的发展

钢结构由钢板和型钢经过加工制成的各种基本构件组成，如拉杆(有时还包括钢索)、压杆、梁、柱及桁架等，各构件之间采用焊接、螺栓或铆钉连接。这些基本构件按一定方式通过焊接和螺栓连接组成的承重结构。钢结构在我国有悠久的历史，主要是由生铁结构逐步发展起来的，中国是最早用铁制造承重结构的国家。早在秦朝(公元前二百多年)，就有了用铁建造桥墩的经验，之后在深山峡谷上建造铁链桥、悬索桥、铁塔等。铁塔方面有建于1061年的湖北玉泉寺铁塔，该铁塔高17.9m，八角十三层，为我国现存最高、最重、最大的铁塔，已有900多年的历史。中华人民共和国成立前钢结构主要有建于1927年的沈阳皇姑屯机车厂钢结构厂房和建于1928—1931年的广州中山纪念堂圆屋顶。

中华人民共和国成立后，钢结构的设计、制造、安装水平有了很大提高，建成了大量钢结构工程，有些在规模和技术上已达到世界先进水平。如采用大跨网架结构的首都体育馆、上海体育馆、深圳体育馆，采用大跨度三角拱结构的西安秦始皇陵兵马俑陈列馆，采用悬索结构的北京工人体育馆、浙江体育馆。高耸结构有高度为 600m 的广州塔、高度为 468m 的东方明珠广播电视塔和高度为 325m 的北京气象塔等。

改革开放后，随 0 着钢结构设计理论、制造、安装等方面技术的迅猛发展，各地建成了大量的高层钢结构建筑、轻钢结构、高耸结构、市政设施等。如：位于上海浦东的高度为 420.5m、88 层、总建筑面积达 290 000m² 的金茂大厦；总建筑面积达 780 000m² 的北京大兴国际机场(见图 1-1)；设计上采用外环圆形，内环椭圆形，呈波浪式马鞍结构的上海体育场；还有黑龙江广播电视塔以及横跨黄浦江的南浦大桥、杨浦大桥、卢浦大桥等。

图 1-1 大兴国际机场

1.1.2 建筑钢结构的应用

钢结构在许多工程建设领域都有应用，主要包括：
(1) 建筑工程。工业、农业、民用、公共房屋，纪念性建筑物的支承骨架。
(2) 桥梁工程。铁路、公路桥梁，城市过街天桥、立交桥等。
(3) 水利工程。水工闸门、压力钢管、施工栈桥等。
(4) 海洋工程。海洋石油平台、设施，海底输油管线等。
(5) 特种工程。输电、发射塔架，液、气储存罐及其输送管线，大型起重机架等。

应用于建筑、桥梁、海洋的钢结构，由于其应用领域、所处环境和使用要求的不同，各种钢结构所受自然环境和人为环境的影响也有差异。其设计、施工和使用虽有所区别，但是其基本属性和特征及其总的设计理念、原理、方法和所依据的理论基础等均相似。

不同领域的钢结构又可以继续分类。比如，建筑工程的钢结构有钢结构厂房、高层钢结构建筑、大跨度钢网架建筑、悬索结构建筑等；桥梁方面有公路及铁路上的各种形式的钢桥，如板梁桥、桁架桥、拱桥、悬索桥、斜张桥等。

具体到建筑工程，钢结构一般应用于高层钢结构、轻钢结构、大跨度空间钢结构、高耸钢结构、多层住宅、办公楼、桥梁钢结构等。

1. 高层钢结构体系

高层钢结构一般是指 10 层及 10 层以上或房屋高度大于 28m 的住宅建筑以及房屋高度大于 24m 的其他高层民用建筑钢结构。高层钢结构常用结构形式有钢框架结构、框架—支撑结构、钢框架—混凝土核心筒结构等。钢框架—混凝土核心筒结构在现代高层、超高层钢结构中应用较为广泛。图 1-2～图 1-7 所示的是目前有代表性的钢结构建筑。

图 1-2　大连远洋大厦

图 1-3　上海金茂大厦

图 1-4　迪拜塔

图 1-5　台北 101 大厦

位于阿拉伯联合酋长国的迪拜塔由美国芝加哥 SOM 建筑事务所设计。迪拜塔的高度为 828m，162 层，2010 年竣工。

台北 101 大厦由李祖原设计，于 2003 年建成，高度为 508m，地上层数 101 层。

图1-6 中央电视台总部大楼

图1-7 南昌双子塔

中央电视台总部大楼由荷兰人雷姆·库哈斯和德国人奥雷·舍人带领大都会建筑事务所(OMA)设计,由高234m和194m的两个塔楼组成,总投资约200亿元人民币。

南昌双子塔是南昌标志性建筑之一,是南昌的最高建筑。2014年建成,高度为303m,现为中国中部最高"双子塔"。

2. 轻钢结构体系

轻钢结构是一种年轻且极具生命力的钢结构体系,已广泛应用于一般工业、农业、商业、服务性建筑,如办公楼、仓库、体育场馆、娱乐设施、旅游建筑和低、多层住宅建筑等领域。轻钢结构因具有用钢量省、造价低、供货迅速、安装方便、外形美观、内部空旷等特点,成为近年来发展最快的领域之一。日本的轻钢住宅占总住宅建筑的比例较高,建造水平世界领先。

3. 大跨度空间钢结构体系

大跨度结构主要有网架结构和网壳结构。网架结构广泛用作体育馆、展览馆、俱乐部、影剧院、食堂、会议室、候车厅、飞机库、车间等的屋盖结构。其具有工业化程度高、自重轻、稳定性好、外形美观的特点。

大兴国际机场(见图1-8),航站楼及换乘中心总建筑面积约780 000m²,总体构型包络于一个1200m直径的正圆内,由大厅和5条指廊组成,大厅最窄处约350m,指廊长度约400m,最窄处44m,端部宽120m。其屋顶钢结构共6个结构单元;屋盖支承结构包含C型柱、支撑筒、支撑框架、钢管柱、幕墙柱;屋盖结构包含大厅网架结构和桁架结构,指廊桁架结构;层顶最大跨度125m,最大悬挑47m。

国家体育场(见图1-9),建筑体形像鸟巢,可容纳9.1万人。其平面为椭圆形,长轴332.3m,短轴296.4m。屋盖中间有一个185.3m×127.5m的开口,这部分被设计成开合屋盖。结构均采用加肋薄壁箱形截面。

4. 多层住宅、办公楼

多层住宅、办公楼一般不超过6层,柱距为6~9m,其基础受力小,有利于抗震,资源耗用少,工业化程度高,施工速度快,造价略高。图1-10所示为钢结构别墅的外观和主体结构。

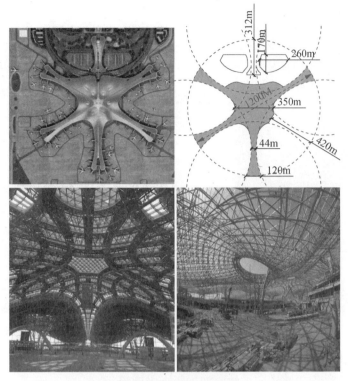

图 1-8　大兴国际机场

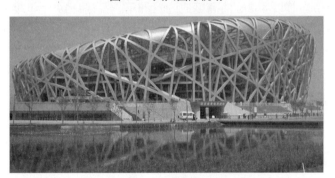

图 1-9　国家体育场

图 1-10　钢结构别墅

5. 高耸钢结构

高耸钢结构的结构形式多为空间桁架，其特点是高跨比较大，荷载以水平荷载为主，可应用于以下几个方面：①输电塔；②通信及微波塔；③多功能广播电视发射塔；④桅杆；⑤火炬塔、石油化工塔架。目前为人们所熟知的高耸结构有法国巴黎的埃菲尔铁塔(见图 1-11)和中国上海的东方明珠电视塔(见图 1-12)等建筑。

图 1-11　埃菲尔铁塔

图 1-12　东方明珠电视塔

埃菲尔铁塔建于 1889 年，高 324m，是巴黎标志性建筑，由土木工程师古斯塔夫·埃菲尔设计，为镂空格构式铁塔，塔的底部为 4 个半圆形拱。

东方明珠电视塔当时以 468m 的高度成为亚洲第一高塔。1994 年竣工，总重量达 12.54 万吨，总投资 8.3 亿元人民币。东方明珠塔由 3 根直径为 9m 的擎天立柱和太空舱、上球体、下球体、5 个小球、塔座以及广场组成。

6. 桥梁钢结构

桥梁钢结构一般有桁架式桥(如武汉、南京长江大桥)、箱形截面桥(如立交桥、铁路桥)、拱桥、斜拉桥(如上海南浦、杨浦大桥)，以及悬索桥(如江阴长江大桥)等。

杭州湾跨海大桥(见图 1-13)是一座横跨中国杭州湾海域的跨海大桥，它北起浙江嘉兴海盐郑家埭，南至宁波慈溪水路湾，大桥全长 35.7km，双向 6 车道，设计时速 100km。大桥共有各类桩基 7000 余根，是国内特大桥梁之最。杭州湾跨海大桥超过了美国切萨皮克海湾桥和沙特阿拉伯的巴林道堤桥，是目前世界上第三长的桥梁。

图 1-13　杭州湾跨海大桥

1.1.3 建筑钢结构的特点

1. 建筑钢材强度高，质量轻，塑性、韧性好

钢材密度较大，强度比混凝土、砖石高得多，适用于建造跨度大、高度高、承载重的结构。因此在承载力相同的情况下，钢结构自重比其他结构要小，其构件的截面尺寸也较小，在受压时稳定计算和刚度计算起控制作用，强度难以得到充分地利用。

结构的轻质性可以用材料的质量密度 ρ 和强度 f 的比值 α 来衡量，α 值越小，结构相对越轻。建筑钢材的 α 为 $1.7\times10^{-4} \sim 3.7\times10^{-4}$/m；木材为 5.4×10^{-4}/m；钢筋混凝土约为 18×10^{-4}/m。以同样跨度承受同样的荷载，钢屋架的重量约为钢筋混凝土屋架的 1/4～1/3，冷弯薄壁型钢屋架甚至接近 1/10。质量轻，可减轻基础的负荷，降低地基、基础部分的造价，同时还方便运输和吊装。

将钢结构用于建筑中可充分发挥钢材的延性好、塑性变形能力强的优点。由于钢材破坏前要经受很大的塑形变形，能吸收和消耗很大的能量，因此具有优良的抗震抗风性能，大大提高了建筑的安全可靠性。尤其在遭遇地震、台风灾害的情况下，钢结构能够避免建筑物的倒塌性破坏。

2. 材质均匀，和力学计算的假定比较符合

钢材内部组织比较均匀，其各个方向的物理力学性能基本相同，接近各向同性体，为理想弹塑性材料，在一般情况下处于弹性阶段工作，实际受力情况和工程力学的计算假定相符，计算结果的不确定性小，计算结果比较可靠。

3. 使用空间大，环保效果好

钢结构住宅比传统建筑能更好地满足建筑上大开间灵活分隔的要求，并可通过减小柱的截面面积和使用轻质墙板，提高面积使用率，使户内有效使用面积得到提高。

钢结构建筑施工时大大减少了砂、石、灰的用量，所用的材料绿色环保，在建筑物拆除时，大部分材料可以再用或降解，不会产生建筑垃圾，环保效果好。

4. 工业化程度高，施工速度快

钢结构构件一般是在工厂制作，施工机械化准确度和精密度皆较高。钢结构所有的材料皆可轧制成各种型材，加工简易而迅速。钢构件较轻，连接简单，安装方便，施工周期短。少量钢结构和轻型钢结构还可在现场制作，吊装简易。钢结构由于连接的特性，易于加固、改建和拆迁。

5. 密闭性较好

钢结构的水密性和气密性较好，适宜于做有密闭要求的板壳结构，如高压容器、油库、气柜、管道等。

6. 耐腐蚀性差

钢材在湿度大或有腐蚀性介质的环境中容易锈蚀，使结构受损，因此须采取防护措施，如除锈、刷油漆或涂料(锌、铝)，但增加了维护费用。对于处于湿度大、有侵蚀性介质环境中的结构,可采用耐候钢或不锈钢来提高其抗腐蚀性。

7. 钢材耐热但不耐火

钢材表面温度在150℃以内时,钢材的强度变化很小,因此钢结构可用于热车间。当温度超过150℃时,其强度明显下降。当温度达到500～600℃时,强度几乎为零,结构可能瞬间崩溃。故当结构表面长期受辐射热达150℃以上或在短时间内可能受到火灾作用时,须采取隔热和防火措施。

8. 钢结构在低温条件下,可能发生脆性断裂

由厚钢板焊接而成的承受拉力和弯矩的钢构件及其连接节点,在低温下有脆性破坏的倾向。

1.1.4 学习本门课程的方法

学习本门课程的目的在于学习钢结构基本理论、基本概念和有关知识,熟悉钢结构规范,根据钢结构构造识图知识,为今后从事钢结构施工、制造和简单钢结构设计等工程实际工作奠定基础。

在学习过程中,应端正学习态度,刻苦钻研,注意掌握知识之间的规律,举一反三,并应完成一系列相关实训作业,领会其内容实质。下面就本课程的学习方法提出几点建议。

1. 课程实践性强,学习时要理论与实践相结合

学习时应通过实习、参观等各种渠道,了解建筑物各构件的受力特点、结构布置、结构构造,从而积累感性认识。

2. 熟悉《钢结构设计标准》等各类钢结构规程、图集

工程技术人员必须遵照各种结构类型的设计规范或规程进行设计施工。注意在学习中,有关基本理论的应用最终都要落实到规范的具体规定上。在学习本课程时,自觉查阅、熟悉有关规范,以便于在工作中应用。

(1) 有关钢结构设计类的规范、规程及标准如下:
① 《钢结构设计标准》GB 50017—2017;
② 《冷弯薄壁型钢结构设计规范》GB 50018—2002;
③ 《网架结构设计与施工规范》JGJ 7—2010;
④ 《高层民用建筑钢结构设计规程》JGJ 99—2015;
⑤ 《门式刚架轻型房屋钢结构设计规程》GB 51022—2015;
⑥ 《钢结构住宅设计规范》CECS 261:2009;
⑦ 《高层建筑钢-混凝土混合结构设计规程》DG/TJ 08—015—2018;
⑧ 《轻型钢结构住宅技术规程》JGJ 209—2010。

(2) 有关钢结构施工类的规范、规程如下:
① 《钢结构结构施工质量验收规范》GB 50205—2020;
② 《钢结构焊接规范》GB 50661—2011;
③ 《钢结构高强度螺栓连接技术规程》JGJ 82—2011;

④ 《空间网格结构技术规程》JGJ 7—2010；

⑤ 《钢网架焊接空心球节点》JG/T 11—2009；

⑥ 《装配式钢建筑技术标准》GB/T 51232—2016；

⑦ 《建筑钢结构防火技术规范》GB 51249—2017；

⑧ 《钢结构工程施工规范》GB 50755—2012；

⑨ 《低合金高强度结构钢》GB/T 1591—2018。

还有与上述设计和施工规范、规程配套的钢材、焊条、型钢、钢板、紧固件等标准。

3. 注意构造措施的学习

各种构造措施是长期科学实验和工程实践经验的总结，是对结构计算中未考虑到的因素所采取的技术措施。工程事故常常是由于不重视构造措施或构造措施不当而发生的，因此在学习中要充分重视构造措施和构造处理，并注意弄清其中的道理。

4. 注意掌握钢结构所用材料的特性

材料特性不同，引起构件或结构受力性能不同，导致运用的力学原理不同，因此，要注意掌握钢结构所用材料的特性。

5. 注意设计解答不唯一

设计中许多数据可能有多种选择方案，因此设计结果不是唯一的。最终设计结果应经过各种方案的比较，综合考虑材料、造价、施工等各项指标的可行性才能确定。

1.2 钢结构用钢材的表达及应用

1.2.1 钢结构用钢材的种类及牌号标准

1. 钢材的种类

钢材按用途可分为工程用钢、工具钢(如合金工具钢、高速工具钢)和特殊性能钢(如不锈钢、耐热钢等)。工程用钢又分为建筑用钢和机械用钢。按冶炼方法，钢可分为平炉钢、转炉钢和电炉钢。转炉钢易脆、质量低，规范中已取消这种钢的使用，多数已改建成氧气转炉钢。平炉钢质量好，但冶炼时间长、成本高。氧气转炉钢质量与平炉钢相当，但成本较低。按脱氧方法，钢又分为沸腾钢、镇静钢和特殊镇静钢。镇静钢脱氧充分，沸腾钢脱氧较差，一般采用镇静钢，尤其是轧制钢材的钢坯推荐采用连续铸锭法生产，钢材必须为镇静钢。若采用沸腾钢，不但质量差、价格也不便宜，而且供货困难。按成型方法分类，钢又分为轧制钢(热轧、冷拉)、锻钢和铸钢。按化学成分分类，钢又分为碳素钢(低碳钢、中碳钢、高碳钢)和合金钢。按品质分类，钢分为普通钢、优质钢和高级优质钢。

建筑钢材中采用的是碳素结构钢、低合金高强度结构钢和优质碳素结构钢。

1) 碳素结构钢

按照国家标准《碳素结构钢》GB/T 700—2006，钢的牌号由代表屈服点的字母 Q、屈服点数值、质量等级符号(A、B、C、D)、脱氧方法符号等 4 个部分按顺序组成。

根据屈服点数值，钢材厚度(直径)≤16mm 分为 Q195、Q215、Q235、Q275。屈服强度愈大，其含碳量、强度和硬度愈大，塑性愈低。其中，Q235 在使用、加工和焊接方面的性能都比较好，所以较常采用。

质量等级分为 A、B、C、D 四级，从 A～D 表示质量由低到高。A 级钢只保证抗拉强度、屈服点、伸长率，必要时还可附加冷弯试验的要求，对碳、锰可以不作为交货条件。B、C、D 级钢均保证抗拉强度、屈服点、伸长率、冷弯和冲击韧性(分别为+20℃、0℃、-20℃)等力学性能。化学成分对碳、硫、磷的极限含量比旧标准要求更加严格。

沸腾钢、半镇静钢、镇静钢和特殊镇静钢的代号分别为 F、b、Z 和 TZ。其中，镇静钢和特殊镇静钢的代号可以省去。对于常用的 Q235 钢，A、B 级钢可以是 Z、b 或 F，C 级钢只能是 Z，D 级钢只能是 TZ。如：Q235-Ab 表示屈服强度为 235N/mm² 的 A 级半镇静钢；Q235-C 表示屈服强度为 235N/mm² 的 C 级镇静钢；Q235-D 表示屈服强度为 235N/mm² 的 D 级特殊镇静钢。

2) 低合金高强度结构钢

该种钢是在冶炼过程中添加一种或几种总量低于 5%的合金元素的钢，按照《低合金高强度结构钢》GB/T 1591—2018，采用与碳素结构钢相同的牌号表示方法。即根据钢材厚度(直径)≤16mm 时的屈服点大小，分为 Q295、Q345、Q390、Q420、Q460，其中，Q345、Q390、Q420 较常用。

低合金高强度结构钢的牌号仍有质量等级符号，除与碳素结构钢相同的 A、B、C、D 四个等级外另增加一个等级 E，主要是要求-40℃的冲击韧性。低合金高强度结构钢的 A、B 级为镇静钢，C、D、E 级为特殊镇静钢，因此钢的牌号中不注明脱氧方法。冶炼方法也由供方自行选择。

A 级钢应进行冷弯试验，其他质量级别的钢如供方能保证弯曲试验结果符合规定要求，可不做检验。Q460 和各牌号 D、E 级钢一般不供应型钢、钢棒。

3) 优质碳素结构钢

以不热处理或热处理(退火、正火或高温回火)状态交货，要求热处理状态交货的应在合同中注明，未注明者，按不热处理交货。如用于高强度螺栓的 45 号优质碳素结构钢需经热处理，强度较高，对塑性和韧性又无显著影响，相关规定可查看《优质碳素结构钢》GB/T 699—2015。

结构用钢各牌号强度设计值见表 1-1。

表 1-1 钢材的强度设计值

N/mm²

钢材牌号		钢材厚度或直径/mm	强度设计值			屈服强度 f_y	抗拉强度 f_u
			抗拉、抗压、抗弯 f	抗剪 f_v	端面承压(刨平顶紧) f_{ce}		
碳素结构钢	Q235	≤16	215	125	320	235	370
		>16, ≤40	205	120		225	
		>40, ≤100	200	115		215	
低合金高强度结构钢	Q345	≤16	305	175	400	345	470
		>16, ≤40	295	170		335	
		>40, ≤63	290	165		325	

续表

钢材牌号		钢材厚度或直径/mm	强度设计值			屈服强度 f_y	抗拉强度 f_u
			抗拉、抗压、抗弯 f	抗剪 f_v	端面承压(刨平顶紧) f_{ce}		
低合金高强度结构钢	Q345	>63，≤80	280	160	400	315	
		>80，≤100	270	155		305	
	Q390	≤16	345	200	415	390	490
		>16，≤40	330	190		370	
		>40，≤63	310	180		350	
		>63，≤100	295	170		330	
	Q420	≤16	375	215	440	420	520
		>16，≤40	355	205		400	
		>40，≤63	320	185		380	
		>63，≤100	305	175		360	
	Q460	≤16	410	235	470	460	550
		>16，≤40	390	225		440	
		>40，≤63	355	205		420	
		>63，≤100	340	195		400	

2. 钢材牌号及标准

我国现行的《钢结构设计标准》(GB 50017—2017)规定如下。

(1) 钢材宜采用 Q235、Q345、Q390、Q420、Q460 和 Q345GJ 钢，其质量应分别符合现行国家标准《碳素结构钢》GB/T 700、《低合金高强度结构钢》GB/T 1591 和《建筑结构用钢板》GB/T 19879 的规定。结构用钢板、热轧工字钢、槽钢、角钢、H 型钢和钢管等型材产品的规格、外形、重量及允许偏差应符合国家现行相关标准的规定。

(2) 焊接承重结构为防止钢材的层状撕裂而采用 Z 向钢时，其质量应符合现行国家标准《厚度方向性能钢板》GB/T 5313 的规定。

(3) 处于外露环境，且对耐腐蚀有特殊要求或处于侵蚀性介质环境中的承重结构，可采用 Q235NH、Q355NH 和 Q415NH 牌号的耐候结构钢，其质量应符合现行国家标准《耐候结构钢》GB/T 4171 的规定。

(4) 非焊接结构用铸钢件的质量应符合现行国家标准《一般工程用铸造碳钢件》GB/T 11352 的规定，焊接结构用铸钢件的质量应符合现行国家标准《焊接结构用铸钢件》GB/T 7659 的规定。

(5) 当采用本标准未列出的其他牌号钢材时，宜按照现行国家标准《建筑结构可靠度设计统一标准》GB 50068 进行统计分析，研究确定其设计指标及适用范围。

1.2.2 钢结构用钢材的性能

1. 建筑钢材的主要力学性能

1) 强度

建筑钢材的力学性能一般由单向拉伸试验测得。该试验通常将钢材的标准试件固定在拉伸试验机上，在常温下按规定的加荷速度逐渐施加拉力荷载，使试件逐渐伸长，直至拉断破坏。然后根据加载过程中所测得的数据绘出其应力—应变曲线图(即 σ-ε 曲线)。低碳钢在常温静载下的单向拉伸 σ-ε 曲线如图1-14(a)所示。图中纵坐标为应力 σ(按试件变形前的截面积计算),横坐标为试件的应变 ε($\varepsilon = \Delta L/L$,L 为试件原有标距段长度,对于标准试件,L 取试件直径的5倍或10倍,ΔL 为标距段的伸长量)。从这条曲线中可以看出,钢材在单向受拉过程中经历了下列阶段。

(1) 弹性阶段(OA)。

图1-14(a)中 OA 段为直线段,应力从零到比例极限 f_p(因弹性极限和比例极限很接近,通常以比例极限为弹性阶段的结束点),应力与应变成正比线性关系,二者的比值称为弹性模量,记为 $E = \tan\alpha = \sigma/\varepsilon$,$\alpha$ 是直线 OA 与横坐标轴间的夹角。钢材的弹性模量很大,因此,钢材在弹性工作阶段工作时的变形很小,卸荷后变形完全恢复。

(2) 弹塑性阶段(AB)。

由 A 点到 B 点,应力—应变呈非线性关系,应力增加时,增加的应变包括弹性应变和塑性应变两部分。弹性模量由 A 点处逐渐下降,至 B 点趋于0。B 点应力称为钢材屈服点(或称屈服应力、屈服强度)f_y。因此也将屈服强度 f_y 作为钢结构设计强度标准的依据,即以屈服点作为钢材的强度承载力极限。f_y 除以材料分项系数 γ_R 后,即得强度设计值 $f(f = f_y/\gamma_R)$。在此阶段卸荷时,弹性应变立即恢复,而塑性应变不能恢复,称为残余应变。

(3) 塑性阶段(BC)。

应力达到屈服点后,应力不再增加,而应变可继续增大,应力—应变关系形成水平线段 BC,通常称为屈服平台,即塑性流动阶段,钢材表现出完全塑性。对于结构钢材,此阶段最终的应变(C 点的应变)可达 2%~3%。

(4) 强化阶段(CD)。

钢材在屈服阶段经过很大的塑性变形后,其内部结晶组织得到了调整,重新恢复了承载能力。此阶段 σ-ε 曲线呈上升的非线性关系,直至应力达最高点 D(所对应的应力称为抗拉强度 f_u),试件中部某一截面发生颈缩现象,该处截面迅速缩小,承载能力也随之下降,最终试件断裂破坏,弹性应变恢复,残余的塑性变形应变可达 20%~30%。

抗拉强度 f_u 是应力—应变曲线上的最高点对应的应力值,对钢材塑性变形能力有重要影响。抗拉强度和屈服点之比(强屈比),在高层钢结构中为了保证结构具有良好的抗震性能,要求钢材的强屈比不低于 1.25,并应有明显的屈服台阶。

高强度钢一般没有明显的屈服平台,这类钢的屈服条件是根据试验分析结果而人为规定的,故称为条件屈服点(或条件屈服强度)。条件屈服点是以卸荷后试件中残余应变为 0.2% 所对应的应力定义的(有时用 $f_{0.2}$ 表示),如图1-14(b)所示。由于这类钢材不具有明显的屈服平台,设计中不宜利用它的塑性。

2) 塑性

塑性是指钢材在应力超过屈服点后,能产生显著的残余变形(塑性变形)而不立即断裂的性质。它是钢材的一个重要的性能指标,用伸长率表示。伸长率是指试件被拉断时的绝对变形值与试件原标距之比的百分数,代表材料在单位拉伸时的塑性应变能力,计算公式如下:

$$\delta = \frac{l - l_0}{l_0} \times 100\%$$

式中:l_0——试件原始标距长度(mm);

l——试件拉断后的标距长度(mm)。

$l_0=5d_0$,$l_0=10d_0$,对应的伸长率记为δ_5和δ_{10},同一种钢材δ_5大于δ_{10},现常用δ_5表示塑性指标。

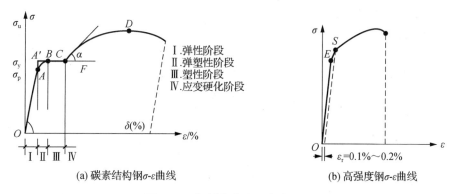

图 1-14 钢材的应力—应变曲线

3) 韧性

韧性是指钢材在塑性变形和断裂过程中吸收能量的能力,是衡量钢材抵抗动力荷载能力的指标,它是强度和塑性的综合表现,是判断钢材在动力荷载作用下是否出现脆性破坏的重要指标之一。冲击韧性即用带 V 形缺口的标准试件,在冲击试验机上通过动摆施加冲击荷载,使之断裂,如图 1-15 所示,由此测出试件受冲击荷载发生断裂所吸收的冲击功,即为材料的冲击韧性值,用 C_v 表示,单位为 J。C_v 愈高,表明材料破坏时吸收的能量愈多,因此抵抗脆性破坏的能力愈强,韧性愈好。因此韧性是衡量钢材强度、塑性及材质的一项综合指标。

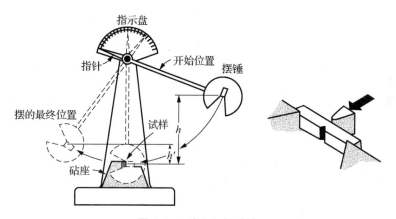

图 1-15 冲击韧性试验

温度对冲击韧性有重大影响,材料转变温度越低,说明钢的低温冲击韧性越好。实际工程中,由于低温对钢材的脆性破坏有显著影响,为了避免钢结构的低温脆断,在寒冷地区建造的结构不但要求钢材具有常温(20℃)冲击韧性指标,还要求具有 0℃和负温(-20℃、-40℃)冲击韧性指标,以保证结构具有足够的抵抗脆性破坏的能力。

总之,塑性和韧性好的钢材可以使结构在静载和动载作用下有足够的应变能力,既可减轻结构脆性破坏的倾向,又能通过较大的塑性变形调整局部应力,同时具有较好的抵抗重复荷载作用的能力。

4) 冷弯性能

冷弯性能是指钢材在常温下加工发生塑性变形时,对产生裂纹的抵抗能力,由冷弯试验来确定,如图 1-16 所示。试验时按照规定的弯心直径在试验机上用冲头加压,使试件弯成 180°,如试件外表面不出现裂纹和分层,即为合格。弯曲程度一般用弯曲角度或弯心直径与材料的厚度的比值来表示,弯曲角度越大或弯心直径与材料的厚度的比值越小,则表示材料的冷弯性能就越好。

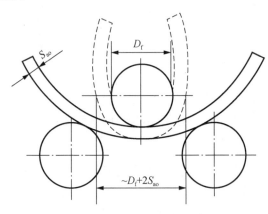

图 1-16 冷弯试验示意

冷弯试验不仅能直接检验钢材的弯曲变形能力或塑性性能,还能暴露钢材内部的冶金缺陷,如硫、磷偏析和硫化物与氧化物的掺杂情况。因此,冷弯性能是鉴定钢材在弯曲状态下的塑性应变能力和钢材质量的综合指标。

5) 良好的工艺性能

钢材应具有良好的冷弯、焊接、热处理及机械加工等工艺性能,钢材交货时应保证上述性能指标符合设计要求及相应标准的规定:承重钢结构所用的板材、型材应保证 180°冷弯试验符合相应标准的规定,结构用无缝钢管与焊接钢管应保证压扁试验符合现行国家标准《结构用无缝钢管》GB/T 8162—2018 和《直缝电焊钢管》GB/T 13793—2016 的规定。

可焊性是一项重要指标,可分为施工上的可焊性和使用上的可焊性。施工上的可焊性好是指在一定的焊接工艺下,焊缝金属及其附近金属均不产生裂纹;使用上的可焊性好是指焊接构件在施焊后的力学性能不低于母材的力学性能。

良好的工艺性能不但要求钢材易于加工成各种形式的结构或构件,而且不致因加工而对钢材的强度、塑性、韧性等造成较大的不利影响。此外,根据结构的具体工作条件,有时还要求钢材具有适应低温、高温和腐蚀性环境的能力。

按以上要求,钢结构设计标准具体规定如下:承重结构的钢材应具有抗拉强度、伸长率、屈服点和碳、硫、磷含量的合格保证;焊接结构还应具有冷弯试验的合格保证;对某些承受动力荷载的结构以及重要的受拉或受弯的焊接结构还应具有常温或负温冲击韧性的合格保证。

2. 各种因素对钢材主要性能的影响

1) 化学成分的影响

钢材是由各种化学成分组成的，化学成分及其含量对钢的性能特别是力学性能有着重要的影响。铁(Fe)是钢材的基本元素，纯铁质软，在碳素结构钢中约占99%，碳和其他元素仅占1%，但对钢材的力学性能却有着决定性的影响。其他元素包括硅(Si)、锰(Mn)、硫(S)、磷(P)、氮(N)、氧(O)等。低合金钢中还含有少量(低于5%)合金元素，如铜(Cu)、钒(V)、钛(Ti)、铌(Nb)、铬(Cr)等。

在碳素结构钢中，碳是含量仅次于纯铁的主要元素，它直接影响钢材的强度、塑性、韧性和可焊性等。随着碳含量增加，钢的强度提高，而塑性、韧性和疲劳强度下降，尤其是冲击韧性，同时恶化钢的可焊性、抗腐蚀性及冷弯性能。因此，结构用钢对含碳量要加以限制，一般不应超过0.22%，在焊接结构中还应低于0.20%。

硫和磷(特别是硫)是钢中的有害成分，它们降低了钢材的塑性、韧性、可焊性和疲劳强度。高温时，硫使钢变脆，谓之热脆。一般硫的含量应不超过0.045%；低温时，磷使钢变脆，谓之冷脆。磷的含量应不超过0.045%，但是，磷可提高钢材的强度和抗锈性。如高磷钢，其含量可达0.12%，这时应减少钢材中的含碳量，以保持一定的塑性和韧性。

氧和氮都是钢中的有害杂质。氧的作用和硫类似，使钢热脆；氮的作用和磷类似，使钢冷脆。由于氮、氧容易在熔炼过程中逸出，一般不会超过极限含量，故通常不要求作含量分析。

硅和锰是钢中的有益元素，它们都是炼钢的脱氧剂，可提高钢材的强度，含量适当时，对钢的塑性和韧性无显著的不良影响。在碳素结构钢中，硅的含量应不大于0.3%，锰的含量为0.3%~0.8%。对于低合金高强度结构钢，锰的含量可达1.0%~1.6%，硅的含量可达0.55%。

为了改善钢材的性能，可掺入一定数量的其他元素，如钒和钛，能提高钢的强度和抗腐蚀性能，又不显著降低钢的塑性。

铜在碳素结构钢中属于杂质成分，它可以显著地提高钢的抗腐蚀性能，也可以提高钢的强度，但对可焊性有不利影响。

2) 轧制与冶金缺陷的影响

钢的轧制是在高温(1200~1300℃)和压力作用下将钢锭热轧成钢板或型钢。它使钢锭中的小气孔、裂纹等焊合，金属组织致密，消除了显微组织缺陷，从而改善了钢材的力学性能。一般轧制的钢材愈小愈薄，其强度愈高，塑性和冲击韧性也愈好。因此，《钢结构设计标准》GB 50017—2017对钢材按厚度进行了分组，见表1-1。

热轧的钢材由于不均匀冷却产生残余应力，一般在冷却较慢处产生拉应力，在冷却较早处产生压应力。

常见的冶金缺陷有偏析、非金属夹杂、气孔、裂纹及分层等。偏析是合金中各组成元素在结晶时分布不均匀的现象，特别是硫、磷偏析严重恶化钢材的性能；非金属夹杂是钢中含有硫化物与氧化物等杂质，在轧制后会造成钢材的分层，使钢材沿厚度方向受拉的性能大大降低；气孔是浇注钢锭时，由氧化铁与碳作用所生成的一氧化碳气体不能充分逸出而形成的。这些缺陷都将影响钢材的力学性能。

冶金缺陷对钢材性能的影响，不仅在结构或构件受力时表现出来，有时在加工制作过程中也可表现出来。

3) 钢材硬化的影响

硬化有冷作硬化和时效硬化两种。冷作硬化是指当钢材冷加工(冷拉、冷弯、冲孔、机械剪切等)超过其弹性极限卸载后产生残余塑性变形，再次加载时屈服点提高，同时塑性和韧性降低的现象，又称为应变硬化。

在高温时熔化于铁中的少量氮和碳，随着时间的增长逐渐从纯铁中析出，形成自由碳化物和氮化物，对纯铁体的塑性变形起遏制作用，从而使钢材的强度提高，塑性、韧性下降。这种现象称为时效硬化，俗称老化。

时效硬化的过程一般很长，为测定钢材时效后的冲击韧性，常采用人工快速时效方法，加速时效硬化的发展。即先使钢材产生10%左右的塑性变形，再加热至250℃左右并保温1h后在空气中冷却。

钢材的应变时效是在塑性变形时或变形后。固溶状态的间隙溶质(C、N)与位错交互作用，钉孔位错阻止变形，导致强度提高，韧性下降的力学冶金现象。

在一般钢结构中，有些重要结构要求对钢材进行人工时效后检验其冲击韧性，以保证结构具有足够的抗脆性破坏能力。另外，应将局部硬化部分用刨边或钻孔予以消除。

4) 温度影响

钢材性能随温度变化而变化。0℃以上，温度升高时钢材总的变化趋势是：钢材强度降低，应变增大；温度约在200℃以内钢材性能没有明显变化，430～540℃之间时钢材强度急剧下降，600℃时钢材强度很低不能承担荷载。但在250℃左右，钢材的强度反而略有提高，同时塑性和韧性均下降，材料有转脆的倾向，钢材表面氧化膜呈现蓝色，称为蓝脆现象。钢材应避免在蓝脆温度范围内进行热加工。

当温度在260～320℃时，在应力持续不变的情况下，钢材以很缓慢的速度继续变形，这种现象称为徐变。

当温度从常温开始下降，特别是在负温度范围内时，钢材强度虽有提高，但其塑性和韧性降低，材料逐渐变脆，这种性质称为低温冷脆。钢材由韧性状态向脆性状态转变的温度叫冷脆转变温度T_0(又称冷脆临界温度)，如图1-17所示。它是由大量使用经验和实验资料统计分析确定的。

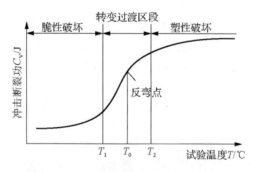

图1-17 冲击韧性与温度的关系曲线

5) 应力集中的影响

钢材的工作性能和力学性能指标都是以轴心受拉杆件中应力沿截面均匀分布的情况作为基础的。实际上在钢结构构件中不可避免地存在着孔洞、槽口、凹角、截面突然改变以及钢材内部缺陷等。此时，构件中的应力分布将不再保持均匀，而是在某些区域产生局部高峰应力，在另外一些区域则应力降低，出现应力集中现象，促使钢材变脆，如图1-18所示。高峰区的最大应力与净截面的平均应力之比称为应力集中系数，应力集中系数愈大，钢材变脆的倾向愈严重。但由于建筑钢材塑性较好，在一定程度上的应力重分布会使应力分布严重不均的现象趋于平缓。故受静荷载作用的构件在常温下工作时，计算中可不考虑应力集中的影响。但在负温下或动力荷载作用下工作的结构，应力集中的不利影响十分突出，往往是引起脆性破坏的根源，故在设计中应采取措施避免或减小应力集中，并选用质量优良的钢材。

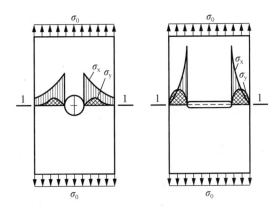

图 1-18 孔洞及槽孔处的应力集中

6) 反复荷载作用的影响

钢材在反复荷载作用下，结构的抗力及性能都会发生变化，甚至发生疲劳破坏。在直接的连续反复的动力荷载作用下，钢材的强度将降低，即低于一次静力荷载作用下的拉伸试验的极限强度 f_u，这种现象称为钢材的疲劳。疲劳破坏表现为突然发生的脆性断裂。

实际上，疲劳破坏是累计损伤的结果。材料总是有"缺陷"的，在反复荷载作用下，先在其缺陷部位发生塑性变形和硬化而生成一些极小的裂痕，此后这种微观裂痕逐渐发展成宏观裂纹，试件截面被削弱，在裂纹根部出现应力集中现象，使材料处于三向拉伸应力状态，塑性变形受到限制，当反复荷载达到一定的循环次数时，材料最终被破坏，并表现为突然的脆性断裂。

实践证明，构件的应力水平不高或荷载反复次数不多的钢材一般不会发生疲劳破坏，计算时不必考虑疲劳的影响。但是，长期承受频繁的反复荷载的结构及构件，例如承受重级工作制吊车的吊车梁，在设计中就必须考虑结构的疲劳问题。

本节介绍了各种因素对建筑钢材基本性能的影响，研究和分析这些影响的最终目的是了解建筑钢材在什么条件下可能发生脆性破坏，从而可以采取措施予以防止。钢材的脆性破坏往往是多种因素影响的结果，例如当温度降低、荷载速度增大、使用应力较高等，特别是这些因素同时存在时，材料或构件就有可能发生脆性断裂。根据现阶段研究情况来看，这不是一个单纯由设计计算或者加工制造某一个方面来控制的问题，而是一个必须由设计、制造及使用等多方面来共同加以防止的事情。

为了防止钢材脆性破坏的发生，一般需要在设计、制造及使用中注意下列各点。

(1) 合理地设计。设计应力求合理，使其能均匀、连续地传递应力，避免构件截面剧烈变化。对于焊接结构，为保证焊缝质量，要求采用可焊性较好的钢材。低温下工作，受动力作用的钢结构应选择合适的钢材，使所用钢材的脆性转变温度低于结构的工作温度，例如选用Q235-C(或D)、Q345-C(或D)钢等，并尽量使用较薄的材料。

(2) 正确地制造。应严格遵守设计对制造所提出的技术要求，例如尽量避免使材料出现应变硬化，因剪切、冲孔而造成的局部硬化区，要通过扩钻或刨边来除掉；要正确地选择焊接工艺，保证焊接质量，不在构件上任意起弧、打火和锤击，必要时可用热处理的方法消除重要构件中的焊接残余应力，重要部位的焊接，要由经过考试挑选的有经验的焊工操作。

(3) 正确地使用。例如，不在主要结构上任意焊接附加的零件，不任意悬挂重物，不任意超负荷使用结构；要注意检查维修，及时涂油漆防锈，避免任何撞击和机械损伤；原设计在室温工作的结构，在冬季停产检修时要注意保暖等。

总之，不仅要注意适当选择材料和正确处理细部构造设计，对制造工艺的影响也不能忽视。对使用也应提出在使用期内应注意的主要问题。

1.2.3 钢结构用钢材的规格与表达方法

钢结构采用的型材有热轧成型的钢板和型钢(见图1-19)以及冷弯(或冷压)成型的薄壁型钢(见图1-20)。

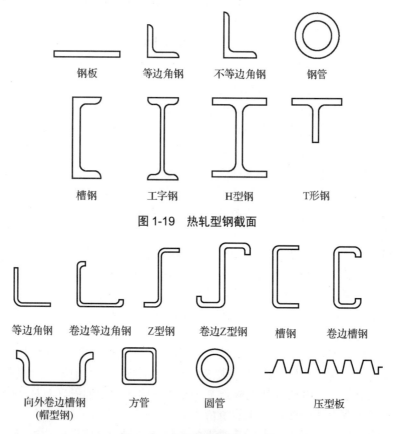

图1-19 热轧型钢截面

图1-20 冷弯型钢的截面形式

1. 钢板

常见的热轧钢板有薄钢板(厚度为 0.35～4mm)、厚钢板(厚度 4～60mm)、特厚钢板(厚度 60～115mm)和扁钢(厚度为4.0～60mm,宽度为30～200mm,此钢板宽度小)等。钢板的表示方法为,在符号"—"后加"宽度×厚度×长度"或"宽度×厚度",如—450×10×300,—450×10(单位 mm)。

2. 型钢

型钢主要有角钢、工字钢、H 型钢、槽钢、钢管、冷弯薄壁型钢等。

(1) 角钢。角钢分等边和不等边两种。不等边角钢的表示方法为,在符号"∟"后加"长肢宽×短肢宽×厚度",如∟80×50×6;等边角钢则以肢宽和厚度表示,如∟80×6(单位:mm)。

(2) 工字钢。工字钢有普通工字钢、轻型工字钢两种。普通工字钢和轻型工字钢用"I"后加其截面高度的厘米数表示。20 号以上的工字钢,同一号数有三种腹板厚度,分别为a、b、c 三类,其中 a 类腹板最薄,翼缘最窄,用作受弯构件较为经济,如I32a。轻型工字钢的腹板和翼缘均较普通工字钢薄,因而在相同重量下其截面模量和回转半径均较大。

(3) H 型钢。H 型钢是世界各国使用很广泛的热轧型钢,与普通工字钢相比,其翼缘内外两侧平行,便于与其他构件相连。它可分为宽翼缘 H 型钢(代号 HW,翼缘宽度 B 与截面高度 H 相等)、中翼缘 H 型钢[代号 HM,$B=(1/2～2/3)H$]、窄翼缘 H 型钢[代号 HN,$B=(1/3～1/2)H$]。各种 H 型钢均可剖分为 T 型钢供应,代号分别为 TW、TM 和 TN。H 型钢和剖分 T 型钢的规格表示为:高度 H×宽度 B×腹板厚度 t_1×翼缘厚度 t_2。例如 HM340×250×9×14,其剖分 T 型钢为 TM170×250×9×14,单位均为 mm。

(4) 槽钢。槽钢有普通槽钢和轻型槽钢两种,以其截面高度的厘米数编号前面加上符号"["表示,如[30a。轻型槽钢其翼缘较普通槽钢宽而薄,腹板也较薄,回转半径较大,重量较轻,表示方法为符号"Q["加上截面高度厘米数。

(5) 钢管。钢管有无缝钢管和焊接钢管两种,用符号"ϕ"后面加"外径×厚度"表示,如 ϕ273×5,单位为 mm。

对普通钢结构的受力构件不宜采用厚度小于 5mm 的钢板、壁厚小于 3mm 的钢管、截面小于 L45×4 或 L56×36×4 的角钢。

(6) 冷弯薄壁型钢。薄壁型钢是用薄钢板(一般采用 Q235 或 Q345 钢),经模压或弯曲而制成,其壁厚一般为 1.5～12mm,在国外薄壁型钢厚度有加大范围的趋势。它能充分利用钢材的强度以节约钢材,在轻钢结构中得到广泛应用。常用的截面形式有等边角钢、卷边等边角钢、Z 型钢、卷边 Z 型钢、槽钢、卷边槽钢(C 型钢)、钢管等,如图 1-20 所示。其表示方法为:字母"B 或 BC"加"截面形状符号"加"长边宽度×短边宽度×卷边宽度×壁厚",无卷边时,不标卷边宽度单位为 mm,如 BC 160×60×20×3。

有防锈涂层的彩色压型钢板是冷弯薄壁型钢的另一种形式,所用钢板厚度为 0.4～1.6mm,用作轻型屋面及墙面等构件。

1.2.4 钢结构用钢材的选用

钢材的选择在钢结构设计中是首要的一环。为达到安全可靠、满足使用要求以及经济合理的目的，选择钢材牌号和材性时应综合考虑以下因素。

1. 结构的重要性

结构和构件按其用途、部位和破坏后果的严重性可分为重要、一般和次要三类。不同类别的结构或构件应选用不同的钢材；对于重型工业建筑结构、大跨度结构、高层或超高层的民用建筑结构或构筑物等重要结构，应考虑选用质量好的钢材；对于一般工业与民用建筑结构，可按工作性质选用普通质量的钢材。

2. 荷载情况

荷载可分为静态荷载和动态荷载两种。直接承受动态荷载的结构和强烈地震区的结构，应选用综合性能好的钢材；一般承受静力荷载的结构则可选用价格较低的 Q235 钢。

3. 连接方法

钢结构的连接方法有焊接和非焊接两种。由于在焊接过程中，会产生焊接变形、焊接应力以及其他焊接缺陷，如咬边、气孔、裂纹、夹渣等，有导致结构产生裂缝或脆性断裂的危险，因此，焊接结构对材质的要求应严格一些。例如，在化学成分方面，焊接结构必须严格控制碳、硫、磷的极限含量；而非焊接结构对碳的含量可降低要求。

4. 结构所处的温度和环境

钢材处于低温时容易变脆，因此在低温条件下工作的结构，尤其是焊接结构，应选用具有良好抗低温脆断性能的镇静钢。此外，露天结构的钢材容易产生时效，有害介质作用的钢材容易腐蚀、疲劳和断裂，也应加以区别地选用不同材质。

5. 钢材厚度

厚度大的钢材不但强度小，而且塑性、冲击韧性和焊接性能也较差。因此，厚度大的焊接结构应采用材质好的钢材。

按照上述原则，《钢结构设计标准》GB 50017—2017 规定如下。

(1) 结构钢材的选用应遵循技术可靠、经济合理的原则，综合考虑结构的重要性、荷载特征、结构形式、应力状态、连接方法、工作环境、钢材厚度和价格等因素，选用合适的钢材牌号和材性保证项目。

(2) 承重结构所用的钢材应具有屈服强度、抗拉强度、伸长率和硫、磷含量的合格保证，对焊接结构尚应具有碳当量的合格保证。焊接承重结构以及重要的非焊接承重结构采用的钢材应具有冷弯试验的合格保证；对直接承受动力荷载或需验算疲劳的构件所用钢材尚应具有冲击韧性的合格保证。

(3) 钢材质量等级的选用应符合下列规定。

① A 级钢仅可用于结构工作温度高于 0℃ 的不需要验算疲劳的结构，且 Q235A 钢不

宜用于焊接结构。

② 需验算疲劳的焊接结构用钢材应符合下列规定：

a. 当工作温度高于 0℃时，其质量等级不应低于 B 级。

b. 当工作温度不高于 0℃但高于-20℃时，Q235、Q345 钢不应低于 C 级，Q390、Q420 及 Q460 钢不应低于 D 级。

c. 当工作温度不高于-20℃时，Q235 钢和 Q345 钢不应低于 D 级，Q390 钢、Q420 钢、Q460 钢应选用 E 级。

③ 需验算疲劳的非焊接结构，其钢材质量等级要求可较上述焊接结构降低一级，但不应低于 B 级。吊车起重量不小于 50t 的中级工作制吊车梁，其质量等级要求应与需要验算疲劳的构件相同。

(4) 工作温度不高于-20℃的受拉构件及承重构件的受拉板材，应符合下列规定。

① 所用钢材厚度或直径不宜大于 40mm，质量等级不宜低于 C 级。

② 当钢材厚度或直径不小于 40mm 时，其质量等级不宜低于 D 级。

③ 重要承重结构的受拉板材宜满足现行国家标准《建筑结构用钢板》GB/T 19879 的要求。

(5) 在 T 形、十字形和角形焊接的连接节点中，当其板件厚度不小于 40mm 且沿板厚方向有较高撕裂拉力作用，包括较高约束拉应力作用时，该部位板件钢材宜具有厚度方向抗撕裂性能即 Z 向性能的合格保证，其沿板厚方向断面收缩率不小于按现行国家标准《厚度方向性能钢板》GB/T 5313 规定的 Z15 级允许限值。钢板厚度方向承载性能等级应根据节点形式、板厚、熔深或焊缝尺寸、焊接时节点拘束度以及预热、后热情况等综合确定。

(6) 采用塑性设计的结构及进行弯矩调幅的构件，所采用的钢材应符合下列规定。

① 屈强比不应大于 0.85。

② 钢材应有明显的屈服台阶，且伸长率不应小于 20%。

(7) 钢管结构中的无加劲直接焊接相贯节点，其管材的屈强比不宜大于 0.8；与受拉构件焊接连接的钢管，当管壁厚度大于 25mm 且沿厚度方向承受较大拉应力时，应采取措施防止层状撕裂。

(8) 连接材料的选用应符合下列规定。

① 焊条或焊丝的型号和性能应与相应母材的性能相适应，其熔敷金属的力学性能应符合设计规定，且不应低于相应母材标准的下限值。

② 对直接承受动力荷载或需要验算疲劳的结构，以及低温环境下工作的厚板结构，宜采用低氢型焊条。

③ 连接薄钢板采用的自攻螺钉、钢拉铆钉(环槽铆钉)、射钉等应符合有关标准的规定。

(9) 锚栓可选用 Q235、Q345、Q390 或强度更高的钢材，其质量等级不宜低于 B 级。工作温度不高于-20℃时，锚栓尚应满足本标准第(4)条的要求。

1.3　建筑钢结构制图基本规定

1.3.1　钢结构施工图制图规定

1. 线型

在结构施工图中，图线的基本宽度 b 通常为 1.4mm、0.7mm、0.5mm，当选定基本线宽度为 b 时，则粗实线为 b、中实线为 $0.5b$、细实线为 $0.25b$。在同一张图纸中，相同比例的各种图样，通常选用相同的线宽。各种线型及线宽所表示的内容见表 1-2。

表 1-2　图线

名称		线型	线宽	表示的内容
实线	粗	——	b	螺栓、结构平面图中的单线结构构件线、支撑及系杆线，图名下横线、剖切线
	中	——	$0.5b$	结构平面图及详图中剖到或可见的构件轮廓线、基础轮廓线
	细	——	$0.25b$	尺寸线、标注引出线，标高符号，索引符号
虚线	粗	----	b	不可见的螺栓线、结构平面图中不可见的单线结构构件线及钢结构支撑线
	中	----	$0.5b$	结构平面图中的不可见构件轮廓线
	细	----	$0.25b$	基础平面图中的管沟轮廓线
单点长画线	粗	—·—·—	b	柱间支撑、垂直支撑、设备基础轴线图中的中心线
	细	—·—·—	$0.25b$	定位轴线、对称线、中心线
双点长画细线		—··—··—	$0.25b$	原有结构的轮廓线
折断线		～～	$0.25b$	断开界线
波浪线		～～	$0.25b$	断开界线

2. 钢结构施工图中常用的比例

一般结构平面图为 1∶50、1∶100，基础平面图为 1∶150、1∶200，详图为 1∶10、1∶20，但也可根据图样的用途、被绘物体的复杂程度采用其他比例。

当构件的纵、横向断面尺寸相差悬殊时，同一详图中的纵、横向可采用不同的比例，轴线尺寸与构件尺寸也可不同。

3. 剖切符号

施工图中剖视的剖切符号用粗实线表示，它由剖切位置线和投射方向组成。剖切位置线的长度大于投射方向线的长度(见图 1-21)，一般剖切位置线的长度为 6～10mm，投射方向线的长度为4~6mm。剖视的剖切符号的编号为阿拉伯数字，顺序由左至右、由上至下连续编排，并注写在剖视方向线的端部(见图1-21)。需转折的剖切位置线，在转角的外侧加注与该符号相同的编号，如图1-21中3剖切线。构件剖面图的剖切符号通常标注在构件的平面图或立面图上。

断面的剖切符号用粗实线表示，且仅用剖切位置线而不用投射方向线。断面的剖切符号编号所在的一侧为该断面的剖视方向(见图1-22)。剖面图或断面图与被剖切图样不在同一张图纸内时，在剖切位置线的另一侧标注其所在图纸的编号，或在图纸上集中说明。

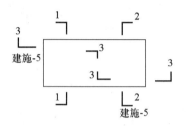
图 1-21　剖视的剖切符号

图 1-22　断面的剖切符号

4. 索引符号、详图符号

图样中的某一局部或构件需另见详图时，以索引符号进行表达(见图1-23(a))。索引符号由直径为 10mm 的圆和水平直径组成，圆和水平直径用细实线表示。索引出的详图与被索引出的详图同在一张图纸上时，在索引符号的上半圆中用阿拉伯数字注明该详图的编号，在下半圆中间画一段水平细实线，如图 1-23(b)所示。索引出的详图与被索引出的详图不在同一张图纸上时，在符号索引的上半圆中用阿拉伯数字注明该详图的编号，下半圆中用阿拉伯数字注明该详图所在图纸的编号，如图 1-23(c)所示，数字较多时，也可加文字标注。

索引出的详图采用标准图时，在索引符号水平直径的延长线上加注该标准图册的编号，如图1-23(d)所示。

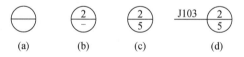
图 1-23　索引符号

索引符号用于索引剖视详图时，在被剖切的部位绘制剖切位置线，并用引出线引出索引符号，引出线所在的一侧即为投射方向，如图1-24所示。索引符号的编号同上。

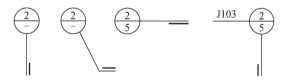
图 1-24　用于索引剖面详图的索引符号

零件、杆件的编号用阿拉伯数字按顺序编写，用直径为 4~6mm 的细实线圆表示，如图 1-25 所示，同一图样圆的直径要相同。

详图符号的圆用直径为14mm 的粗线表示，当详图与被索引出的图样在同一张纸上时，在详图符号内用阿拉伯数字注明该详图编号,如图 1-26 所示。

当详图与被索引出的图样不在同一张图纸上时,用细实线在详图符号内画一水平直径,上半圆中注明详图的编号,下半圆中注明被索引图纸的编号,如图 1-27 所示。

图 1-25　零件、杆件的编号　　图 1-26　被索引的图样在同一张纸上的详图符号　　图 1-27　被索引的图样不在同一张纸上的详图符号

5. 引出线

施工图中的引出线用细实线表示,它由水平方向的直线或与水平方向成 30°、45°、60°、90°的直线和经上述角度转折的水平直线组成。文字说明注写在水平线的上方或端部,如图 1-28(a)、(b)所示,索引详图的引出线与水平直径线相连接,如图 1-28(c)所示。

同时引出几个相同部分的引出线,引出线可相互平行,也可集中于一点,如图 1-29 所示。

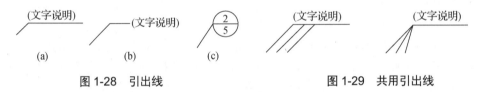

图 1-28　引出线　　　　　　　　　　图 1-29　共用引出线

多层构造或多层管道共用的引出线要通过被引出的各层。文字说明注写在水平线的上方或端部,说明的顺序由上至下,与被说明的层次一致。若层次为横向排序时,则由上至下的说明顺序与由左至右的层次相一致,如图 1-30 所示。

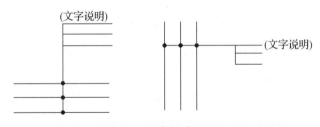

图 1-30　多层构造引出线

6. 对称符号

施工图中的对称符号由对称线和两端的两对平行线组成。对称线用细点画线表示,平行线用细实线表示。平行线长度为 6~10mm,每对平行线的间距宜为 2~3mm,对称线垂直平分于两对平行线,两端超出平行线 2~3mm,如图 1-31 所示。

7. 连接符号

施工图中,当构件详图的纵向较长、重复较多时,可省略重复部分,用连接符号相连。连接符号用折断线表示所需连接的部位,当两部位相距过远时,折断线两端图样一侧要标注大写拉丁字母表示连接编号。两个被连接的图样要用相同的字母编号,如图 1-32 所示。

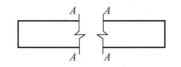

图 1-31　对称符号　　　　　　　图 1-32　连接符号

8. 定位轴线

施工图中的定位轴线用细点画线表示，轴线的编号写在轴线端部的圆内，圆用细实线表示，直径为 8~10mm，定位轴线圆的圆心在定位轴线的延长线上或延长线的折线上。

平面图上定位轴线的编号标注在图样的下方与左侧，横向编号用阿拉伯数字，从左至右编写，竖向编号用大写拉丁字母，从下至上编写，如图 1-33 所示。拉丁字母不够用时可用双字母或单字母加数字角标，如 AA、BA、$A1$、$B2$ 等表示。

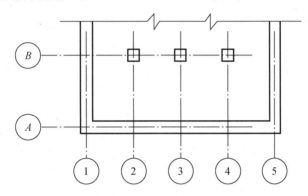

图 1-33　定位轴线的编号顺序

组合较复杂的平面图，定位轴线可采用分区编号，如图 1-34 所示，编号形式为"分区号-该分区定位轴线编号"。分区号用阿拉伯数字或大写拉丁字母表示。

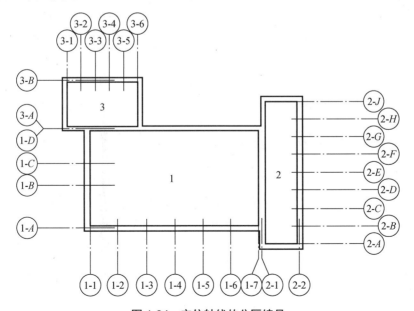

图 1-34　定位轴线的分区编号

附加定位轴线的编号用分数表示，两根轴线间的附加轴线，分母表示前一轴线的编号，分子表示附加轴线的编号，如图 1-35(a)、(b)所示。1 号轴线和 A 号轴线之前的附加轴线的分母用 01 或 0A 表示，如图 1-35(c)、(d)所示。

当一个详图适用于几根轴线时，同时注明各有关轴线的编号。图 1-36(a)用于 2 根线，图 1-36(b)用于 3 根或 3 根以上轴线，图 1-36 (c)用于 3 根以上连续编号轴线，通用详图的定位轴线只画圆，不注写轴线编号。

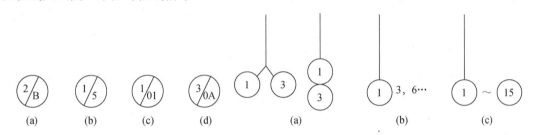

图 1-35　附加定位轴线的编号　　　　　　　图 1-36　详图的轴线编号

圆形平面图的定位轴线编号，径向轴线用阿拉伯数字，从左下角开始按逆时针顺序编写，圆周轴线用大写拉丁字母，从外向内顺序编写，如图 1-37 所示。折线形平面图的定位轴线编号，如图 1-38 所示。

需注意的是，结构平面图中的定位轴线与建筑平面图或总平面图中的定位轴线应一致，同时结构平面图要标注结构标高。

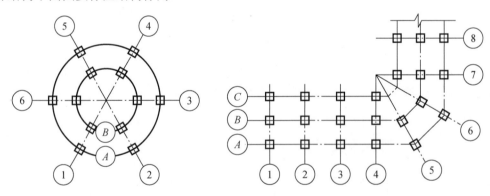

图 1-37　圆形平面图定位轴线的编号　　　　图 1-38　折线形平面定位轴线的编号

1.3.2　钢结构图纸表达方法

钢结构图纸表达方法应满足《房屋建筑制图统一标准》GB/T 50001－2017、《建筑结构制图标准》GB 50105－2010、《焊缝符号表示法》GB/T 324－2008 等国家制图标准要求。钢结构施工详图中的基本内容，包括图样幅面规格、图线线型、定位轴线、字体、计量单位、比例、各种符号(剖切符号、索引符号、详图符号、引出线、对称符号、连接符号)、尺寸标注等，规定与其他建筑结构施工图基本相同。此外，由于钢结构自身的特点，在钢结构施工详图中，还包含下列内容。

1. 常用型钢的标注方法(见表1-3)

表1-3 常用型钢的标注方法

序号	名称	截面	标注	说明
1	等边角钢	∟	∟$b \times t$	b为肢宽,t为肢厚。如:∟80×6表示等边角钢肢宽为80mm,肢厚为6mm
2	不等边角钢	∟	∟$B \times b \times t$	B为长肢宽,b为短肢宽,t为肢厚。如:∟80×60×5表示不等边角钢,肢宽分别为80mm和60mm,肢厚为5mm
3	工字钢	I	I N Q N	轻型工字钢加注Q字,N为工字钢的型号。如:I20a表示截面高度为200mm的a类厚板工字钢
4	槽钢	[	[N Q N	轻型槽钢加注Q字,N为槽钢的型号。如:Q[25b表示截面高度为250mm的b类轻型槽钢
5	方钢	□	□b	如:□600表示边长为600mm的方钢
6	扁钢	—	—$b \times t$	如:—150×4表示宽度为150mm,厚度为4mm的扁钢
7	钢板	—	$\dfrac{-b \times t}{l}$	$\dfrac{宽 \times 厚}{板长}$,如:$\dfrac{-100 \times 6}{1500}$表示钢板的宽度为100mm,厚度为6mm,长度为1500mm
8	圆钢	○	$\varPhi d$	如:$\varPhi$20表示圆钢的直径为20mm
9	钢管	○	$\varPhi d \times t$	如:$\varPhi$76×8表示钢管的外径为76mm,壁厚为8mm
10	薄壁方钢管	□	B□$b \times t$	薄壁型钢加注B字。如:B□50×2表示边长为50mm,壁厚为2mm的薄壁方钢管
11	薄壁等肢角钢	∟	B∟$b \times t$	如:B∟50×2表示薄壁等边角钢肢宽为50mm,壁厚为2mm
12	薄壁等肢卷边角钢	⌐	B⌐$b \times a \times t$	如:B⌐50×20×2表示薄壁等肢卷边角钢肢宽为50mm,卷边宽度为20mm,壁厚为2mm

续表

序号	名称	截面	标注	说明
13	薄壁槽钢		B[$b \times a \times t$	如：B[50×20×2 表示薄壁槽钢截面高度为 50mm，宽度为 20mm，壁厚为 2mm
14	薄壁卷边槽钢		B[$h \times b \times a \times t$	如：B[120×60×20×2 表示薄壁卷边槽钢截面高度为 120mm，宽度为 60mm，卷边宽度为 20mm，壁厚为 2mm
15	薄壁卷边 Z 型钢		B[$h \times b \times a \times t$	如：B[120×60×20×2 表示薄壁卷边 Z 型钢截面高度为 120mm，宽度为 60mm，卷边宽度为 20mm，壁厚为 2mm
16	T 型钢		TW $h \times b$ TM $h \times b$ TN $h \times b$	热轧 T 型钢：TW 为宽翼缘，TM 为中翼缘，TN 为窄翼缘。 如：TW200×400 表示截面高度为 200mm，宽度为 400mm 的宽翼缘 T 型钢
17	热轧 H 型钢		HW $h \times b$ HM $h \times b$ HN $h \times b$	热轧 H 型钢：HW 为宽翼缘，HM 为中翼缘，HN 为窄翼缘。 如：HM400×300 表示截面高度为 400mm，宽度为 300mm 的中翼缘热轧 H 型钢
18	焊接 H 型钢		H $h \times b \times t_1 \times t_2$	焊接 H 型钢如：H 200×100×3.5×4.5 表示截面高度为 200mm，宽度为 100mm，腹板厚度为 3.5mm，翼缘厚度为 4.5mm 的焊接 H 型钢
19	起重机钢轨		↓QU××	×× 为起重机轨道型号
20	轻轨及钢轨		↓××kg/m 钢轨	×× 为轻轨或钢轨型号

2. 螺栓、孔、电焊铆钉的标注方法(见表 1-4)

表 1-4 螺栓、孔、电焊铆钉的标注方法

符号	名称	图例	说明
1	永久螺栓		细"十"表示定位线； M 表示螺栓型号； ϕ 表示螺栓孔直径； 采用引出线表示螺栓时，横线上标注螺栓规格，横线下标注螺栓孔直径

续表

符号	名称	图例	说明
2	高强螺栓	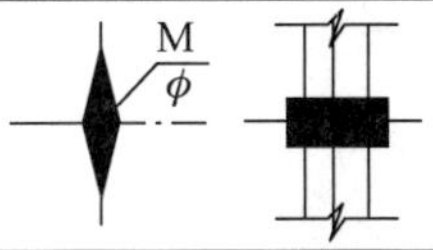	
3	安装螺栓	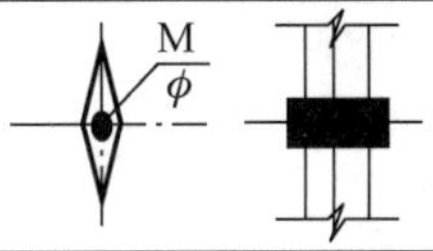	
4	胀锚螺栓	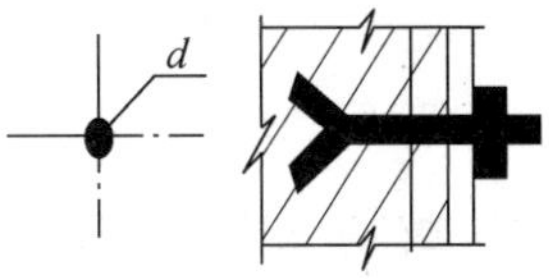	d 表示膨胀螺栓、电焊铆钉的直径
5	圆形螺栓孔	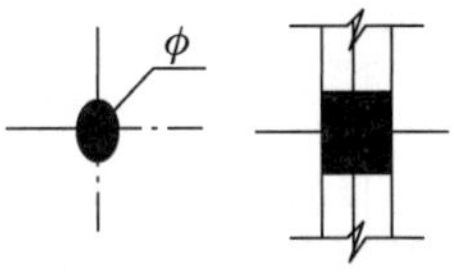	
6	长圆形螺栓孔	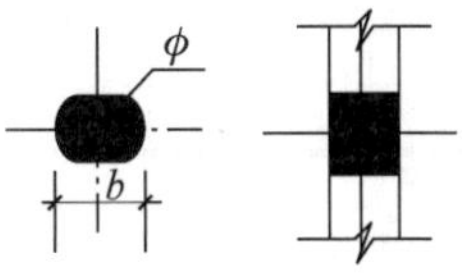	
7	电焊铆钉	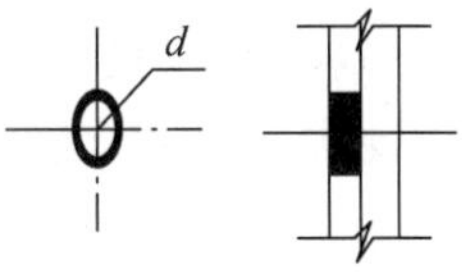	

3. 常见焊缝的标注

在钢结构施工图上，要用焊缝代号标明焊缝形式、尺寸和辅助要求。《焊缝符号表示法》GB/T 324—2008 规定：焊缝代号由指引线、基本符号、辅助符号、补充符号和焊缝尺寸符号等组成。

指引线一般由箭头线和基准线所组成。基准线一般应与图纸的底边相平行，特殊情况下也可与底边相垂直，当引出线的箭头指向焊缝所在的一面时，应将焊缝符号标注在基准线的实线上；当箭头指向对应焊缝所在的另一面时，应将焊缝符号标注在基准线上的虚线上，标注对称焊缝及双面焊缝时，可不加虚线，如图 1-39 所示。

基本符号表示焊缝的截面形状，如 V 形焊缝用 V 表示。符号的线条宜粗于指引线，常用焊缝的基本符号和标注方法见表 1-5、表 1-6。

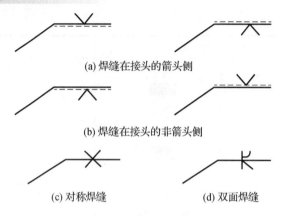

(a) 焊缝在接头的箭头侧

(b) 焊缝在接头的非箭头侧

(c) 对称焊缝　　　　(d) 双面焊缝

图 1-39　指引线画法

表 1-5　常用焊缝的基本符号

名称	封底焊缝	对接焊缝					角焊缝	塞焊缝	点焊缝
		I形焊缝	V形焊缝	单边V形焊缝	带钝边的V形焊缝	带钝边的U形焊缝			
符号	⌣	‖	V	V	Y	Y	△	⊓	○

注：单边V形与角焊缝的竖边画在符号的左边。

辅助符号用以表示焊缝表面的形状特征，如对接焊缝表面余高部分需要加工使之与焊件表面平齐，则需在基本符号上加一短画线，此短画线即为辅助符号。补充符号是为了补充说明焊缝的某些特征而采用的符号，如带有垫板、三面或四面围焊及工地施焊等。钢结构中常用的辅助符号和补充符号见表 1-7。

表 1-6　常见焊缝标注方法

序号	焊缝名称	形　式	标准标注
1	I形焊缝	b	b
2	单边V形焊缝	$35°\sim50°$，β，$b(0\sim4)$	β，b
3	带钝边单边V形焊缝	$35°\sim50°$，b，$P(1\sim3)$，$b(0\sim3)$	P，β，b

续表

序号	焊缝名称	形 式	标准标注
4	带垫板 V 形焊缝	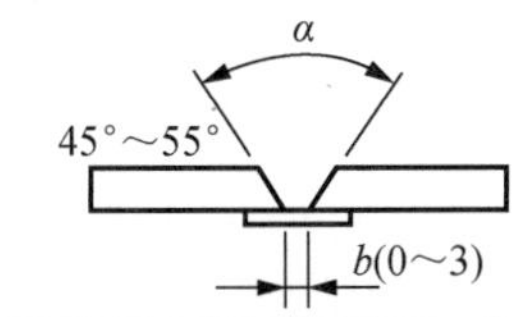 45°~55°, α, b(0~3)	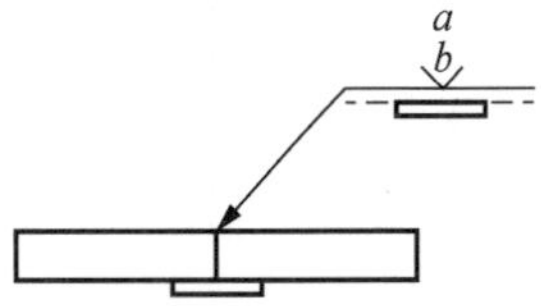 a, b
5	带垫板 V 形焊缝	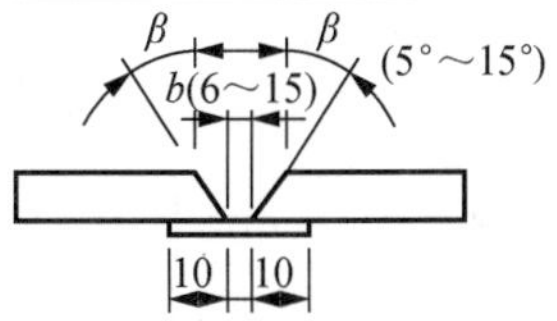 β, β, b(6~15), (5°~15°), 10, 10	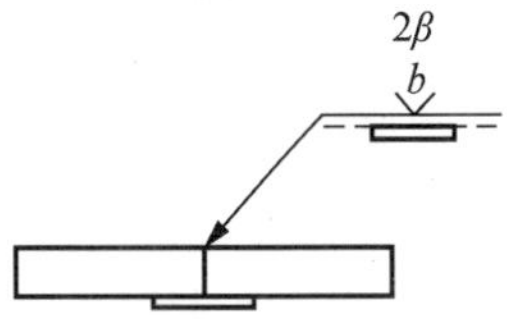 2β, b
6	Y 形焊缝	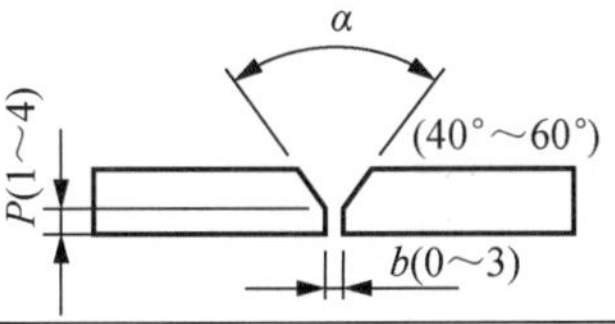 α, P(1~4), (40°~60°), b(0~3)	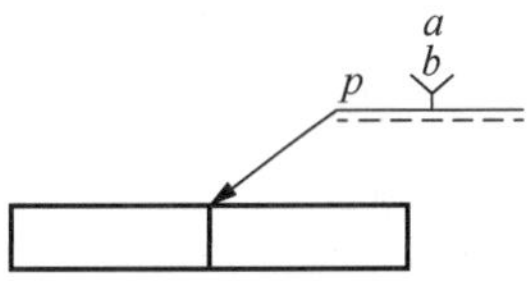 a, b, p
7	带垫板 Y 形焊缝	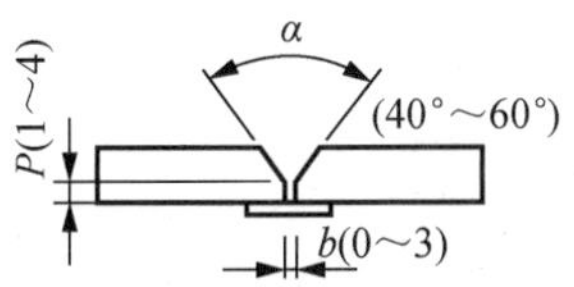 α, P(1~4), (40°~60°), b(0~3)	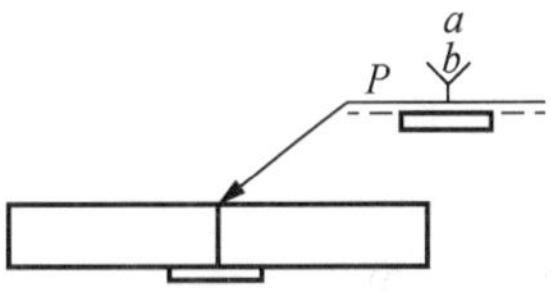 a, b, P
8	双单边 V 形焊缝	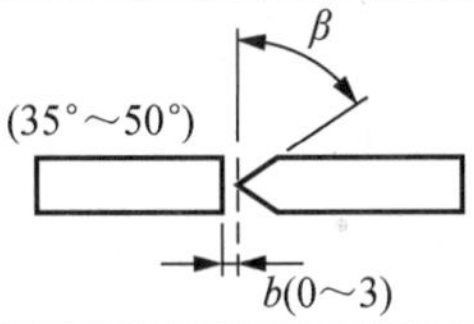 β, (35°~50°), b(0~3)	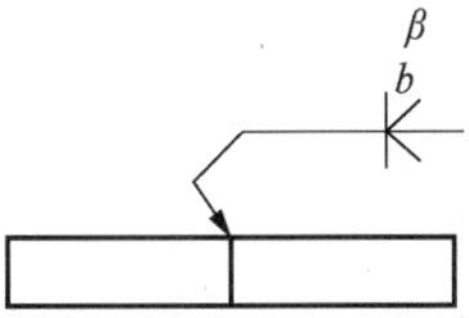 β, b
9	双 V 形 焊缝	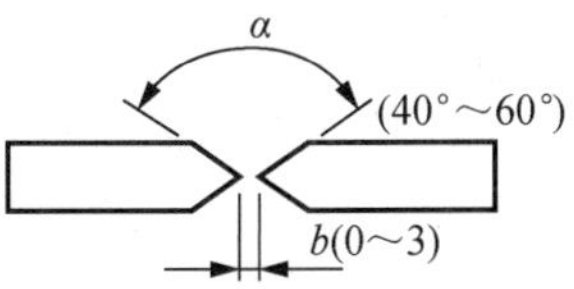 α, (40°~60°), b(0~3)	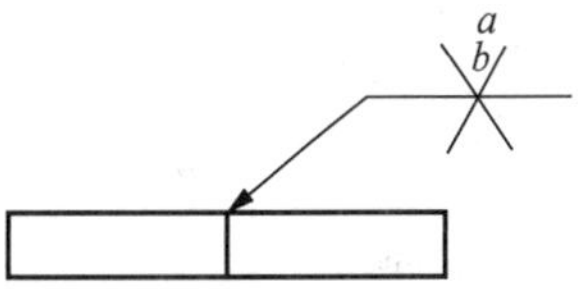 a, b
10	T 形接头 双面焊缝	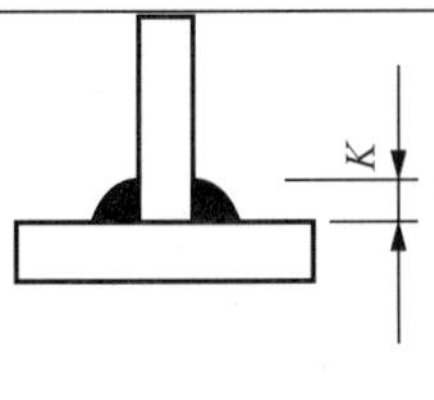 K	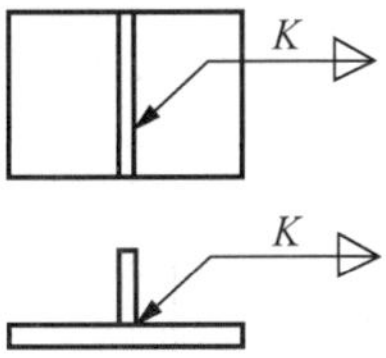 K, K
11	双面 角焊缝	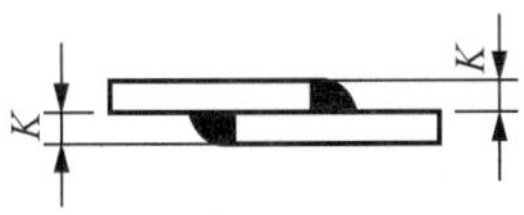 K, K	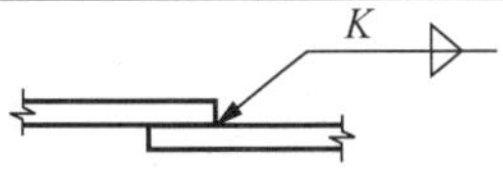 K
12	双面 角焊缝	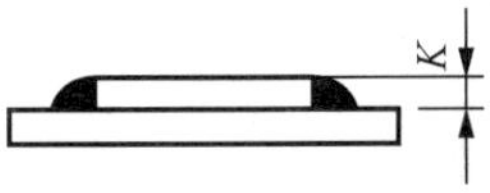 K	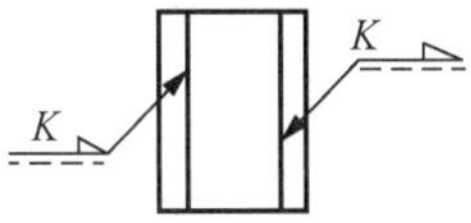 K, K

续表

序号	焊缝名称	形 式	标准标注
13	T形接头角焊缝	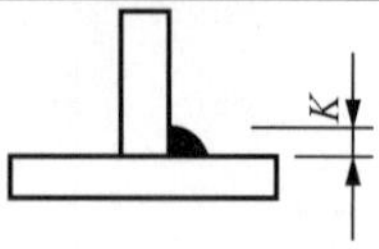	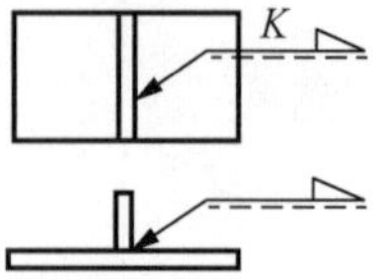
14	周围角焊缝	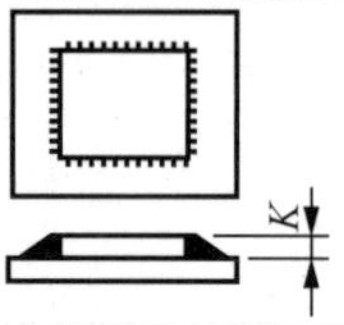	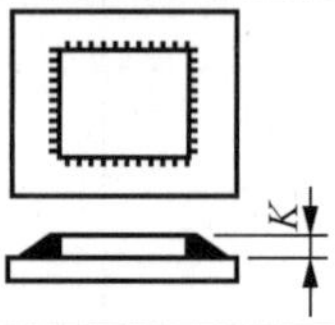
15	L形围角焊缝	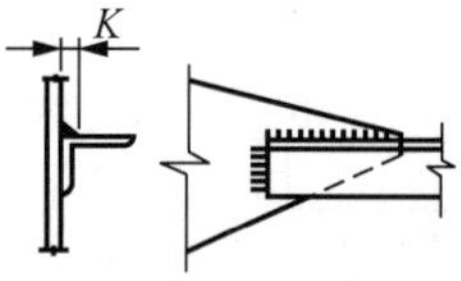	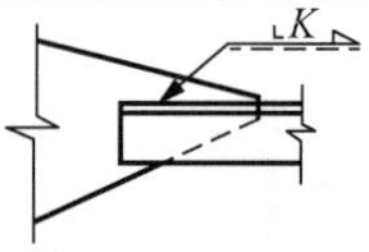
16	双面角焊缝	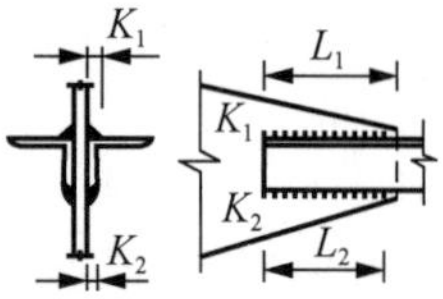	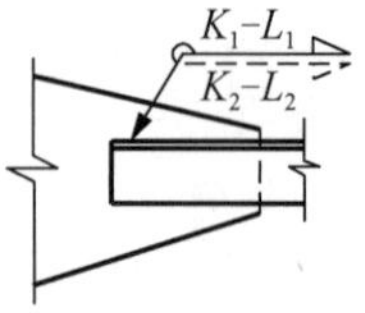
17	喇叭形焊缝	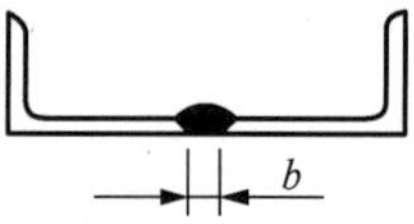	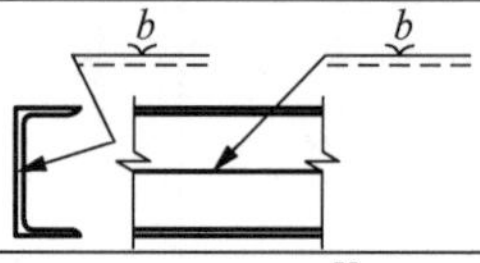
18	双面喇叭形焊缝	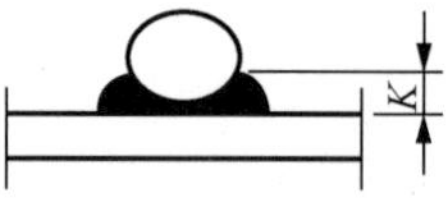	
19	不对称Y形焊缝	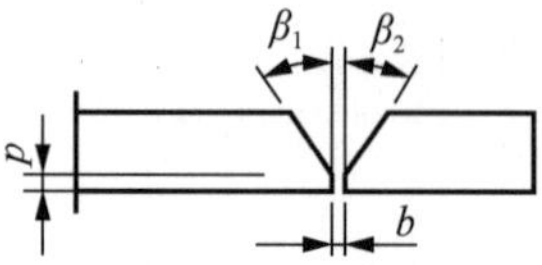	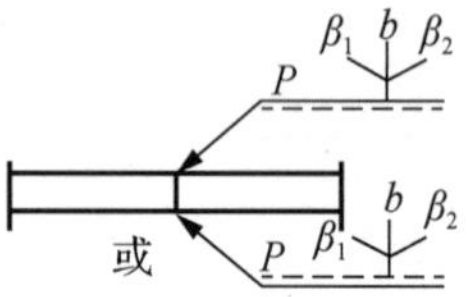
20	断续角焊缝	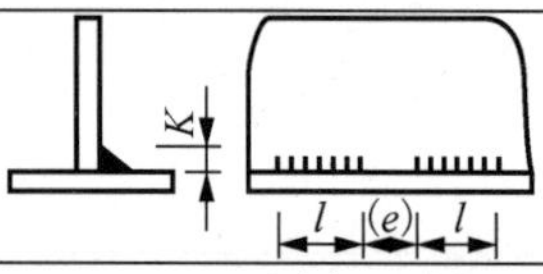	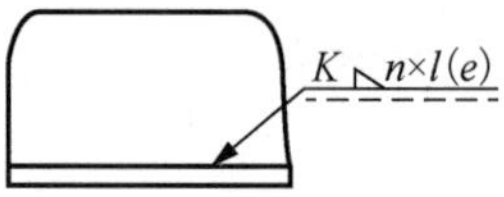
21	交错断续角焊缝	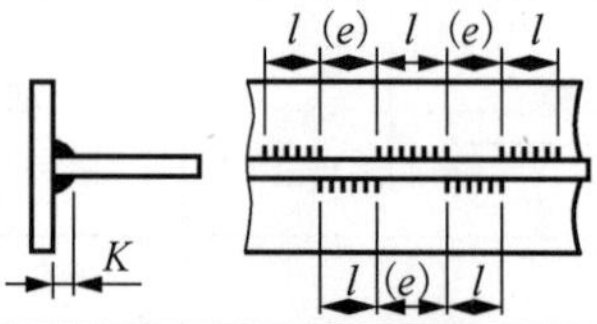	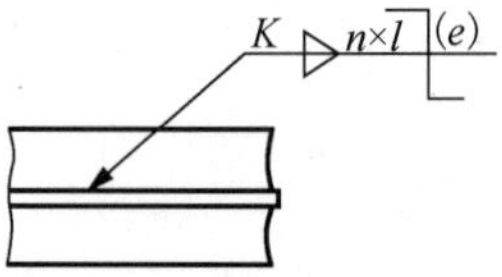
22	塞焊缝	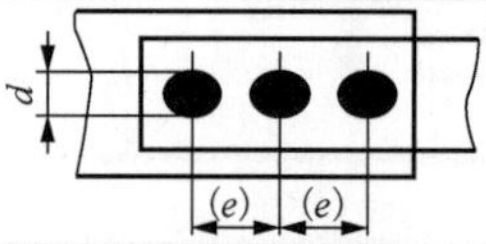	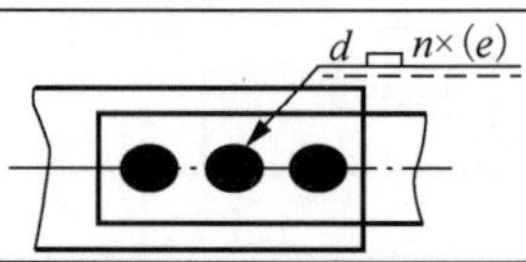

续表

序号	焊缝名称	形式	标准标注
23	较长双面角焊缝	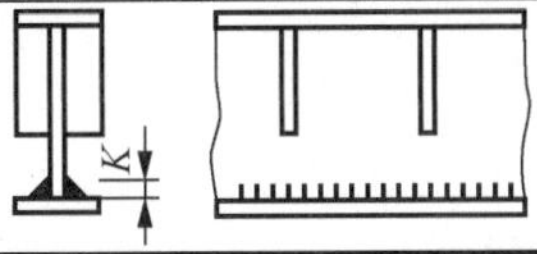	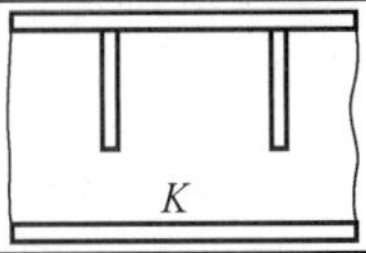

表 1-7 辅助符号和补充符号

名称		示意图	符号	类别
辅助符号	平面符号		—	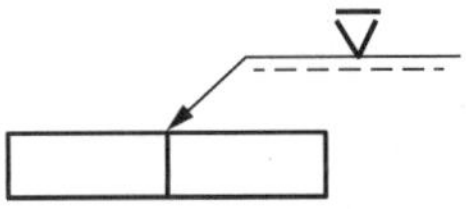
	凹面符号	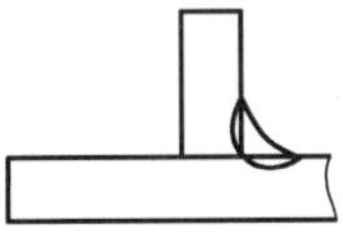	⌣	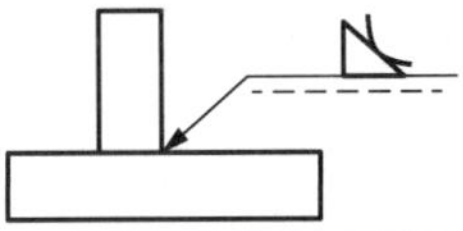
补充符号	三面围焊符号	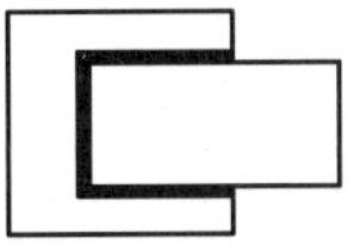	⊏	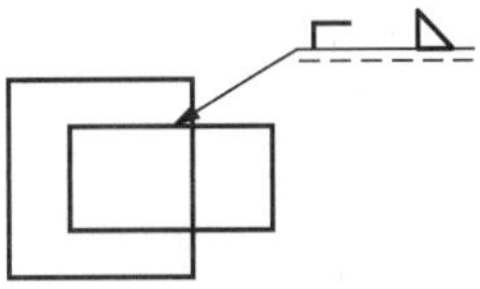
	周围焊缝符号	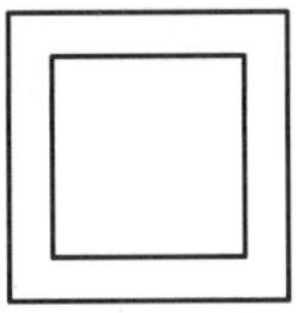	○	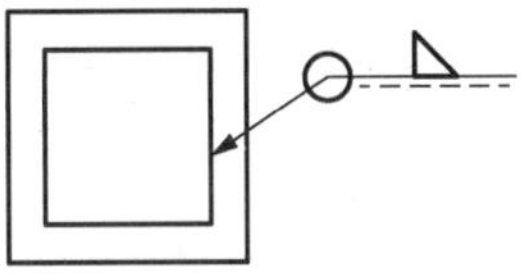
	工地现场焊符号		 ⚑	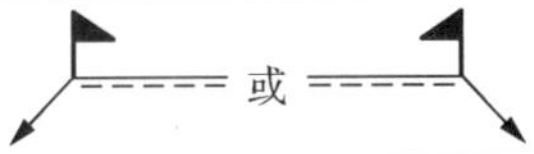 或
	带垫板施焊符号		▭	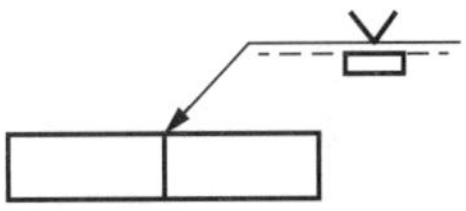
	尾部符号		<	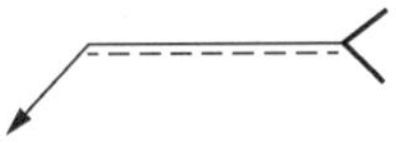

1.4 钢结构施工图简述

1.4.1 钢结构设计制图阶段划分及深度

根据《建筑工程设计文件编制深度规定》的要求，钢结构工程设计制图分为钢结构设计图及钢结构施工详图两个阶段。钢结构施工详图又称钢结构加工制作图，简称钢结构施工图。前者由相应设计资质级别的设计单位编制，后者以前者为依据，由相应设计资质级别的钢结构加工制造企业或委托设计单位、详图公司完成。长期的建设经验表明，钢结构工程分两阶段出图做法分工合理，有利于保证工程质量，方便施工。

1.4.2 钢结构设计图的内容

钢结构设计图的内容一般包含以下几方面。

（1）设计说明。设计依据、荷载资料、项目类别、工程概况、所用钢材牌号和质量等级(必要时提出物理、力学性能和化学成分要求)及连接件的型号、规格、焊缝质量等级、防腐及防火措施。

（2）基础平面及详图应表达钢柱与下部混凝土构件的连接构造。

（3）结构平面(包括各层楼面、屋面)布置图应注明定位关系、标高、构件(可单线绘制)的位置及编号、节点详图索引号等；必要时应绘制檩条、墙梁布置图和关键剖面图；空间网架应绘制上、下弦杆和关键剖面图。

（4）构件与节点详图。

① 简单的钢梁、柱可用统一详图和列表法表示，注明构件钢材牌号、尺寸、规格、加劲肋做法，连接节点详图，施工、安装要求。

② 格构式梁、柱、支撑应绘出平面、剖面(必要时加立面)、定位尺寸、总尺寸、分尺寸，注明单构件型号、规格、组装节点和其他构件连接详图。

按照规定，钢结构设计图在深度上一般只绘出构件布置、构件截面与内力及主要节点构造，故一般设计单位提供的设计图不能直接用来指导施工。因此，在施工详图设计阶段尚需补充必要的构造设计与连接计算，并且应结合本企业的制作工艺、制作设备、施工标准和施工管理水平，在设计图的基础上进一步深化设计。

1.4.3 钢结构施工详图的设计内容

在钢结构施工详图设计阶段，设计人员依据钢结构设计图，将拟建钢结构的内外形状和大小、布置，以及各部分的结构、构造，各构件的制作、安装要求等内容，按照国家制图标准规定，用正投影的方法，详细准确地表示出来的图样称为钢结构施工详图。

钢结构施工详图包括结构布置图、构件图、节点详图以及其他次构件和钢材订货表等。

（1）图纸目录上通常注有设计单位名称、工程名称、工程编号、日期、图纸名称、图别、图号、图幅以及校对制表人等内容。

（2）设计说明则通常包括以下内容：

① 设计依据。主要是国家现行有关规范和甲方提供的相关文件和有关要求。

② 设计条件。主要指永久荷载、可变荷载、风荷载、雪荷载、抗震设防烈度及工程主体结构使用年限和结构重要等级等。

③ 工程概况。主要指结构形式和结构规模等。

④ 设计控制参数。主要指有关的变形控制条件。

⑤ 材料。主要指所选用的材料要符合有关规范及所选用材料的强度等级等要求。

⑥ 钢构件制作和加工。主要指焊接和螺栓等方面的有关要求及其检验标准。

⑦ 钢结构运输和安装。主要包含运输和安装过程中要注意的事项和应满足的有关要求。

⑧ 钢结构涂装。主要包含构件的防锈处理方法和防锈等级及漆膜厚度等。

⑨ 钢结构防火。主要包含结构防火等级及构件的耐火极限等方面的要求。

⑩ 钢结构的维护及其他应说明的事项内容。

(3) 基础图包括基础平面布置图和基础详图。基础平面布置图主要表示基础的平面位置(即基础与轴线的关系)，以及基础梁、基础其他构件与基础之间的关系。基础平面布置图中应标注清楚基础、柱、基础梁等有关构件的编号，并在说明中明确对地基持力层、基础混凝土等级和钢材强度等级等有关方面的要求。而基础详图则主要表示基础的各个细部的尺寸，如基底平面尺寸、基础高度、底板配筋、基底标高和基础所在轴线号等；基础梁详图则主要表示梁的断面尺寸、配筋和标高等。

(4) 柱脚平面布置图主要标明柱脚的轴线位置及注脚的编号。柱脚详图用来标明柱脚的各细部尺寸、锚栓位置及柱脚二次灌浆的位置和要求等内容。

(5) 结构平面布置图主要表示结构构件在平面上与轴线的相互关系和各个构件间的相互位置以及构件的编号。如刚架、框架或主次梁、楼板的编号以及它们与轴线间的位置关系等。

(6) 墙面结构布置图是指墙面檩条布置图或柱间支撑布置图。墙面檩条布置图主要表示墙面檩条的位置、间距及檩条的型号，同时也表示隅撑、拉条、撑杆的布置位置和所选用的钢材型号，以及墙面其他构件的相互关系，如门窗位置、轴线编号、墙面标高等；柱间支撑布置图表示柱间支撑的位置和支撑杆件的型号。

(7) 屋盖支撑布置图用来表示屋盖支撑系统的布置情况。屋面的水平横向支撑通常由交叉圆杆组成，设置在与柱间支撑相同的柱间；屋面的两端和屋脊处设有刚性系杆，刚性系杆通常是圆钢管或角钢，其他为柔性系杆，可用圆钢。

(8) 屋面檩条布置图主要表示屋面檩条的布置位置、间距和型号以及拉条、撑杆、隅撑的布置位置和所选用的型号。

(9) 构件图可以表示框架图、刚架图，也可以表示单根构件。如刚架图主要表示刚架的各个细部的尺寸、梁和柱的变截面位置，刚架与屋面檩条、墙面檩条的相互关系；刚架轴线尺寸、编号及刚架纵向高度、标高；刚架梁、柱的编号、尺寸以及刚架节点详图索引编号等内容。

(10) 节点详图是用来表示某些在构件图上无法清楚表达的复杂节点的细部构造图。如刚架端部和屋脊的节点，它清楚地表达了连接节点的螺栓个数、螺栓直径、螺栓等级、螺栓位置、螺栓孔直径、节点板尺寸、加劲肋位置、加劲肋尺寸以及连接焊缝尺寸等细部构造情况。

(11) 次构件详图包括隅撑、拉条、撑杆、系杆及其他连接构件的细部构造情况。

(12) 材料表主要包括构件的编号、零件号、截面代号、截面尺寸、构件数量及重量等。

1.4.4 钢结构施工图识读步骤及方法

1. 识读钢结构施工图的基本知识

(1) 掌握投影原理和形体的各种表达方法。钢结构施工图是根据投影原理绘制的，用图样表明结构构件的设计及构造做法，所以要看懂图样，首先必须掌握投影原理，特别是正投影原理和形体的各种表达方法。

(2) 熟悉和掌握建筑结构制图标准及相关规定。钢结构施工图采用了图例符号和必要的文字说明，把设计内容表现在图样上，因此，要看懂施工图，必须掌握国家相关制图标准，熟悉施工图中各种图例、符号表示的意义。此外，还应熟悉常用钢结构构件的代号表示方法，一般构件的代号用各构件名称的汉语拼音第一个字母表示，常用钢结构构件的代号如表 1-8 所示。

表 1-8 常用构件代号

序号	名 称	代号	序号	名 称	代号	序号	名 称	代号
1	板	B	18	框架梁	KL	35	撑杆	CG
2	屋面板	WB	19	墙梁	QL	36	柱间支撑	ZC
3	楼梯板	TB	20	门梁	ML	37	垂直支撑	CC
4	墙板	QB	21	钢屋架	GWJ	38	水平支撑	SC
5	檐口板	YB	22	钢桁架	GHJ	39	下弦水平支撑	XC
6	天沟板	TGB	23	梯	T	40	刚性系杆	GG
7	走道板	DB	24	托架	TJ	41	剪力墙支撑	JV
8	组合楼板	SRC	25	天窗架	TJ	42	柱	Z
9	梁	L	26	刚架	GJ	43	山墙柱	SQZ
10	屋面梁	WL	27	框架	KJ	44	框架柱	KZ
11	吊车梁	DL	28	支架	ZJ	45	非框架柱	GZ
12	过梁	GL	29	檩条	LT	46	柱脚	ZJ
13	连续梁	LL	30	刚性檩条	GL	47	基础	J
14	基础梁	JL	31	屋脊檩条	WL	48	设备基础	SJ
15	楼梯梁	TL	32	隅撑	YC	49	预埋件	M
16	次梁	CL	33	直拉条	ZLT	50	雨篷	YP
17	悬臂梁	XL	34	斜拉条	XLT	51	阳台	YT

(3) 基本掌握钢结构的特点、构造组成，了解机械制造相关知识。

钢结构具有区别于其他建筑结构的显著特点，其零件加工和装配属于机械制造范围，在学习过程中要善于积累有关钢结构组成和构造上的基本知识，这样有助于看懂钢结构施工图。

2. 阅读钢结构施工详图步骤

对于一套完整的施工图，在详细看图前，可先将全套图样翻一翻，大致了解这套图样包括多少构件系统，每个系统有几张，每张有什么内容。然后再按照设计总说明、构件布置图、构件详图、节点详图的顺序进行读图。从布置图中可了解到构件的类型及定位等情况，构件的类型由构件代号、编号表示，定位主要由轴线及标高确定。节点详图主要表示了构件与构件各个连接节点的情况，如墙梁与柱连接节点、系杆与柱的连接、支撑的连接等。用这些详图反映节点连接的方式及细部尺寸等。

由看图经验总结，识图步骤为：从上往下看、从左往右看、由外往里看、由大到小看、由粗到细看，图样与说明对照看，布置详图结合看。必要时，还要把设备图拿来参照看，这样才能得到较好的看图效果。但是由于图面上的各种线条纵横交错，各种图例、符号繁多，对初学者来说，开始看图时必须要有耐心，认真细致，并要花费较长的时间才能把图看明白。只有掌握了正确的看图方法，读懂每张施工图，做到心中有数，方可明确设计内容，领会设计意图，才便于组织施工、指导施工和实施施工计划。

【思维导图】

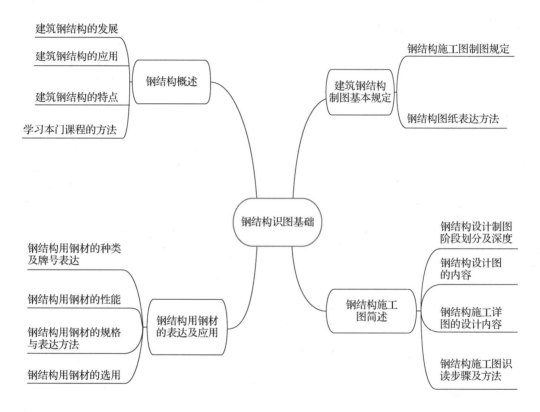

【课程练习题】

1. 钢结构和其他建筑材料结构相比有哪些优缺点？
2. 在钢材的化学成分中，应严格控制哪些有害成分的含量，为什么？
3. 为什么说应力集中是影响钢材性能的重要因素？哪些因素使钢材产生应力集中？
4. 钢材有哪些规格？型钢用什么符号表示？选择钢材时应考虑哪些主要因素？
5. 结构钢材的破坏形式有哪几类？各有什么特征？
6. 试述引起钢材发生脆性破坏的因素。
7. 通过收集阅读有关钢结构发展方面的资料，谈谈你对钢结构的看法。
8. 钢结构施工图的图纸常用幅面有哪些？
9. 什么是剖切符号、索引符号、详图符号与引出线？
10. 定位轴线与编号的要求有哪些？

11. 尺寸标注及标高的要求有哪些?
12. 焊缝符号有哪些?
13. 试述焊缝尺寸的标注规则。
14. 尺寸标注有哪些要求?
15. 何谓钢结构设计图？何谓钢结构施工图？两者有何区别？

第2章 轻型门式刚架构造与识图

【学习要点及目标】

- 了解轻型门式刚架结构基本概念。
- 掌握轻型门式刚架柱脚锚栓的构造及图纸识读。
- 掌握轻型门式刚架梁与刚架柱的构造及图纸识读。
- 掌握轻型门式刚架檩条与墙梁的构造及图纸识读。
- 掌握柱间支撑与屋面支撑的构造及图纸识读。
- 掌握压型钢板、保温夹芯板的构造及图纸识读。
- 熟悉门式刚架施工图实例识读。

【核心概念】

门式刚架、基础、主结构、次结构、支撑系统、围护结构、辅助结构

【引用案例】

江苏某工程主体结构采用双跨双坡封闭式轻型门式刚架形式，一跨为 12m，另一跨为 15m，跨度 27m，总长为 28.5m。檐口标高 8.5m，屋面坡度分别为 $i=1/12$ 和 $i=1/15$，柱距 5.7m，檩距 1.508m，檩条水平投影间距 1.5m。门式刚架梁刚接于柱顶，有两台 5t 重级工作制吊车。地面粗糙度类别为 B 类，结构重要性系数为 1.0，抗震设防烈度为 7 度。基本风压 $0.5KN/m^2$，基本雪压 $0.3KN/m^2$。钢材采用 Q235 钢，焊条采用 E43 系列焊条。

为使立面效果简洁美观，屋面采用有组织内排水形式。屋面采用聚氨酯屋面板，自洁型高档面板，减少了屋面的积灰量，使建筑物屋面保持恒久洁净；高波峰提高了屋面板的承载力，具有跨度大、排水快的优点；搭接处采用流体力学设计，保证了安装快捷、气密，防毛细渗水效果好。墙面采用聚氨酯墙面板，具有良好的保温、隔热、隔音效果，增加了室内美观度、平整度，安装方便，工期短。

2.1 门式刚架概述

随着经济与社会的发展，大量的工业厂房采用门式刚架结构。门式刚架具有轻质、高强，工厂化、标准化程度较高，现场施工进度快等特点，得到了广泛的应用。《门式刚架

轻型房屋钢结构技术规范》(GB 50122—2015)是我国设计、制作和安装门式刚架结构的主要技术标准。

单层门式刚架主要适用于一般工业与民用建筑及公用建筑、商业建筑，也可用于吊车起重量不大($Q \leqslant 15t$)且跨度不大的工业厂房。工业厂房中大量采用实腹式构件，其特点是用工量较少，可装运性好，还可降低房屋高度。由于其梁柱节点多可视为刚接，使其具有卸载作用，使得实腹门式刚架具有跨度大的特点，横梁高度可取跨度的 1/40～1/30。目前国内单跨刚架的跨度最大已达 72m。

2.1.1 轻型单层门式刚架的组成

轻型单层门式刚架结构是一种轻型房屋结构体系，以轻型焊接 H 型钢(等截面或变截面)、热轧 H 型钢(等截面)或冷弯薄壁型钢等构成的实腹式门式刚架或格构式刚架作为主要承重骨架；用冷弯薄壁型钢(槽型、卷边槽型、Z 型等)做檩条、墙梁，并适当设置支撑；以压型金属板(压型钢板、压型铝板)做屋面、墙面；采用聚苯乙烯泡沫塑料、硬质聚氨酯泡沫塑料、岩棉、矿棉、玻璃棉等作为保温隔热材料。

1. 单层轻型钢结构房屋的分类与组成

单层轻型钢结构房屋的分类见表 2-1。

表 2-1　单层轻型钢结构房屋的分类

按构件体系	有实腹式和格构式：实腹式刚架的截面一般为工字形，格构式刚架的横截面为矩形或三角形
按截面形式	等截面(一般用于跨度不大、高度较低或有吊车的刚架)；变截面(一般用于跨度较大或高度较高的刚架)
按结构选材	有普通型钢、薄壁型钢、钢管或钢板组焊

单层轻型钢结构房屋的组成如图 2-1、图 2-2 所示。

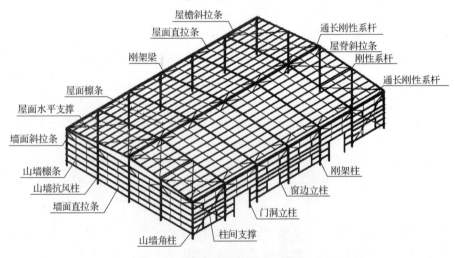

图 2-1　单层轻型钢结构房屋的组成

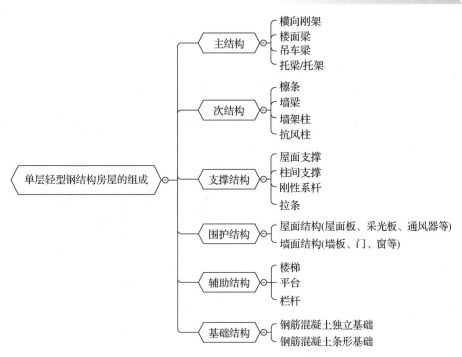

图 2-2　单层轻型钢结构房屋的组成框图

2. 门式刚架的各种建筑尺寸

(1) 门式刚架的跨度。取横向刚架柱轴线间的距离；门式刚架的跨度为 9～36m，以 3m 为模数，必要时也可采用非模数跨度。当边柱宽度不等时，外侧应对齐。挑檐长度根据使用要求确定，一般为 0.5～1.2 m。

(2) 门式刚架的高度。地坪至柱轴线与斜刚架梁轴线交点的高度，根据使用要求的室内净高确定。无吊车时，高度一般为 4.5～9m；有吊车时，应根据轨顶标高和吊车净空要求确定，一般为 9～12 m。

(3) 门式刚架的柱距。宜为 6m，也可以采用 7.5m 或 9m，最大可到 12m，门式刚架跨度较小时，也可采用 4.5m。多跨刚架局部抽柱的地方，一般布置托梁。

(4) 门式刚架的檐口高度。地坪至房屋外侧檩条上缘的高度。

(5) 门式刚架的最大高度。地坪至房屋顶部檩条上缘的高度。

(6) 门式刚架的房屋宽度。房屋侧墙墙梁外皮之间的距离。

(7) 门式刚架的房屋长度。房屋两端山墙墙梁外皮之间的距离。

(8) 门式刚架的屋面坡度。宜取 1/20～1/8，在雨水较多地区应取较大值。挑檐的上翼缘坡度宜与横梁坡度一致。

(9) 门式刚架的轴线。一般取通过刚架柱下端中心的竖向直线；工业建筑边刚架柱的定位轴线一般取刚架柱外皮；斜刚架梁的轴线一般取通过变截面刚架梁最小段中心与斜刚架梁上表面平行的轴向。

(10) 温度区段长度。门式刚架轻型房屋的屋面和外墙均采用压型钢板时，其温度区段长度一般纵向为 300m，横向为 150m。

2.1.2 门式刚架各构件的作用

(1) 主刚架。主要承担建筑物上的各种荷载并将其传给基础。刚架与基础的连接有刚接和铰接两种形式,一般宜采用铰接,当水平荷载较大,房屋高度较高或刚度要求较高时,也可采用刚接。刚架柱与斜梁为刚接。主刚架的特点是平面内刚度较大而平面外刚度很小,这就决定了它在水平荷载作用下,可承担平行于刚架平面的荷载,而对垂直刚架平面的荷载抵抗能力很小。门式刚架常见的构造如图 2-3 所示。

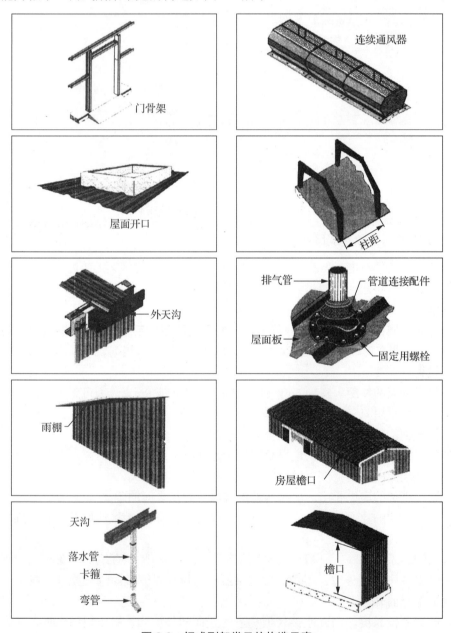

图 2-3 门式刚架常见的构造示意

(2) 墙架。主要承担墙体自重和作用于墙上的水平荷载(风荷载),并将其传给主体结构。

(3) 檩条。承担屋面荷载,并将其传给刚架。檩条通过螺栓与每榀刚架连接起来,和墙架梁一起与刚架形成空间结构。

(4) 隅撑。对于刚架斜梁,一般是上翼缘受压,下翼缘受拉,上弦由于与檩条相连,一般不会出现失稳,但当屋面受风荷载吸力作用时斜梁下翼缘有可能受压,从而出现失稳现象,所以在刚架梁上设置隅撑是十分必要的。

(5) 水平支撑。刚架平面外的刚度很小,必须设置刚架柱之间的柱间支撑和刚架梁之间的水平支撑,使其形成具有足够刚度的结构。

(6) 拉条。由于檩条和墙架的平面外刚度小,有必要设置拉条(增加支撑),以减小在弱轴方向的长细比。

(7) 刚性系杆。由于檩条和墙架梁之间是采用螺栓连接的,所以接近铰接,又因为檩条和墙架梁的长细比都较大,在平行于房屋纵向荷载的作用下,其传力刚度有限,所以有必要在屋面的各刚架之间设置一定数量的刚性系杆。

(8) 抗剪键。门式刚架与基础是通过地脚螺栓连接的,当水平荷载作用形成的剪力较大时,螺栓就要承担这些剪力,一般不希望螺栓来承担这部分剪力,在设计时常常采用设置刚架柱脚与基础之间的抗前键来承担剪力。

2.1.3 门式刚架的特点

1. 结构自重轻

围护结构由采用压型金属板、玻璃棉及冷弯薄壁型钢等材料,屋面、墙面的质量都很轻,因而支承它们的门式刚架也很轻。根据国内的工程实例统计,单层门式刚架房屋承重结构的用钢量一般为 $10\sim30kg/m^3$;在相同的跨度和荷载条件下,自重大约仅为钢筋混凝土结构的 $1/30\sim1/20$。

由于单层门式刚架结构的质量轻,地基的处理费用相对较低,基础尺寸也相对较小。在相同地震烈度下,门式刚架结构的地震反应小,一般情况下,地震作用参与的内力组合对刚架梁、柱杆件的设计不起控制作用。但风荷载对门式刚架结构构件的受力影响较大,风荷载产生的吸力可能会使屋面金属压型板、檩条的受力反向,当风荷载较大或房屋较高时,风荷载可能就是刚架设计的控制荷载。

2. 工业化程度高,施工周期短

门式刚架结构的主要构件和配件均为工厂制作,质量易于保证,工地安装方便。除基础施工外,现场基本上无湿作业,所需现场施工人员也较少。各构件之间的连接多采用高强度螺栓连接,这是门式刚架结构可以安装迅速的一个重要原因。

3. 综合经济效益高

门式刚架结构由于材料价格的原因,其造价虽然比钢筋混凝土结构等其他结构形式略高,但由于构件采用先进自动化设备生产制造,原材料的种类较少,易于采购,便于运输,因此,门式刚架结构的工程周期短、资金回报快、投资效益高。

4. 柱网布置比较灵活

传统的结构形式由于受屋面板、墙板尺寸的限制，柱距多为 6m，当采用 12m 柱距时，需设置托架及墙架柱。而门式刚架结构的围护体系采用金属压型板，所以柱网布置可不受建筑模数的限制，柱距大小主要根据使用要求和用钢量最省的原则来确定。

5. 支撑体系轻巧

门式刚架体系的整体性可以依靠檩条、墙梁及隅撑来保证，从而减少了屋盖支撑的数量，同时支撑多用张紧的圆钢做成，很轻便。门式刚架的梁、柱多采用变截面杆，可以节省材料。刚架柱可以为楔形构件，梁则由多段楔形杆组成。

2.2 门式刚架基础

众所周知，在房屋建筑中，基础造价约占整个建筑物的 30%。对轻钢结构(如门式刚架)而言，其最大的优点就是重量轻，从而直接影响基础设计。与其他结构形式的基础相比，轻钢结构基础尺寸小，可以降低总造价，另外对于地质条件较差的地区，可优先考虑采用轻钢结构，这样容易满足地基承载力方面的要求。

2.2.1 门式刚架基础设计的特点

由于结构形式、荷载取值、支座设计等方面的不同，传至基础顶面的内力是不同的，轻钢结构与传统的钢筋混凝土结构相比，最大的差别就是在柱脚处存在较小的竖向力和较大的水平力，对于刚接柱脚，还存在较大的弯矩，在风荷载起控制作用的情况下，还存在较大的上拔力。柱脚水平力会使基础产生倾覆和滑移，基础受上拔力作用，在覆土较浅的情况下，会使基础上拔。门式刚架因为这些受力特点，其基础设计与其他结构相比存在很大的不同，主要表现在以下几个方面。

1. 基础形式

对于门式刚架而言，上部结构传至柱脚的内力一般较小，以独立基础为主。若地质条件较差，可考虑采用条形基础，当遇到不良地质情况时，可考虑采用桩基础，一般不采用片筏基础和箱形基础。

2. 柱脚受力

门式刚架常见的柱脚形式有铰接和刚接两种(见图 2-4)，其受力是不同的。

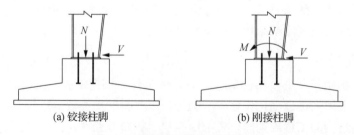

(a) 铰接柱脚　　　　　　　　　(b) 刚接柱脚

图 2-4　不同柱脚形式的受力情况

对于铰接柱脚，只存在轴向力 N、水平力 V。

对于刚接柱脚，存在轴向力 N、水平力 V、弯矩 M，因而刚接柱脚一般大于铰接柱脚的基础尺寸。

3. 基础破坏形式

根据具体受力情况的不同，门式刚架基础可能会发生冲切(双剪)破坏和剪切(单剪)破坏。对于刚接柱脚，还存在较大的弯矩(M)作用，导致基础产生倾覆和滑移破坏。另外，当风荷载较大的情况下，特别对敞开或半敞开结构，由于门式刚架自重轻，有可能不足以抵抗风荷载上拔力，从而导致基础上拔破坏。

防止基础破坏的措施包括：增加基础埋深、增加基础高度、加大基础底面尺寸、加大底板配筋面积等。

4. 基础设计内容

基础设计一般包括：基础底面积确定、基础高度确定、配筋计算及构造措施等。门式刚架基础设计除上述内容以外，还要进行柱脚底板设计、锚栓设计等。

2.2.2 门式刚架基础构造设计

门式刚架的柱脚与基础常做成铰接，通常为平板支座。但当柱高度较大时，为了控制风荷载作用下的柱顶位移，柱脚宜做成刚接。另外，当工业厂房内设有有梁式或桥式吊车时，一般将柱脚设计成刚接。

1. 刚接和铰接柱脚

在实际工程中，绝对刚接或绝对铰接都是不可能的，确切地说应该是一种半刚接半铰接状态，为了计算方便，只能根据实际构造把柱脚看成接近刚接或铰接，常见的柱脚如图 2-5 和图 2-6 所示。刚接或铰接柱脚的关键取决于锚栓布置，铰接柱脚一般采用两个锚栓(见图 2-5(a))，以保证其充分转动，但有时考虑锚栓质量问题，若一个锚栓质量不保证，会对整个结构的受力产生较大影响，所以为了安全起见，也可布置 4 个锚栓(见图 2-5(b))，但锚栓尽量接近，以保证柱脚转动。刚接柱脚一般采用 4 个或 4 个以上锚栓连接(见图 2-5(c))，图中采用 6 个锚栓，可以认为柱脚不能转动。前面讲的几种柱脚均为锚板式柱脚，构造简单，是工程上常用的柱脚形式。另外还有一种柱脚形式。即靴梁式柱脚(见图 2-5(d))，这种柱脚可看成固接柱脚(属于刚接柱脚)，由于该柱脚有一定高度，使其刚度较好，能起到抵抗弯矩的作用，但这种柱脚制作麻烦，耗工耗材，逐渐被其他柱脚形式代替。

2. 铰接柱脚

轴心受压柱的柱脚主要传递轴心压力，与基础连接一般采用铰接(见图 2-7)。

图 2-7 是几种常见的平板式铰接柱脚。由于基础混凝土强度远比钢材低，所以必须增大柱底的面积，以增加其与基础顶部的接触面积。

图 2-7(a)是一种最简单的柱脚构造形式，仅在柱下端焊一块底板，柱中压力由焊缝传至底板，再传给基础。这种柱脚只能用于小型柱，如果用于大型柱，底板会太厚。

一般的铰接柱脚常采用图 2-7(b)、(c)、(d)的形式，在柱端部与底板之间增设一些中间传力部件，如靴梁、隔板和肋板等，这样可以将底板分隔成几个区格，使底板的弯矩减小，同时也增加了柱与底板的连接焊缝长度。图 2-7(d)中，在靴梁外侧设置肋板，底板做成正方形或接近正方形。

布置柱脚中的连接焊缝时，应考虑施焊的方便与可能。例如，图 2-7(b)隔板的内侧，图 2-7(c)、(d)中靴梁中央部分的内侧，都不宜布置焊缝。

柱脚是利用预埋在基础中的锚栓来固定其位置的。铰接柱脚连接中，两个基础预埋锚栓在同一轴线上。图 2-7 均为铰接柱脚，底板的抗弯刚度较小，锚栓受拉时，底板会产生弯曲变形，柱端的转动抗力不大，因而可以实现柱脚铰接的功能。如果用完全符合力学图形的铰接连接，将给安装工作带来很大困难，而且构造复杂，一般情况没此必要。

铰接柱脚不承受弯矩，只承受轴向压力和剪力。剪力通常由底板与基础表面的摩擦力传递。当此摩擦力不够时，应在柱脚底板下设置抗剪键(见图 2-8)，抗剪键可用方钢、短 T 字钢或 H 型钢做成。

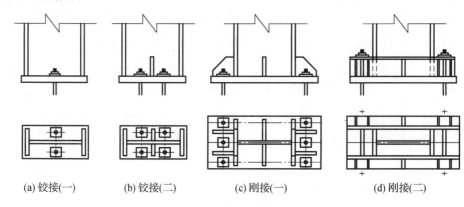

(a) 铰接(一)　　(b) 铰接(二)　　(c) 刚接(一)　　(d) 刚接(二)

图 2-5　几种常见的柱脚(一)

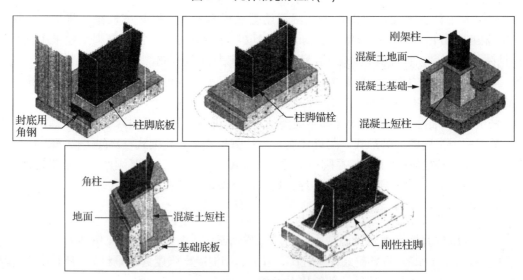

图 2-6　几种常见的柱脚(二)

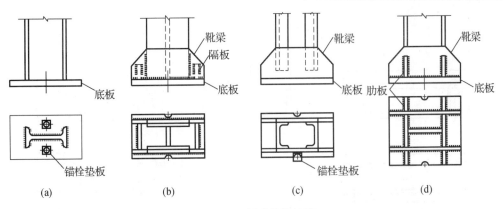

图 2-7 平板式铰接柱脚

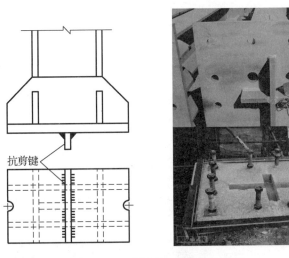

图 2-8 柱脚的抗剪键

铰接柱脚通常仅按承受轴向压力计算，轴向压力 N 一部分由柱身传给靴梁、肋板等，再传给底板，最后传给基础；另一部分是经柱身与底板间的连接焊缝传给底板，再传给基础。然而在实际工程中，柱端难以做到齐平，而且为了便于控制柱长的准确性，柱端可能比靴梁缩进一些。

3. 刚接柱脚

刚接柱脚主要用于框架柱(受压受弯柱)。刚接柱脚除了要传递轴心压力和剪力外，还要传递弯矩。图 2-9 所示是常见的刚接柱脚，一般用于压弯柱。图 2-9(a)是整体式柱脚，用于实腹柱和肢件间距较小的格构柱。当肢件间距较大时，为了节省钢材，多采用分离式柱脚[见图 2-9(b)]。

刚接柱脚传递轴力、剪力和弯矩。剪力主要由底板与基础顶面间摩擦传递。在弯矩作用下，若底板范围内产生拉力，则由锚栓承受，故锚栓须经过计算确定。锚栓不宜固定在底板上，而应采用图 2-9 所示的构造，在靴梁两侧焊接两块间距较小的肋板，锚栓固定在肋板上面的水平板上。为了方便安装，锚栓不宜穿过底板。

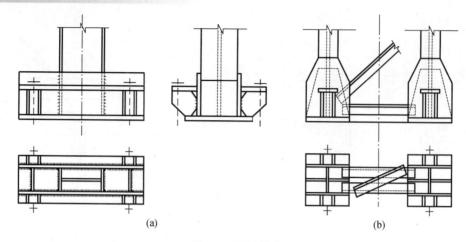

图 2-9 刚接柱脚

4. 柱脚锚栓

锚栓是将上部结构荷载传给基础，在上部结构和下部结构之间起桥梁作用。锚栓一端埋入混凝土中，埋入的长度要以混凝土对其的握裹力不小于其自身强度为原则，所以对于不同的混凝土强度等级和锚栓强度，所需的最小埋入长度也不一样。

锚栓主要有两个基本作用：作为安装时临时的支撑，保证钢柱定位和安装稳定性；将柱脚底板内力传给基础。

锚栓采用 Q235 或 Q345 钢制作，分为弯钩式和锚板式两种。直径小于 M39 的锚栓，一般为弯钩式[见图 2-10(a)、(c)]；直径大于 M39 的锚栓，一般为锚板式[见图 2-10(b)、(d)]。

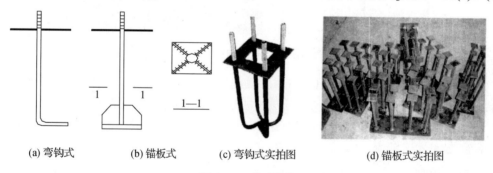

(a) 弯钩式　　　(b) 锚板式　　　(c) 弯钩式实拍图　　　(d) 锚板式实拍图

图 2-10 基础锚栓

对于铰接柱脚，锚栓直径由构造确定，一般不小于 M24；对于刚接柱脚，锚栓直径由计算确定，一般不小于 M30。锚栓长度由钢结构设计手册确定，若锚栓埋入基础中长度不能满足要求，则考虑将其焊于受力钢筋上。为了方便柱的安装和调整，柱底板上锚栓孔为锚栓直径的 1.5～2 倍[见图 2-11(a)]，在图纸设计中孔径比锚栓直径大 5mm，或直接在底板上开缺口[见图 2-11(b)]。底板上须设置垫板，垫板尺寸一般为 –100×100（单位 mm），厚度根据计算确定，垫板上开孔较锚栓直径大 1～2mm，待安装、校正完毕后将垫板焊于底板上。

图 2-12 所示为铰接柱脚锚栓布置图，图 2-13 所示为刚接柱脚锚栓布置图。在图 2-12 中，从安全角度考虑，中柱的两个锚栓可换成 4 个，但间距不能太大，以保证铰接。

轻型门式刚架构造与识图 第2章

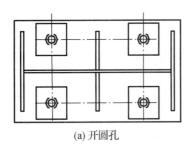
(a) 开圆孔

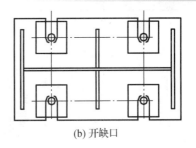
(b) 开缺口

图 2-11 柱脚底板开孔

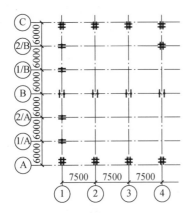

图 2-12 铰接柱脚锚栓布置图

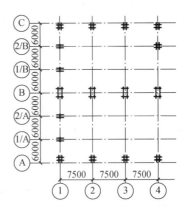

图 2-13 刚接柱脚锚栓布置图

5. 门式刚架柱脚节点构造应满足的条件

除了前面提到的几个方面外，门式刚架基础还有如下一些构造要求有别于其他结构基础。

(1) 基础顶面须设置二次浇灌层(见图2-14)。二次浇灌层应用比基础混凝土强度等级高的高强度无收缩细石混凝土，其厚度不小于50mm，常取50mm (一般50～100mm)。

(2) 柱脚底板厚度，当采用铰接时一般不宜小于20mm，当采用刚接时一般不小于30mm。

(3) 柱与底板的连接焊缝一般应比柱身焊缝加厚1～2级。

(4) 底板上部锚栓螺帽应采用双螺帽等防松措施，底板下一般还应设置一个调整螺母。

(5) 柱脚底板上应留设灌浆孔(二次浇灌混凝土时用到)。

图 2-14 基础顶面二次浇灌层施工

2.2.3 典型柱基础详图识读

典型柱基础详图识读如图2-15～图2-20所示。

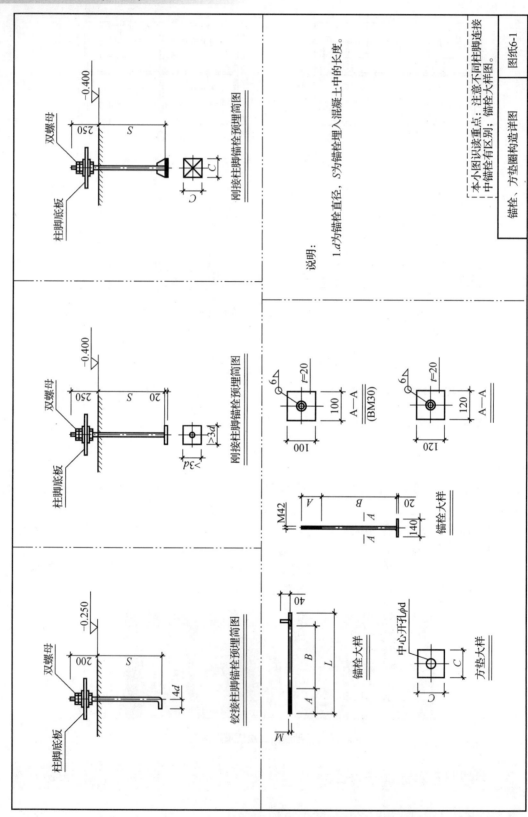

图 2-15 锚栓、方垫圈构造详图

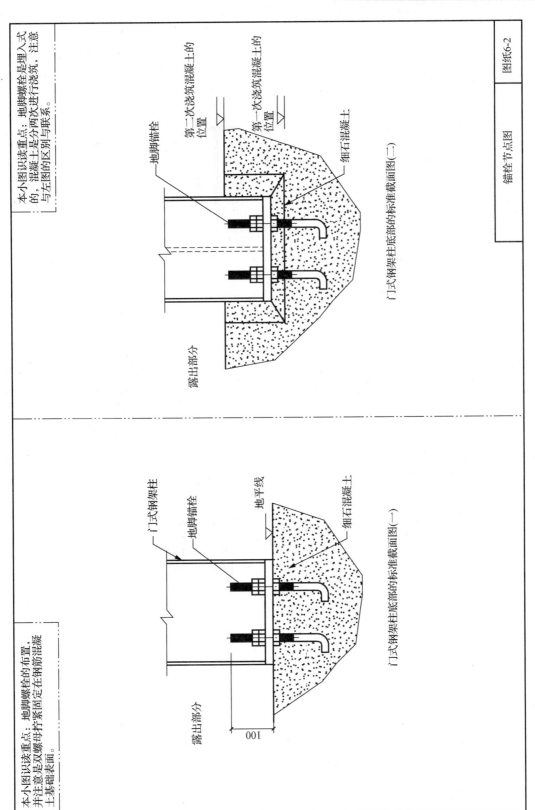

图 2-16 锚栓节点图

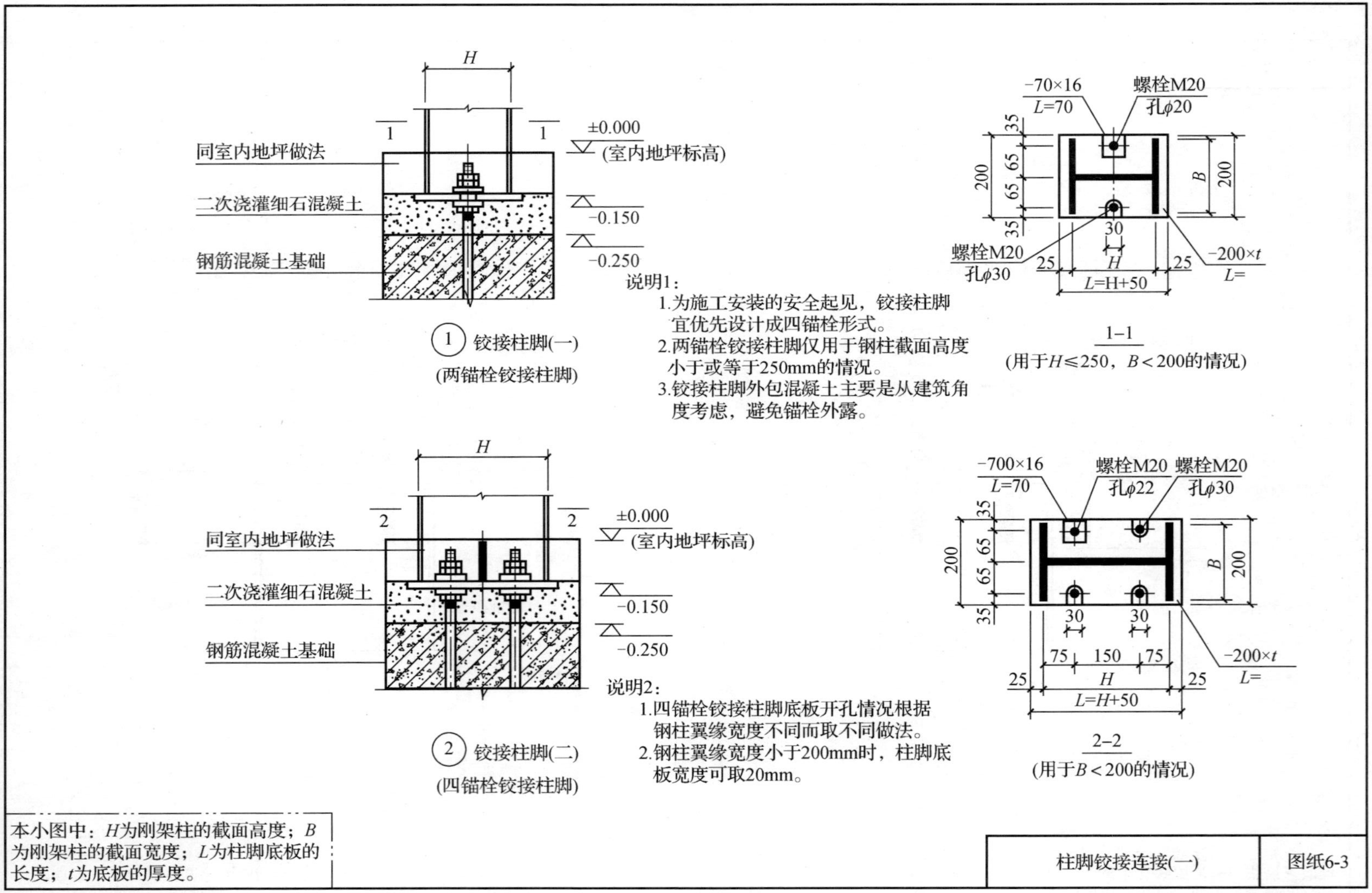

图 2-17 柱脚铰接连接（一）

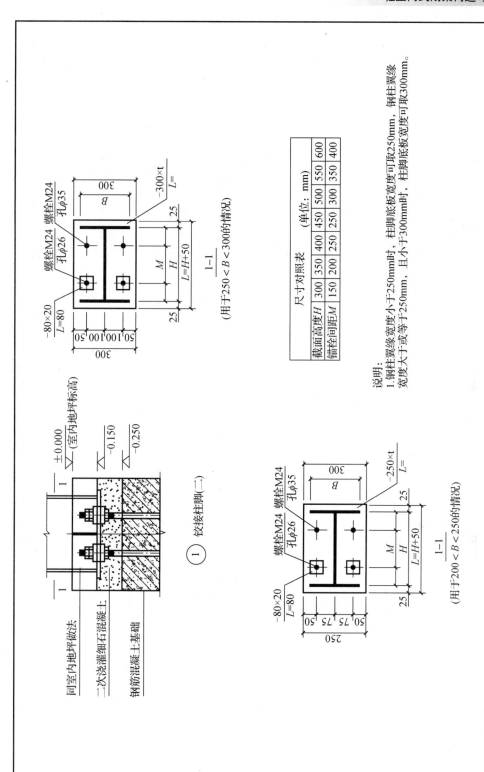

图 2-18 柱脚铰接连接(二)

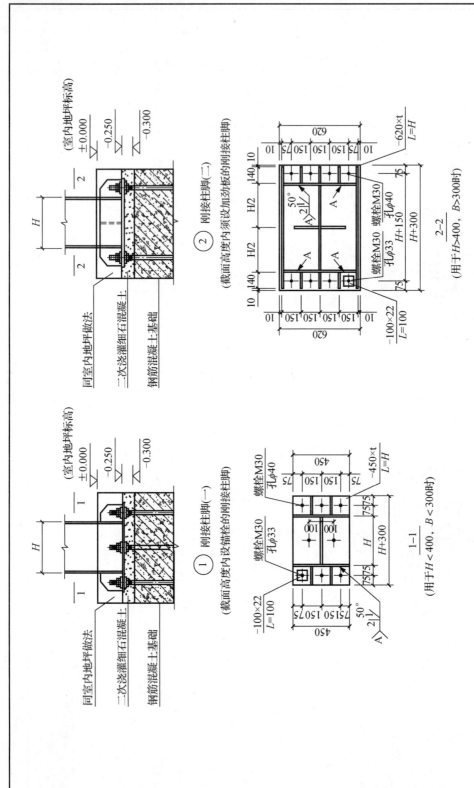

图 2-19 柱脚刚接连接（一）

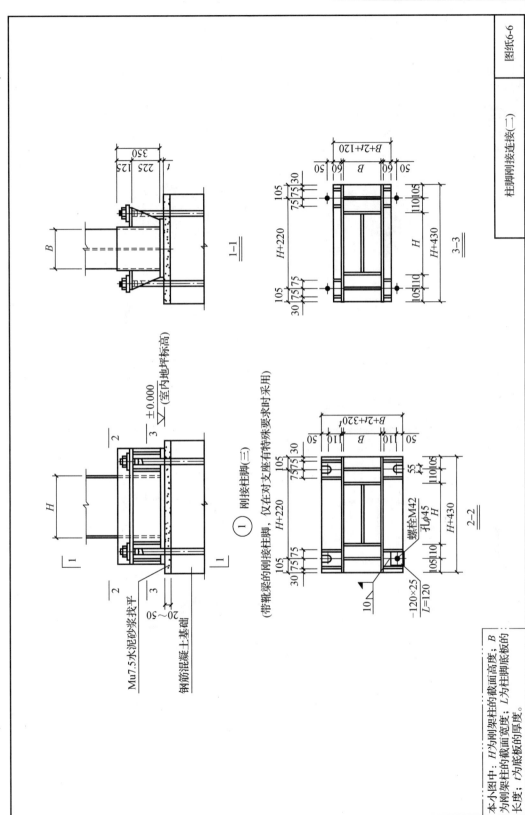

图 2-20 柱脚刚接连接(二)

2.3 门式刚架主结构

门式刚架的形式分为单跨、双跨和多跨，带挑檐和带毗屋等。多跨刚架中间柱与刚架斜梁的连接，可采用铰接。多跨刚架宜采用双坡或单坡屋盖，必要时也可采用由多个双坡单跨相连的多跨刚架形式。

门式刚架主刚架可由多个梁、柱单元构件组成，一般为边柱、刚架梁、中柱。

典型的主刚架、主刚架节点连接形式如图 2-21、图 2-22 所示。

图 2-21 主刚架

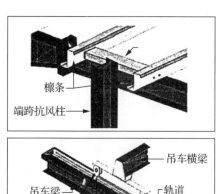
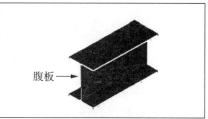
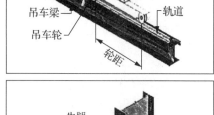

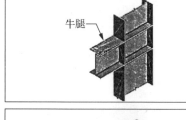

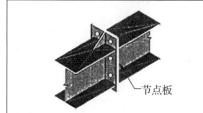
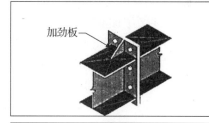
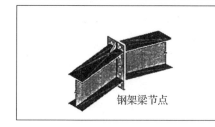
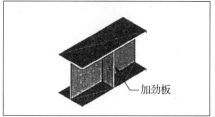

图 2-22 主刚架节点连接形式

　　门式刚架轻型钢结构房屋的主刚架一般采用变截面实腹刚架，主刚架斜梁下翼缘和刚架柱内翼缘的平面外稳定性，由与檩条或墙梁相连接的隔撑来保证。主刚架间的交叉支撑一般采用张紧的圆钢。外墙宜采用压型钢板作围护面的轻质墙板和冷弯薄壁型钢墙梁，也可以采用砌体外墙或底部为砌体，上部为轻质材料的外墙。屋盖常采用压型钢板屋面板和冷弯薄壁型钢檩条，单层房屋可采用隔热卷材做屋盖隔热层和保温层，也可以采用带隔热层的板材作屋面，屋面坡度一般取 1/20～1/8。

2.3.1 刚架柱与刚架梁构造

门式刚架可由多个刚架梁、刚架柱单元构件组成,刚架柱一般为单独单元构件,斜刚架梁一般根据当地运输条件划分为若干个单元。刚架单元构件本身采用焊接,单元之间可通过节点板以高强度螺栓连接。

边柱和梁通常根据门式刚架弯矩包络图的形状制成变截面,以达到节省材料、降低造价的目的。边柱和梁采用刚接。根据门式刚架横向平面承载、纵向支撑提供平面外稳定的特点,边柱和梁一般采用焊接工字形截面或轧制 H 形截面,中柱通常采用宽翼缘工字钢。刚架横梁截面高跨比可为 1/40~1/30,当刚架跨度较小时,横梁宜采用等截面。

1. 楔形柱

(1) 变截面楔形柱常用于刚架跨度、高度、荷载不大的情况下,当无吊车时首选。

(2) 当采用铰接柱脚时,边柱常采用变截面楔形柱,即柱身从下端到上端逐渐增大,腹板高度做成楔形。

(3) 楔形柱最大截面高度取最小截面高的 2~3 倍,楔形柱下端截面高度不小于 200 mm。

2. 等截面柱或阶形柱

(1) 当门式刚架有桥式吊车时,应采用刚接柱脚,刚架柱采用等截面柱。

(2) 当刚架柱设有牛腿时,常在柱牛腿顶面处改变上、下柱截面,形成阶形柱。

(3) 多跨刚架中柱多采用摇摆柱。当中间柱为摇摆柱时,一般采用等截面,常用方管、圆管,也可采用焊接的工字形截面或轧制 H 形截面。

(4) 当柱高度较大时,柱脚宜做成刚接,多跨刚架中柱与横梁的连接也宜做成刚接。

(5) 多跨多坡门刚的中柱常用等截面,除摇摆柱外的中柱常用焊接或轧制 H 形截面。

3. 楔形梁

门式刚架梁段可采用变截面楔形梁,变截面原理同楔形柱。横梁弯矩包络图中弯矩较小处设置小头连接,弯矩较大处设置大头连接。

4. 等截面梁

门式刚架跨度较小时常用等截面梁。

5. 等截面与楔形梁段组合连接

(1) 当跨度、荷载较大时,采用等截面与楔形梁段组合连接。

(2) 变截面梁段一般只变腹板高。

(3) 结构构件在安装单元一般不改变翼缘截面宽度。

(4) 相邻安装单元可采用不同的翼缘截面。

(5) 相邻单元截面高度应相等。

(6) 各梁段在同一坡面上连接应保持上翼缘在同一坡面内。

6. 节点连接主要形式与连接方法

梁柱常用螺栓端板连接，即在构件端部截面上焊接一块平板(多采用熔透焊)，并用螺栓与另一构件的端板相连的节点形式。梁柱连接形式分端板竖放、端板平放和端板斜放三种，如图 2-23 所示。每种形式又可分为端板平齐式和端板外伸式两种，如图 2-24 所示。

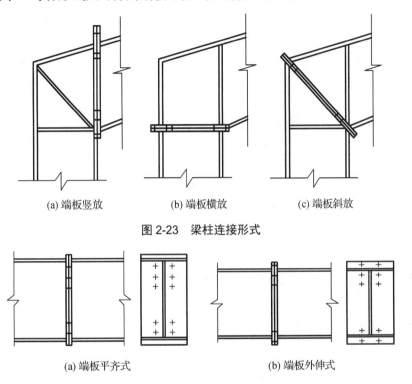

(a) 端板竖放　　　　(b) 端板横放　　　　(c) 端板斜放

图 2-23　梁柱连接形式

(a) 端板平齐式　　　　　　　(b) 端板外伸式

图 2-24　端板连接方法

7. 节点连接构造应注意的事项

(1) 刚架梁柱一般采用摩擦型高强度螺栓连接，通常采用 M16～M24 高强螺栓。

(2) 吊车梁和制动梁的连接宜采用摩擦型高强螺栓。吊车梁和刚架牛腿顶面连接的螺栓孔宜设长圆孔，高强度螺栓直径可根据需要选用，通常采用 M16～M24 螺栓。

另外，檩条和墙梁与刚架梁和柱的连接通常采用 M10 或 M12 普通螺栓。

(3) 端板连接螺栓应成对、对称布置，在受拉和受压翼缘的内外两侧均应设置，并宜使每个翼缘的螺栓群中心与翼缘的中心重合或接近。为此，应采用将端板伸出截面高度范围以外的外伸式连接。端板外伸式连接节点受力合理，承载力高于端板平齐式连接，因此应尽量采用端板外伸式连接。同时，应在节点板外伸部分设置加劲肋，加劲肋可将力均匀分布，此处的加劲肋基本形状为三角形，使靠近受拉翼缘两侧螺栓受力均匀一致。

当螺栓群间的力臂足够大(例如在端板斜放时)或受力较小时，横梁拼接，也可采用将螺栓全部设在构件截面高度范围内的端板平齐式连接。

(4) 螺栓中心至翼缘板表面的距离，应满足拧紧螺栓要求，且不宜小于 45mm。螺栓端距不应小于螺栓孔径的 2 倍，端距不应小于螺栓孔径的 3 倍，且应满足螺栓旋拧要求。

(5) 在门式刚架中，受压翼缘螺栓不宜少于两排。当受拉翼缘两侧各设一排螺栓尚不能满足承载力要求时，可在翼缘内侧成对增设螺栓，其间距不小于螺栓孔径的 3 倍。

(6) 与横梁端板连接的柱翼缘部分厚度等于横梁端板厚度。当端板上两对螺栓间的最大距离大于 400mm 时，应在端板中部增设一对螺栓。

(7) 端板尺寸应满足螺栓布置构造要求，一般宽度同翼缘宽或稍大，高度与端板连接方法有关。端板厚度可根据支承条件(见图 2-25)按规范公式计算，且不宜小于螺栓直径及 12mm。

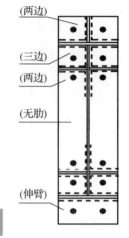

图 2-25 端板支承条件

2.3.2 门式刚架山墙结构构造与识图

在设计轻型钢结构建筑物时，它的山墙构架可以设计成与中间框架一样的刚框架，也可以设计成梁和抗风柱以及柱组成的山墙构架。

1. 山墙构架端墙构造

山墙构架由端斜梁、支撑端斜梁的构架柱及墙架檩条组成，构架柱的上下端部铰接，并且与端斜梁平接，墙架檩条也和构架柱平接，这样可以提高柱子的侧向稳定性，同时也给建筑提供了简洁的外观。一般的构造如图 2-26 所示。

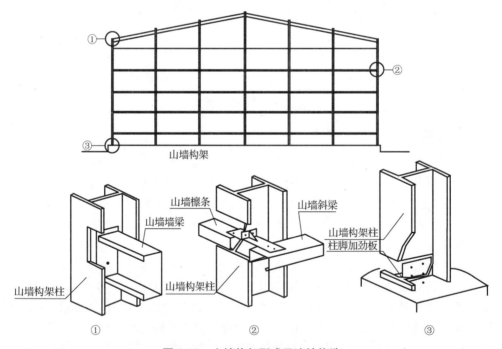

图 2-26 山墙构架形式及连接构造

山墙构架可以由冷弯薄壁 C 型钢组成，外观轻便且节省钢材，同时由于与框架平接的墙架檩条和墙面板的蒙皮效应的作用，使这种山墙构架端墙也具有比较好的平面内刚度，蒙皮作用已被实践证明具有足够的刚度，能够有效地抵抗作用在靠近端墙附近的边墙上的横向风荷载。

构架柱在设计时应满足同时能够抵抗竖向荷载和水平荷载的要求。由于构架柱的间距较小,单根构件分担的荷载比较小,因此可以使用比较小的薄壁截面。

采用山墙构架一般要求避免在山墙端开间设置支撑,这是由于山墙梁截面尺寸和基本刚架梁相比太小,同时山墙斜梁在山墙柱处不连续,从而导致支撑连接节点构造困难。所以在采用山墙构架时,通常将支撑布置在第二开间以避免上述的连接构造困难。然而这种情况下必须在第一开间和构架柱相应的位置布置刚性系杆,以便将山墙构架柱的风荷载传递到支撑开间,刚性系杆增加的用钢量和山墙梁截面减小而降低的用钢量大概会持平,因此总体上采用轻便的山墙构架并不能减少用钢量。

2. 刚框架端墙构造

当轻型钢结构建筑存在吊车起重系统(行车梁)并且延伸到建筑物端部,或需要在山墙上开大面积无障碍门洞,或把建筑设计成将来能沿其长度方向进行扩建的情况下,就应该采用门式刚框架端墙这种典型的构造形式。

刚框架端墙由门式刚框架、抗风柱和墙架檩条组成。抗风柱上下端铰接,设计成只承受水平风荷载作用的抗弯构件,由与之相连的墙檩提供柱子的侧向支撑。这种形式端墙的门式刚框架能够抵抗全跨荷载,并且通常与中间门式主框架相同,如图 2-27 所示。

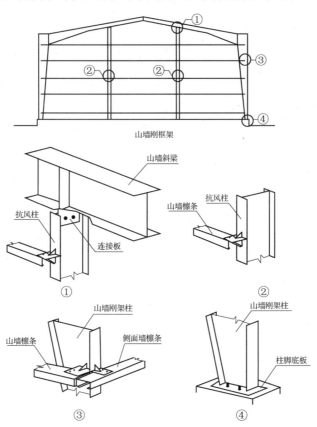

图 2-27 刚框架山墙形式及连接构造

端墙柱的间距一般为6m，但是间距尺寸也可能为了适应特殊的要求而改变。采用刚框架的山墙形式，由于端刚架和中间标准刚架的尺寸完全相同，比较容易处理支撑连接节点，所以可以把支撑系统设置在结构的端开间，避免增加刚性系杆。

2.3.3 门式刚架伸缩缝

钢结构材料热胀冷缩会产生拉力或压力，超过一定值结构可能会发生损坏。为了减小结构的温度应力，控制由温度应力引起的结构变形及位移，满足结构的安全性及使用要求，必须沿结构每隔一定长度设置伸缩缝，并根据计算得到变形，确定伸缩缝间距、扣件类型。

我国的《钢结构设计标准》中关于单层厂房钢结构设计部分规定，厂房平面温度区段尺寸为：采暖房屋和非采暖区的房屋，纵向220m，横向120m(柱顶刚接)或150m(柱顶铰接)；热车间和采暖地区的非采暖房屋，纵向180m，横向100m(柱顶刚接)或125m(柱顶铰接)；露天结构，纵向120m，横向无限制。在不超过上述规定值时可以不计算温度应力。《门式刚架轻型房屋钢结构技术规范》规定，门式刚架轻型房屋钢结构的温度区段长度(伸缩缝间的距离)应符合下列规定：纵向温度区段不大于300m，横向温度区段不大于150m。在满足上述条件时，也可以不计算温度应力。当有可靠依据时，温度区段长度可适当加大。目前，门式刚架轻型钢结构房屋中横向宽度大于150m的较少，而纵向大于300m的较多。

伸缩缝的做法通常有两种，一种简单但昂贵的处理办法是在伸缩缝处采用双刚架，如图2-28(a)所示，刚架间距以保证柱脚底板不相碰为准。以双刚架为界，结构两边各自具有独立的檩条、支撑和维护板系统，其中屋面板和墙面板使用可伸缩的连接件相连。在纵向伸缩缝处需要设置防火墙的情况下，这种处理是必须的。

另一种方法较经济，具体方法是：在伸缩缝处只设置一榀刚架，而在伸缩缝处的檩条上设置长圆孔，如图2-28(b)所示。

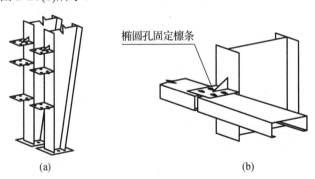

图2-28 双刚架伸缩缝和长圆孔单刚架伸缩缝

2.3.4 托梁及屋面单梁

当某榀刚架柱因为建筑净空间要求需要被抽除时，通常使用托梁横跨在相邻的两榀框架柱之间，支承已抽柱位置中间那榀框架上的斜梁。托梁是承受竖向荷载的结构构件，按照位置可分为边跨托梁和跨中托梁(见图2-29)。

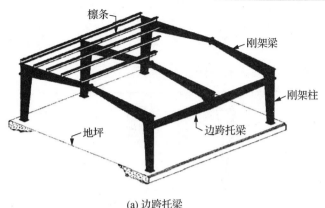

(a) 边跨托梁

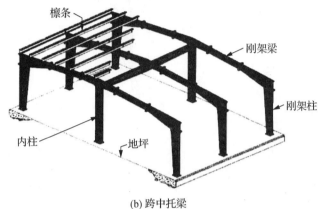

(b) 跨中托梁

图 2-29 托梁

在多跨厂房或仓库内部,当为了满足建筑净空间要求而必须抽去一个或多个内部柱子时,托梁常放置在柱顶。当大梁直接搁置在托梁顶部时,需要额外添加隅撑为托梁下翼缘提供平面外的支撑。钢托梁可以是通常的工字形组合截面梁或楔形组合截面梁,楔形组合截面梁可以是平顶斜底,也可以是平底斜顶。

在混凝土结构上部搭建的钢结构屋面系统称为屋面钢结构。这种钢结构包括屋面梁、檩条、屋面支撑和屋面板等。与全钢结构系统相比较,当跨度较大时,采用屋面钢结构是不经济的。

屋面钢结构的大梁搁置在混凝土柱顶的预埋钢板上,并通过埋在混凝土中的锚栓固定(见图 2-30)。柱一般不能承受较大的水平推力,因此设计时允许梁的一端支座可以作水平滑移,在构造上可以通过开长的椭圆孔来实现。

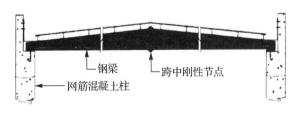

图 2-30 钢筋混凝土柱钢屋盖示意图

2.3.5 典型主结构详图识读

典型主结构详图识读如图 2-31～图 2-41 所示。

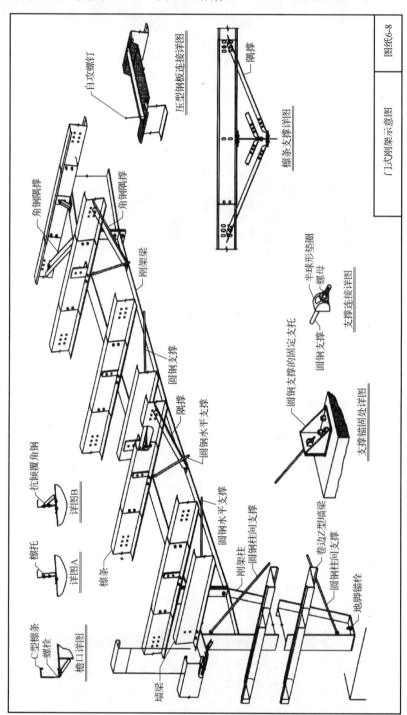

图 2-31 门式刚架示意图

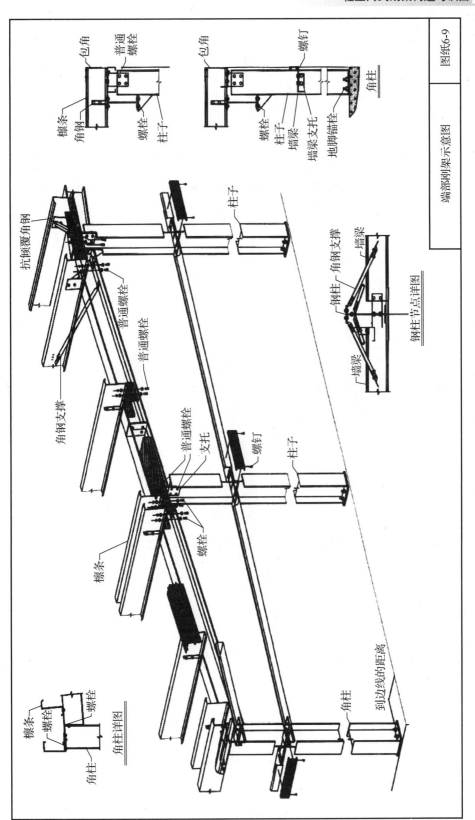

图 2-32 端部刚架示意图

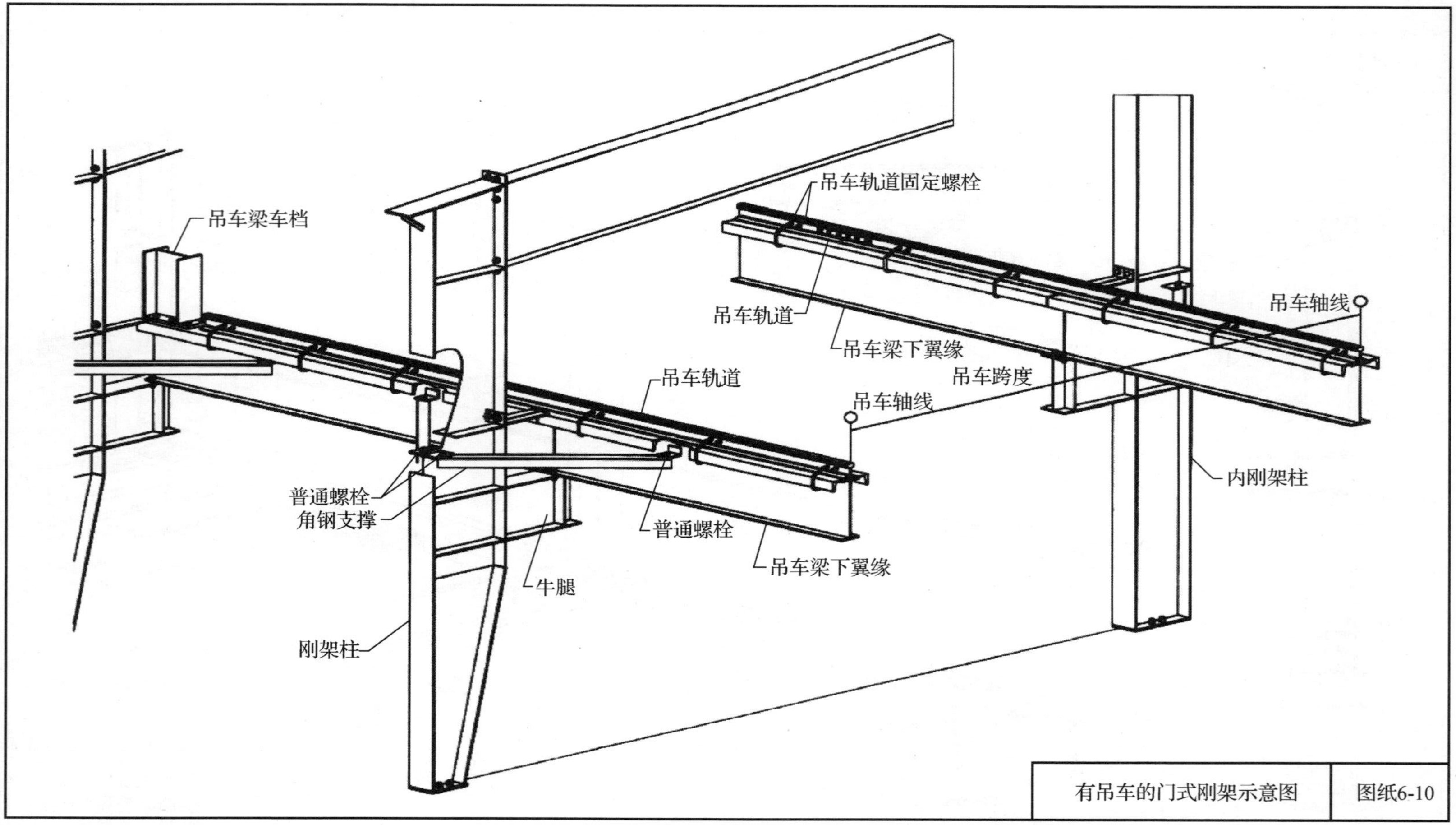

图 2-33 有吊车的门式刚架示意图

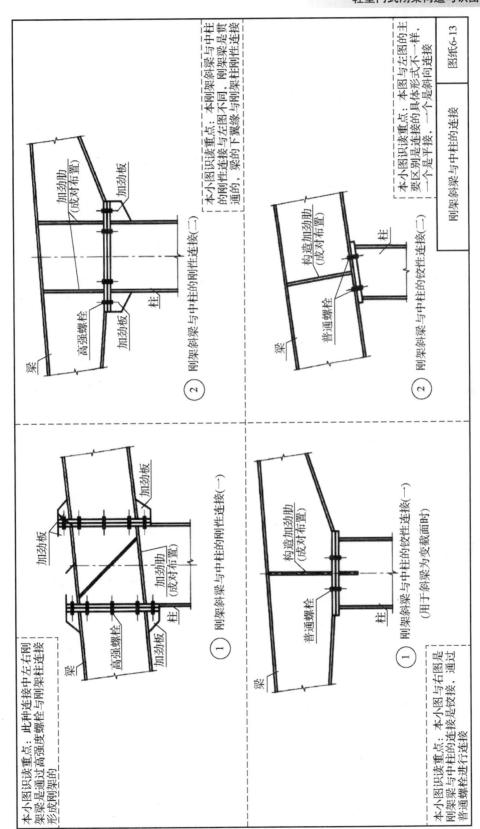

图 2-34 刚架梁、柱连接

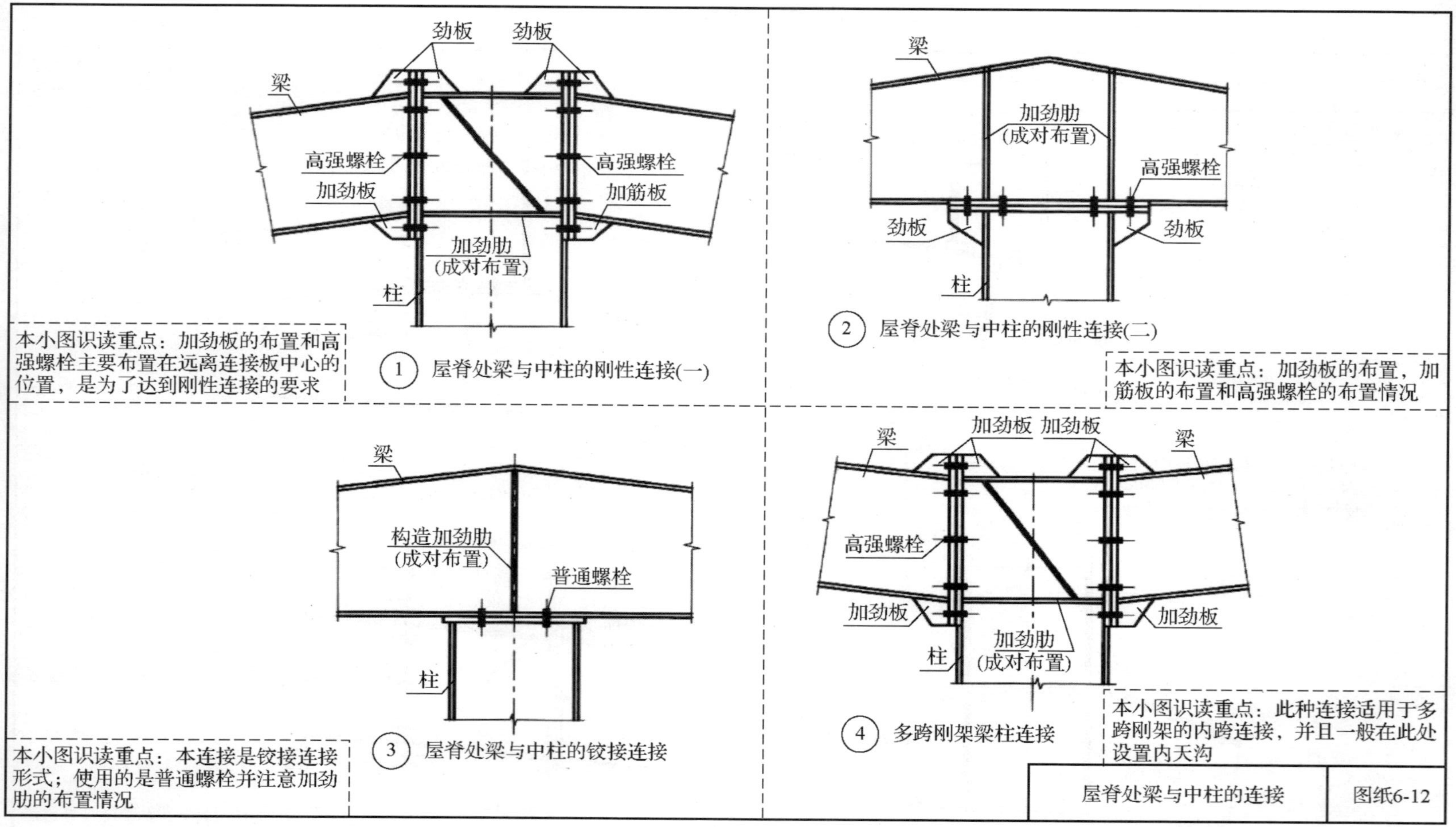

图 2-35 屋脊处梁与中柱的连接

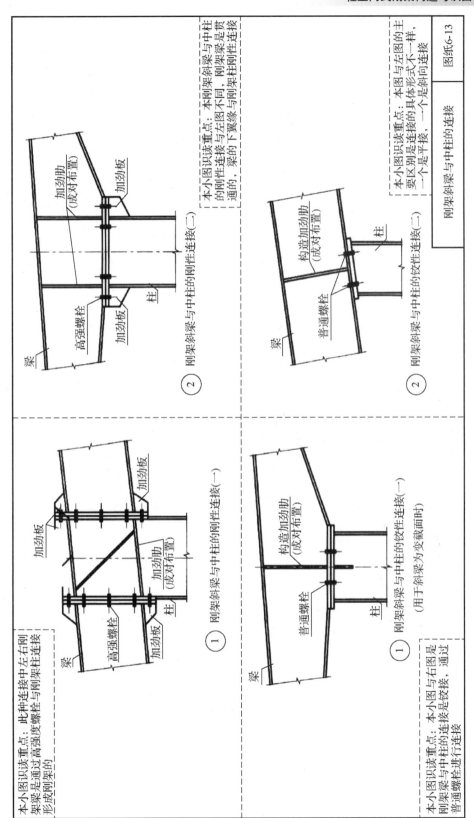

图 2-36 刚架斜梁与中柱的连接

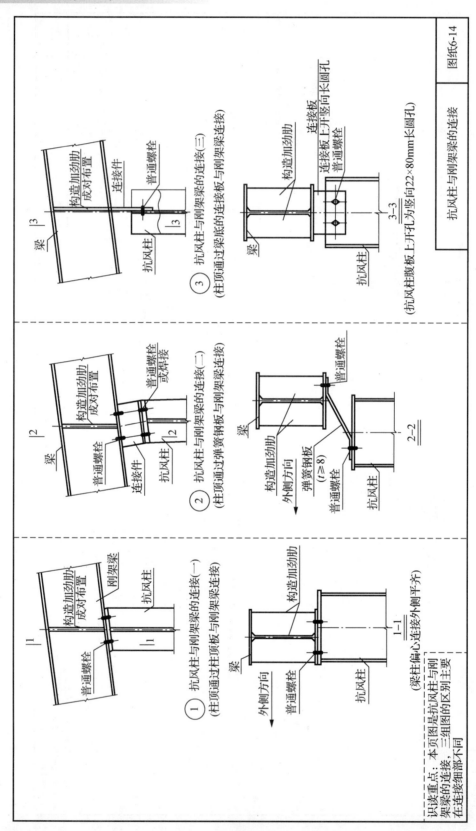

图 2-37 抗风柱与刚架梁的连接

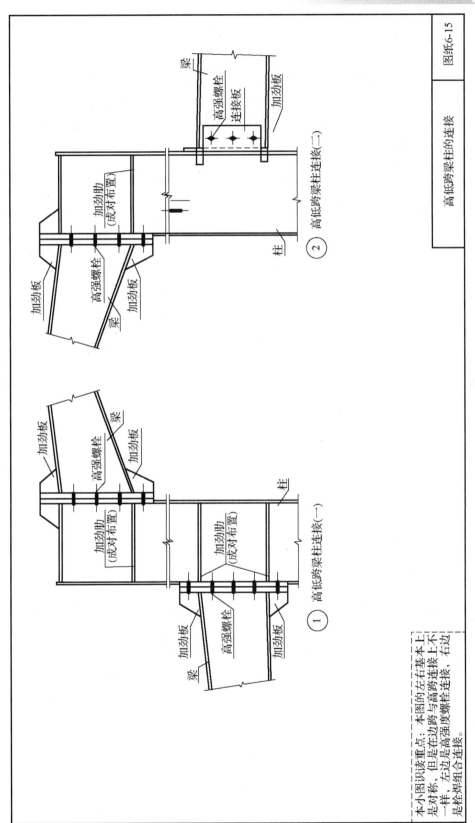

图 2-38 高低跨梁柱的连接

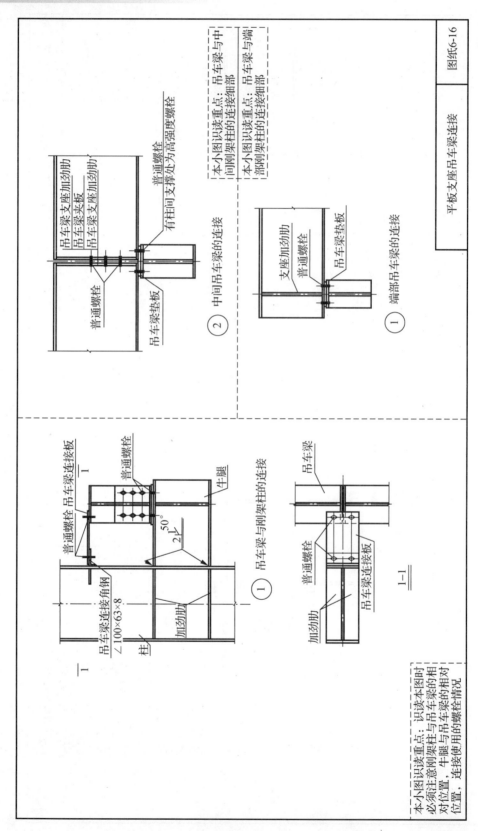

图 2-39 平板支座吊车梁连接

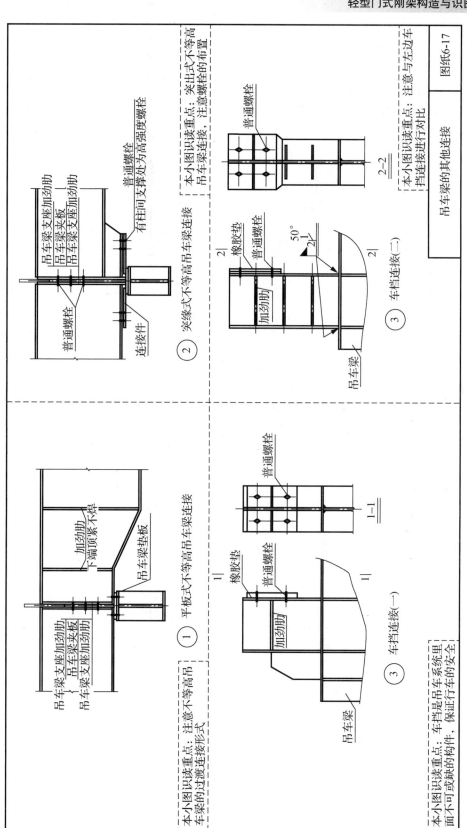

图 2-40 吊车梁的其他连接

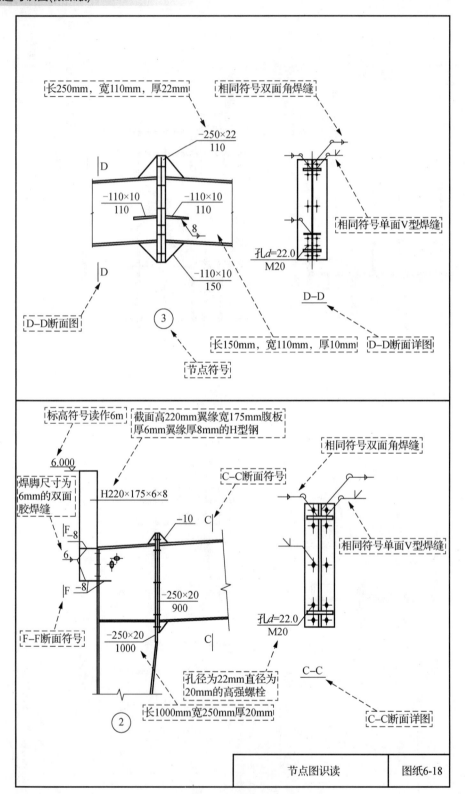

图 2-41 节点图

2.4 门式刚架次结构

檩条、墙梁和檐口檩条构成轻型门式刚架结构建筑的次结构系统。次结构系统主要有以下几方面作用。

(1) 可以支承屋面板和墙面板，将外部荷载传递给主结构。
(2) 可以抵抗作用在结构上的部分纵向荷载，如纵向的风荷载、地震荷载等。
(3) 作为主结构的受压翼缘支撑而成为结构纵向支撑体系的一部分。

檩条是构成屋面水平支撑系统的主要部分；墙梁是墙面支撑系统中的重要构件；檐口檩条位于侧墙和屋面的接口处，对屋面和墙面都起到了支撑的作用(见图 2-42)。

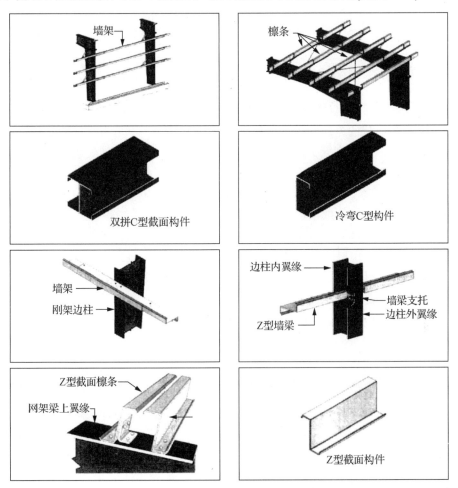

图 2-42 常见的檩条和墙梁的构造

轻型门式刚架的檩条、墙梁以及檐口檩条一般采用带卷边的 C 型和 Z 型(斜卷边或直卷边)截面的冷弯薄壁型钢(见图 2-43)。

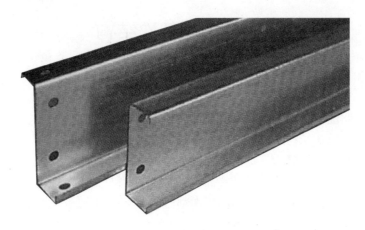

图 2-43 带卷边的 C 型和 Z 型截面冷弯薄壁型钢

2.4.1 冷弯薄壁型钢的特点

冷弯薄壁型钢构件用相对较少材料承受较大的外载，不是单纯用增大截面面积的方法，而是通过改变截面形状的方法获得，故称之高效截面型钢。冷弯薄壁型钢具有以下特点：抗压和抗弯性能好，整体刚度大；板件宽而薄，易凸曲变形，局部失稳，但可利用板件屈曲后的强度。另外，冷弯薄壁型钢的扭转刚度小，存在弯曲和扭转共同作用，可以采用更好的截面形式(双轴对称，闭合构件)。常见的构造措施有：在支座和跨中处增加侧向支承，如端加劲肋、檩托、撑杆、拉条等。

门式刚架屋、墙面常用 C 型和 Z 型两种檩条，这两种檩条的特性和应用也各有不同，比较其截面特性可以得出以下几点结论。

(1) C 型檩条适用于屋面坡度较小的情况，而 Z 型檩条适用于屋面坡度较大的情况。

(2) Z 型檩条。刚度较大，较经济。

(3) Z 型檩条。制作、安装较麻烦。

(4) 墙面多用 C 型檩条，Z 型檩条也可用。

2.4.2 檩条的布置和构造

轻型门式刚架的檩条构件可以采用 C 型冷弯卷边槽钢和 Z 型带斜卷边或直卷边的冷弯薄壁型钢。构件的高度一般为 140～300mm，厚度为 1.5～3.0mm。冷弯薄壁型钢构件一般采用 Q235 或 Q345，大多数檩条表面涂层采用防锈底漆，也有采用镀铝或镀锌的防腐措施。

1. 檩条间距和跨度的布置

檩条的设计首先应考虑天窗、通风屋脊、采光带、屋面材料及檩条供货规格的影响，并根据主刚架的间距确定檩条的跨度。檩条间距的确定需要考虑很多综合因素，例如，随着檩距加大，虽然可减少檩条用量，但会引起屋面板用量的增加。根据经验，常用檩距一般可取 1.5m。

2. 简支檩条和连续檩条的构造

檩条可以设计为简支构件，也可以设计为连续构件。简支檩条和连续檩条一般通过搭接方式的不同来实现。简支檩条不需要搭接长度，图 2-44 所示为 Z 型檩条的简支搭接方式，其搭接长度很小；C 型檩条可以分别连接在檩托上，无须搭接。中小跨度的檩条常用简支连接。

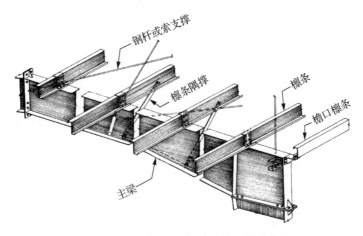

图 2-44　檩条布置(中间跨，简支搭接方式)

采用连续构件可以承受更大的荷载和变形，因此比较经济。檩条的连续化构造也比较简单，可以通过搭接和拧紧来实现。带斜卷边的 Z 型檩条可采用叠置搭接，卷边槽形檩条可采用不同型号的卷边槽形冷弯型钢套来搭接。图 2-45 显示了连续檩条的搭接方式。注意，端跨檩条的搭接和中间跨的搭接稍有不同，主要是因为端跨檩条要和山墙墙架连接。

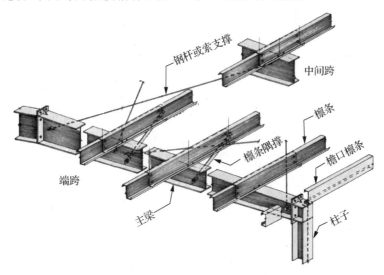

图 2-45　檩条布置(连续檩条，连续搭接方式)

设计成连续构件的檩条搭接长度有一定的要求，连续檩条的工作性能是通过耗费构件的搭接长度来获得的，所以连续檩条跨度一般要大于 6m，否则不一定能达到经济的目的。一般来说，连续檩条在中间支座处的搭接总长度按经验可取单侧跨度 10%(或两侧跨度之和的 5%)。也可以参考一些经验进行取值：单侧跨度 6m 以下时取 600mm；单侧跨度 6~9m 时取 900mm；单侧跨度 9~12m 时取 1200mm。

3. 侧向支撑的设置

外荷载作用下檩条同时受弯曲和扭转的共同作用。冷弯薄壁型钢本身板件宽厚比大，抗扭刚度不足；荷载通常位于上翼缘的中心，荷载中心线与剪力中心相距较大；因为坡屋面的影响，檩条腹板倾斜，扭转问题将更加突出。因此，侧向支撑是保证冷弯薄壁型钢檩条稳定性的重要保障。

1) 面板的支撑作用

将屋面视为一大构件，承受平行于屋面方向的荷载，称为屋面的蒙皮效应。考虑蒙皮效应的屋面板必须具有合适的板型、厚度及连接性能，主要是一些用自攻螺钉连接的屋面板，可以作为檩条的侧向支撑，使檩条的稳定性提高很多。扣合式或咬合式的屋面板则不能为檩条提供很好的侧向支撑。

2) 檩托

在简支檩条的端部或连续檩条的搭接处，设置檩托是比较妥善的防止檩条在支座处倾覆或扭转的方法。檩托常采用角钢、矩形钢板、焊接组合钢板等与刚架梁连接，高度达到檩条高度的 3/4，且与檩条以螺栓连接。

檩条端部至少各留两个螺栓孔：孔位在檩条腹板上均匀对称开孔，孔距和边距应满足螺栓构造要求。檩条与檩托、隅撑、拉条、撑杆等相连时，连接处应按要求打孔。檩托宽度应满足两侧檩条固定、螺栓孔边距的构造要求(见图 2-46)。

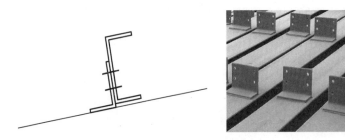

图 2-46　檩托

3) 拉条和撑杆

提高檩条稳定性的重要构造措施是采用拉条或撑杆从檐口一端通长连接到另一端，连接每一根檩条。拉条通常采用直径为 10~16mm 的圆钢制成。撑杆主要是限制檐檩的侧向弯曲，故多采用角钢，其长细比按压杆考虑，不能大于 200，并据此选择其截面。

檩条的侧向支撑不宜太少，根据檩条跨度的不同，可以在檩条中央设一道或者在檩条中央及四等分点处各设一道，共三道拉条。一般情况下，檩条上翼缘受压，所以拉条设置在檩条上翼缘 1/3 高的腹板范围内。

由于需要考虑檩条在风吸力作用下的翼缘受压，需要把拉条设置在下翼缘附近。考虑到蒙皮效应，上翼缘的侧向稳定性可由自攻螺钉连接的屋面板提供，而只在下翼缘附近设置拉条；但对于非自攻螺钉连接的屋面板，则需要在檩条上下翼缘附近设置双拉条。对于带卷边的 C 型截面檩条，因在风吸力作用下自由翼缘将向屋脊变形，因此宜采用角钢截面或方管截面作撑杆。

应在檐口处设置斜拉条，牢固地与檐口檩条在刚架处的节点连接。屋脊处的支撑起着将两侧的支撑联系起来的作用，以防止所有的檩条向一个方向失稳，所以屋脊连接处多采用比较牢固的连接。

拉条和撑杆的布置应根据檩条的跨度、间距、截面形式和屋面坡度、屋面形式等因素来选择。当檩条跨度 $L \leqslant 4m$ 时，通常可不设拉条或撑杆；当 $4m<L \leqslant 6m$ 时，可仅在檩条跨中设置一道拉条，檐口檩条间应设置撑杆和斜拉条；当 $L>6m$ 时，宜在檩条跨间三分点处设置两道拉条，檐口檩条间应设置撑杆和斜拉条。屋面有天窗时，宜在天窗两侧檩条间设置撑杆和斜拉条(见图 2-47)。

当檩距较小时($S/L<0.2$)，可根据檩条跨度大小设置拉条及撑杆，以使斜拉条和檩条的夹角不致过小，确保斜拉条拉紧。

对称的双坡屋面，可仅在脊檩间设置撑杆，不设斜拉条，但在设计脊檩时应计入一侧所有拉条的竖向分力。

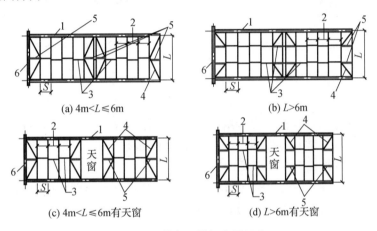

(a) $4m<L \leqslant 6m$　　(b) $L>6m$

(c) $4m<L \leqslant 6m$ 有天窗　　(d) $L>6m$ 有天窗

图 2-47　拉条、撑杆布置示意

1—刚架；2—檩条；3—拉条；4—斜拉条；5—撑杆；6—承重天沟或墙顶梁

2.4.3 墙梁的布置和构造

墙梁应保证其具有足够的强度、刚度和稳定性，适宜的构造和布置是保证墙梁受力合理的前提。

1. 墙梁布置和构造

墙梁的布置与屋面檩条的布置有类似的原则。墙梁的布置首先应考虑门窗、挑檐、遮雨篷等构件和围护材料的要求，并考虑墙板板型和规格，以确定墙梁间距。墙梁的跨度取决于主刚架的柱距。

墙梁与主刚架柱的相对位置一般有两种。图 2-48 所示的是穿越式，墙梁的自由翼缘简单的与柱子外翼缘螺栓连接或檩托连接，根据搭接的长度来确定墙梁是连续的还是简支的。图 2-49 所示的是平齐式，即通过连接角钢将墙梁与柱子腹板相连，墙梁外翼缘基本与柱子外翼缘平齐。采用平齐式的墙梁布置方式，墙梁与主钢架柱简单的用节点板铰接，檐口檩条不需要额外的节点板，基底角钢与柱外缘平齐，减小了基础的宽度。

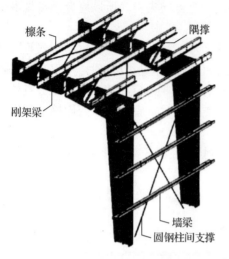
图 2-48 穿越式墙梁

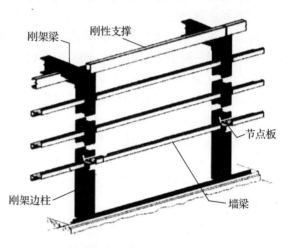
图 2-49 平齐式墙梁

2. 侧向支撑的布置和构造

1) 墙托

墙托常用角钢、矩形钢板、焊接组合钢板等与刚架梁连接，其作用是支承固定墙梁，做法与檩托基本相同。墙托宽度应至少与墙梁截面高度一致，长度应满足墙梁支承长度及螺栓孔边距、中距等构造要求，厚度一般为 6～8mm。

墙梁两端至少应各采用两个螺栓与墙托连接(一般两端各留两个螺栓孔)，孔径根据螺栓直径来定，孔位在檩条腹板上均匀对称，孔距和边距应满足螺栓构造要求，墙梁与隅撑、拉条连接处应打孔。

2) 墙面拉条和撑杆

提高墙梁稳定性的重要构造措施是用拉条或撑杆从檐口一端通长连接到底端，连接每一根墙梁。拉条分为直拉条和斜拉条，常用两端带丝扣的圆钢(同屋面拉条)。拉条和撑杆布置应根据墙梁跨度、间距、截面形式等因素选择。

拉条常设在墙梁翼缘 1/3 高的受压侧腹板范围内(常靠墙面板外侧 1/3 处设置)。对于有自攻螺钉可靠连接的墙面板，考虑到蒙皮效应，只在内翼缘附近设置拉条。除设置直拉条通长拉结墙梁外，应在檐口处、天窗架两侧加置斜拉条和撑杆，牢固地与檐口檩条在刚架处的节点连接。

当墙梁跨度 $L \leqslant 4m$ 时，通常可不设拉条或撑杆；当墙梁跨度 $4m < L \leqslant 6m$ 时，可仅在墙梁跨中设置一道拉条；当墙梁跨度 $L > 6m$ 时，宜在墙梁跨间三分点处设置两道拉条。天窗架墙梁根据情况设置拉条和撑杆。

2.4.4 典型次结构详图识读

典型次结构详图识读如图 2-50～图 2-53 所示。

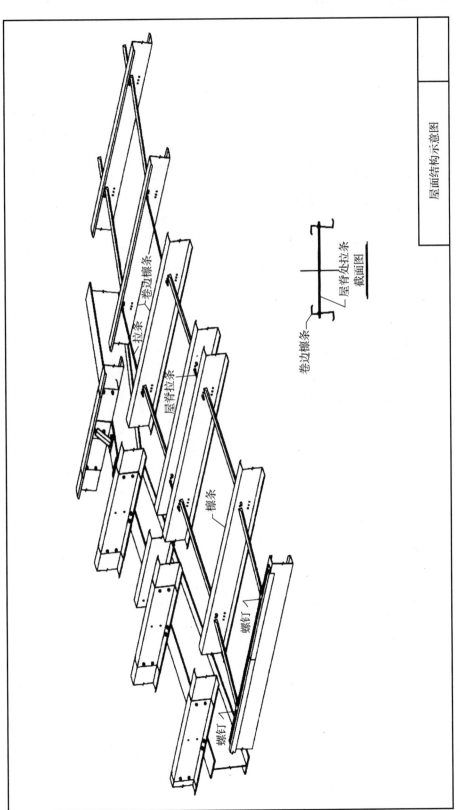

图 2-50 屋面结构示意

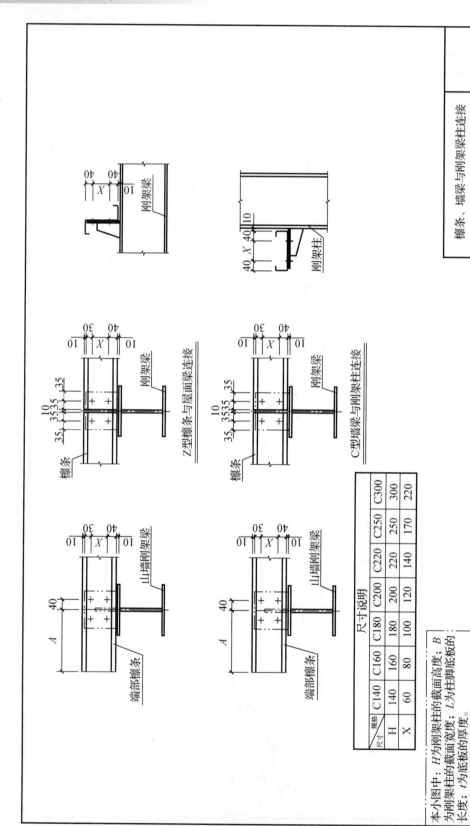

图 2-51 檩条、墙梁与刚架梁柱连接

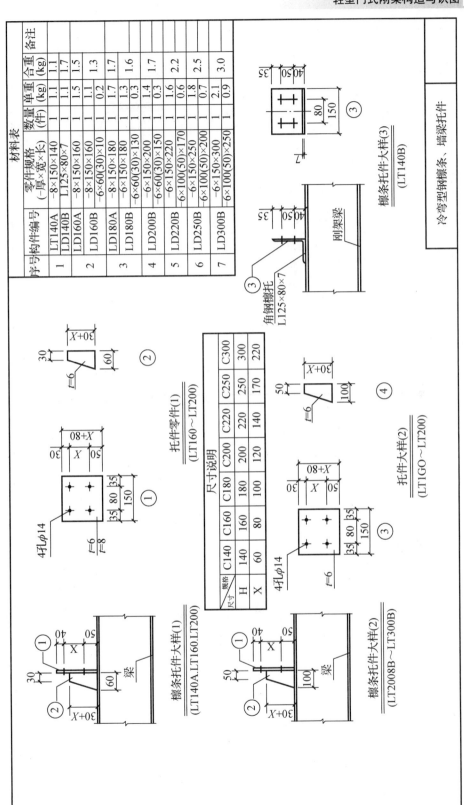

图 2-52 冷弯型钢檩条、墙梁托件

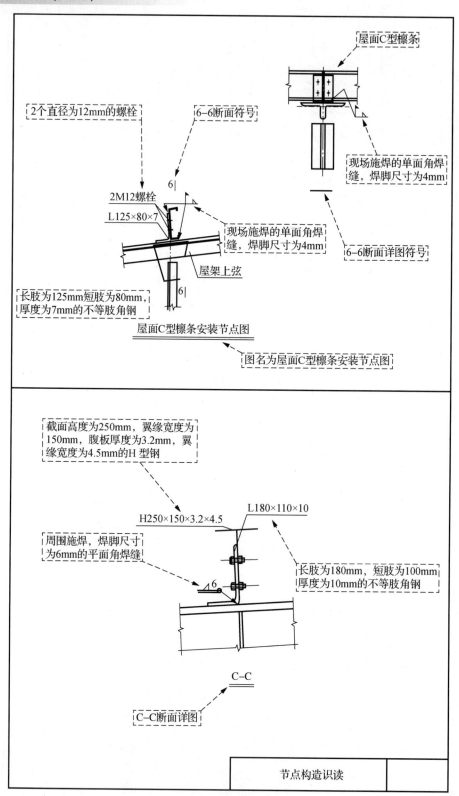

图 2-53 节点构造

2.5 门式刚架支撑系统

由于建筑物在长度方向的纵向结构刚度较弱，于是需要沿建筑物的纵向设置支撑以保证其纵向稳定性。支撑结构及与之相连的两榀主刚架形成了一个完全的稳定开间，在施工或使用过程中，能通过屋面檩条或系杆为其余各榀刚架提供最基本的纵向稳定保障。支撑主要分为屋面支撑和墙面支撑两种。

2.5.1 支撑布置的目的与原则

支撑系统的主要目的是把施加在建筑物纵向的风荷载、吊车荷载、地震作用等从其作用点传到柱基础，最后传到地基。轻型钢结构的标准支撑系统有斜交叉支撑、门架支撑和隅撑。门式刚架支撑布置简图如图 2-54 所示，其布置原则如下。

(1) 柱间支撑和屋面支撑必须布置在同一开间内形成抵抗纵向荷载的支撑桁架。支撑桁架的直杆和单斜杆应采用刚性系杆，交叉斜杆可采用柔性构件。刚性系杆是指圆管、H型截面、Z型或C型冷弯薄壁截面等受拉压的构件，柔性构件是指圆钢、拉索等只受拉的构件。对柔性拉杆必须施加预紧力以抵消其自重作用引起的下垂。

(2) 支撑的间距一般为 30～45m，不应大于 60m。

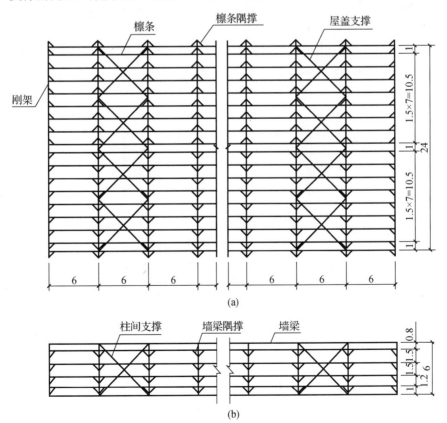

图 2-54 门式刚架支撑布置简图

(3) 支撑可布置在温度区间的第一个或第二个开间,当布置在第二个开间时,第一开间的相应位置应设置刚性系杆。

(4) 支撑斜杆能最有效地传递水平荷载,当柱子较高导致单层支撑构件角度过大时,应考虑设置双层柱间支撑。

(5) 刚架柱顶、屋脊等转折处应设置刚性系杆,结构纵向在支撑桁架节点处应设置通长的刚性系杆。

(6) 轻钢结构的刚性系杆可由相应位置处的檩条兼作,刚度或承载力不足时设置附加系杆。

除了结构设计中必须正确设置支撑体系以确保其整体稳定性之外,还必须注意结构安装过程中的整体稳定性。安装时应该首先构建稳定的区格单元,然后逐榀将平面刚架连接于稳定单元上直至完成全部结构。在稳定的区格单元形成前,必须施加临时支撑固定已安装的刚架部分。

2.5.2 支撑的类型

1. 交叉支撑

交叉支撑是轻型钢结构建筑中,用于屋顶、侧墙和山墙的标准支撑系统。交叉支撑有柔性支撑和刚性支撑两种,如图 2-55 所示。柔性支撑构件为镀锌钢丝绳索、圆钢、带钢或角钢等,由于构件长细比较大,不考虑其抵抗压力作用。在一个方向的纵向荷载作用下,一根受拉,另一根则退出工作。设计柔性支撑时可对钢丝绳和圆钢施加预拉力以抵消自重产生的压力,这样计算时可不考虑构件自重。刚性支撑构件为方管或圆管,可以承受拉力和压力。支撑工作机理如图 2-56 所示。

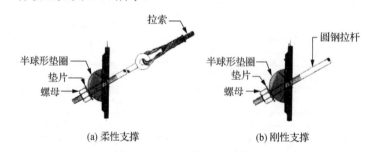

图 2-55 柔性支撑和刚性支撑

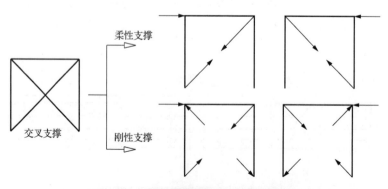

图 2-56 柔性支撑和刚性支撑工作机理

2. 门架支撑

由于建筑功能及外观的要求，在某些开间内不能设置交叉支撑，这时可以设置门架支撑。门架支撑可以沿纵向固定在两个边柱间的开间或多跨结构的两个内柱的开间内。门架支撑构件由支撑梁和固定在主刚架腹板上的支撑柱组成，其中梁和柱必须做到完全刚接，当门架支撑顶与主刚架檐口的距离较大时，需要在支撑门架和主刚架间额外设置斜撑，要求门架和相同位置设置的交叉支撑刚度相等，同时节点必须做到完全刚接。门架支撑如图 2-57 所示。

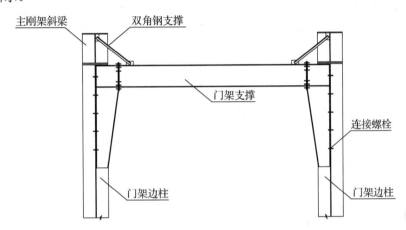

图 2-57 门架支撑

2.5.3 柱间支撑

柱间支撑形式如图 2-58 所示，其具体设置要求如下。

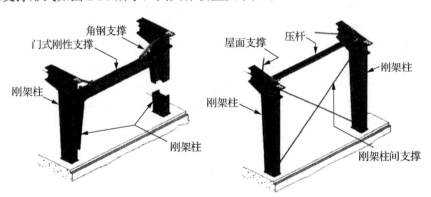

图 2-58 柱间支撑

(1) 无吊车时柱间支撑的间距宜取 30～45m；当有吊车时柱间支撑宜设在温度区段中部，或当温度区段较长时宜设在三分点处，且间距不宜大于 60m。

(2) 当建筑物宽度大于 60m 时，内柱列宜适当增加柱间支撑。

(3) 支撑与构件的夹角应在 30°～60°范围内，宜接近 45°。

(4) 柱间支撑可采用带张紧装置的十字交叉圆钢支撑，当桥式吊车起重量大于 5t 时，宜采用型钢支撑。

(5) 柱间支撑的内力,应根据该柱列所受纵向荷载(如风、吊车制动力)按支承于柱脚基础上的竖向悬臂桁架计算。

(6) 对于交叉支撑,可不计压杆的受力。当同一柱列设有多道柱间支撑时,纵向力在支撑间可按均匀分布考虑。

(7) 在每一伸缩缝区段,沿每一纵向柱列均应设置柱间垂直支撑。

2.5.4 屋面水平支撑

(1) 屋面支撑宜用十字交叉支撑,对具有一定刚度的圆管和角钢也可用对角支撑(见图2-59)。

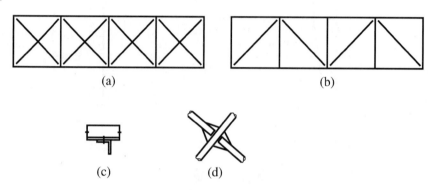

图2-59 十字交叉支撑和对角支撑

(2) 屋盖横向支撑宜设在温度区间端部的第一个或第二个开间(见图2-60)。

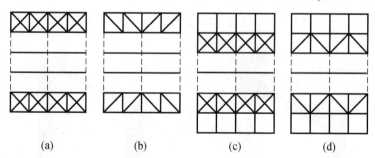

图2-60 屋面横向支撑布置形式

(3) 在刚架转折处(柱顶和屋脊)应沿房屋全长设置刚性系杆。

(4) 柱间支撑和屋面支撑必须布置在同一个开间内,形成抵抗纵向荷载的支撑桁架。

(5) 屋面交叉支撑和柔性系杆可按拉杆设计,非交叉支撑中的受压杆件及刚性系杆应按压杆设计。

(6) 刚性系杆可由檩条兼作,此时檩条应满足对压弯构件的刚度和承载力要求。

(7) 屋盖横向水平支撑可仅设在靠近上翼缘处。

(8) 交叉支撑可采用圆钢,按拉杆设计。

2.5.5 隅撑布置

当横梁和柱的内侧翼缘需要设置侧向支撑点时，可利用连接于外侧翼缘的檩条或墙梁设置隅撑。隅撑宜采用单角钢制作，可连接在内翼缘附近的腹板上，也可连接在内翼缘上，如图 2-61 所示，通常采用单个螺栓连接。隅撑与刚架构件腹板的夹角不宜小于 45°。

图 2-61　隅撑布置

隅撑角钢与檩条或墙梁的连接孔位置要按所连接刚架梁或柱的截面高度和夹角、檩条或墙梁的腹板高度确定，连接孔径根据螺栓直径确定。

2.5.6 典型支撑结构详图识读

典型支撑结构详图识读如图 2-62～图 2-68 所示。

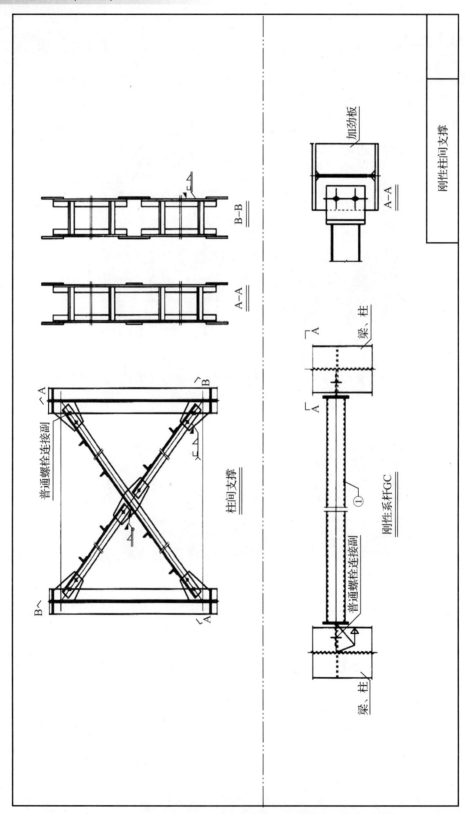

图 2-62 刚性柱间支撑

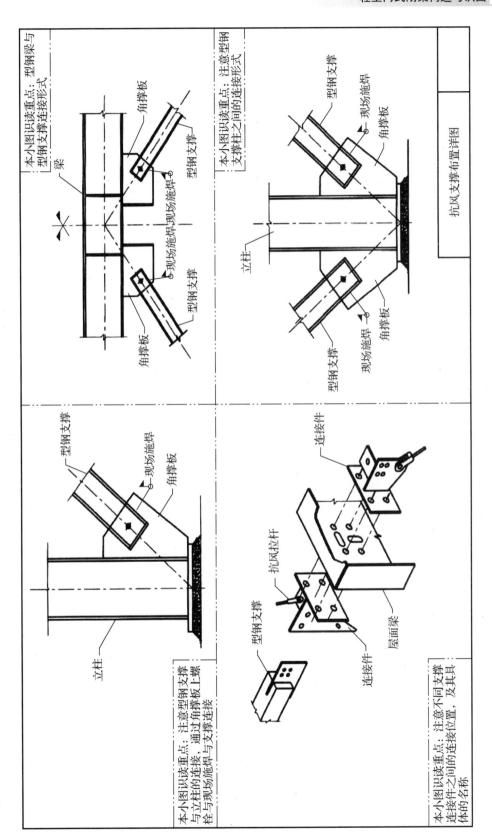

图 2-63 抗风支撑布置详图

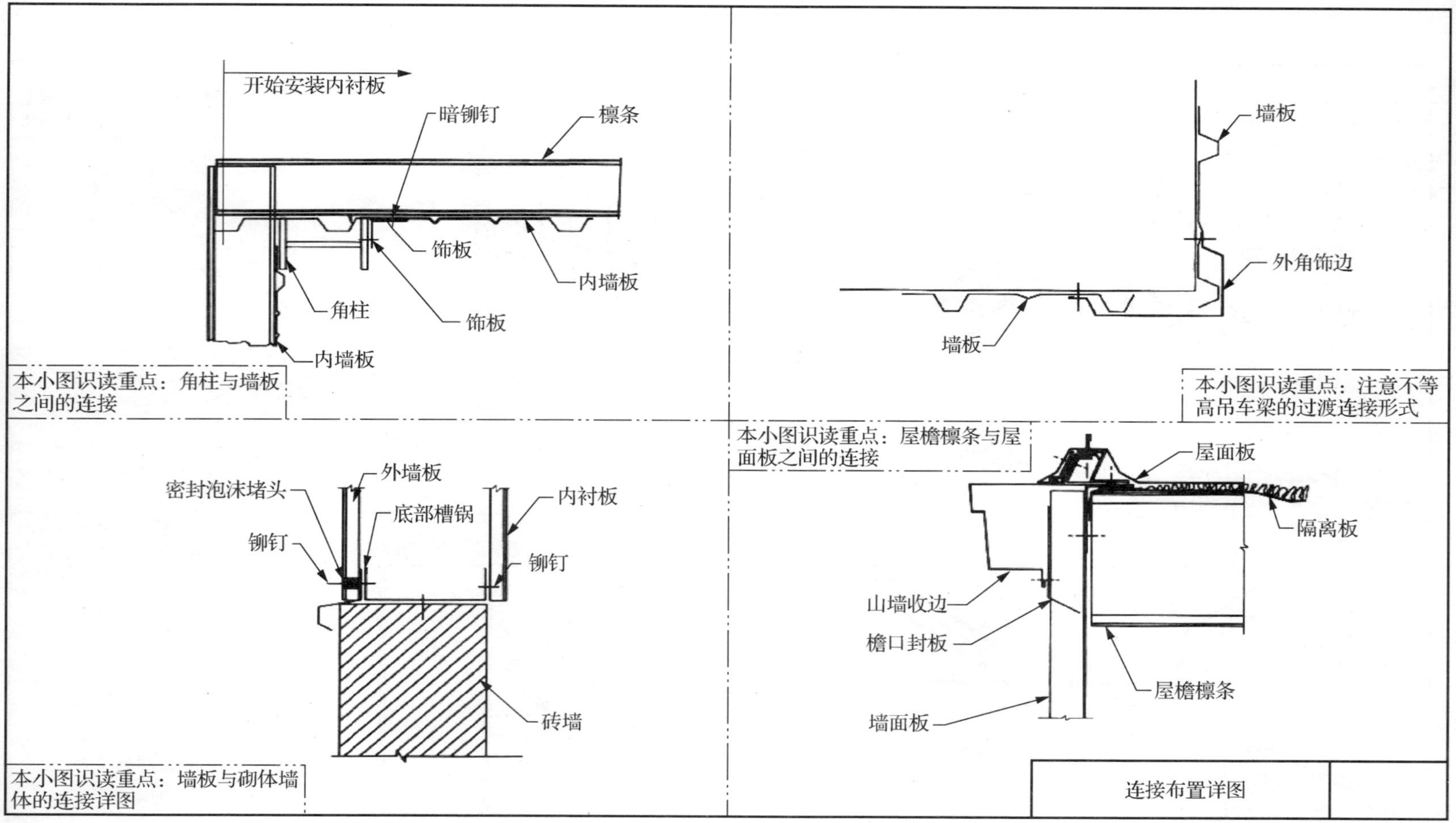
开始安装内衬板
暗铆钉
檩条
饰板
内墙板
角柱
饰板
内墙板
本小图识读重点：角柱与墙板之间的连接
墙板
外角饰边
墙板
本小图识读重点：注意不等高吊车梁的过渡连接形式
外墙板
密封泡沫堵头
底部槽锅
内衬板
铆钉
铆钉
砖墙
本小图识读重点：墙板与砌体墙体的连接详图
本小图识读重点：屋檐檩条与屋面板之间的连接
屋面板
隔离板
山墙收边
檐口封板
屋檐檩条
墙面板
连接布置详图

图 2-64　连接布置详图

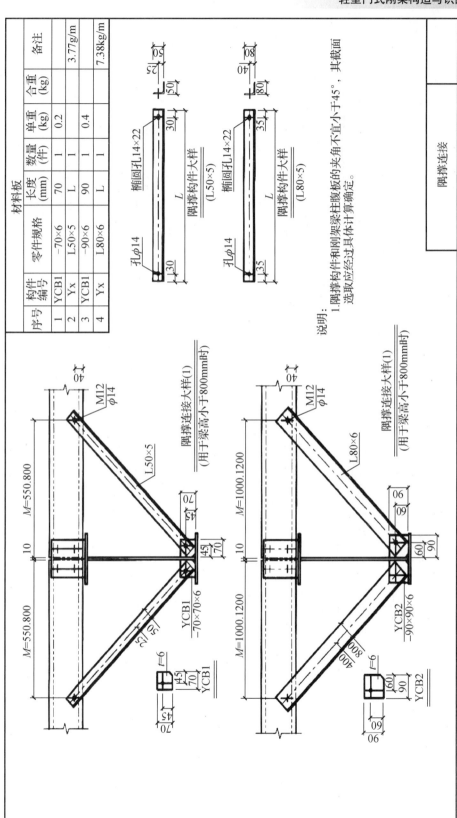

图 2-65 隅撑连接

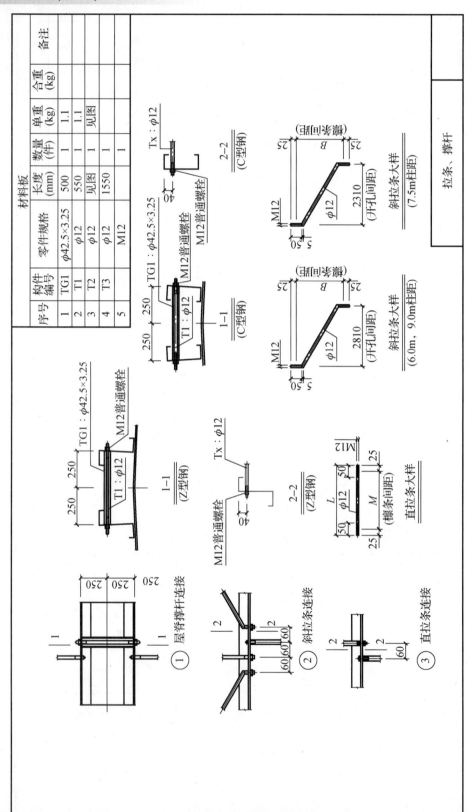

图 2-66 拉条、撑杆连接

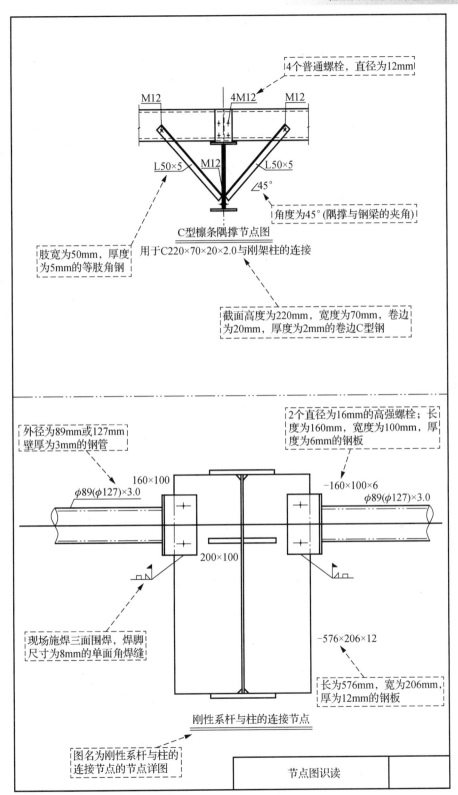

图 2-67 节点构造图

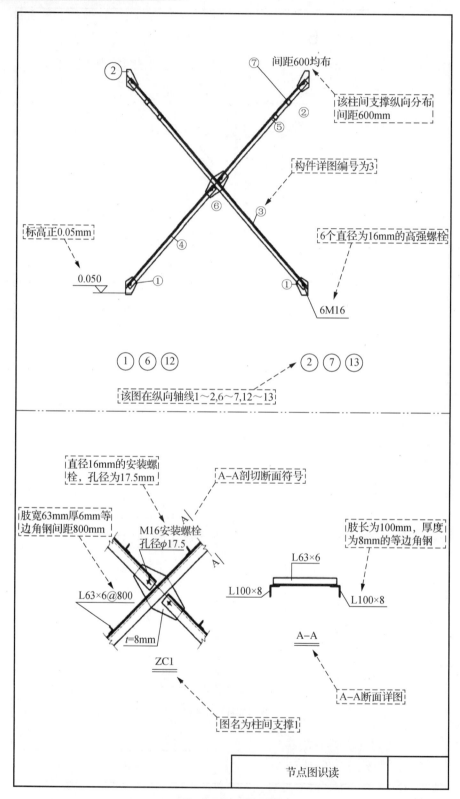

图 2-68 节点构造图

2.6 门式刚架维护结构

以门式刚架为代表的轻钢建筑的屋面是指由金属屋面板、檩条及保温隔热层等组成的屋面围护系统。轻钢建筑的墙面是指由金属墙面板、墙梁及保温隔热层组成的墙面围护系统。根据建筑设计要求可以分为：不保温、保温、隔热、单一和复合型屋面围护结构。此外还可以在屋面附设天窗采光窗和通风器(气楼)，墙面上可以设置门、窗等。

主材采用了压型钢板，隔热、保温材料和附设的采光通风装置都必须采用轻质建筑材料制作，且满足防水、隔热、保温、隔声、通风等建筑功能要求。另一方面，由于压型钢板形状各异、颜色五彩缤纷，使建筑物充满新意。

2.6.1 门式刚架屋面系统

一般门式刚架等轻钢建筑常见的屋顶形式为坡屋顶，坡度一般为 1/20～1/8。

屋顶是房屋上层的承重结构，需要承受自重、屋面活荷载。屋顶构造设计的重点是需要解决防水、防火、防风、保温、隔热等问题。轻型钢结构屋面材料具有轻质、高强、耐久、耐火、保温、隔热、隔声、抗震、防风及防水等性能，同时要求构造简单，施工方便，并能工业化生产。目前在国内外普遍使用的是压型钢板、复合保温板。

随着金属屋面板的广泛应用，其防水、保温、隔热的功能得到不断的改进和完善。从保温隔热方面考虑，从单板发展到复合板；从防水方面考虑，从低波纹发展到高波纹屋面；从自攻螺钉连接发展到暗扣式连接。以上几方面的发展，逐步满足了业主对金属屋面的要求，进一步推动了金属屋面应用和发展。

压型钢板屋面一般有以下几种材料组成：屋面上层压型钢板、下层压型钢板、保温材料、采光材料、屋面开洞及屋面泛水收边、檩条等。图 2-69 所示为金属压型钢板屋面系统构造示意图。

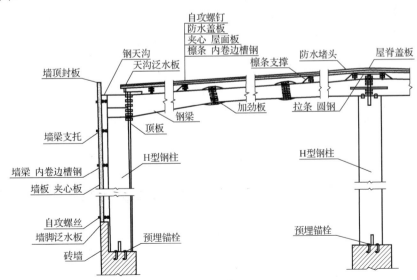

图 2-69 金属压型钢板屋面系统构造示意

1. 屋面压型钢板(单层金属压型板)

压型钢板是轻型屋面有檩体系中应用最广泛的屋面材料。建筑用压型钢板是以冷轧薄钢板为基板，经热镀锌或镀铝后覆以彩色涂层再经辊压冷弯成V形、U形、梯形等波形，在建筑上用作屋面板、楼板、墙面等位置，具有成型灵活、施工速度快、美观、高强、重量轻、耐用、抗震、防火、易于工业化和商品生产等特点(见图2-70)。

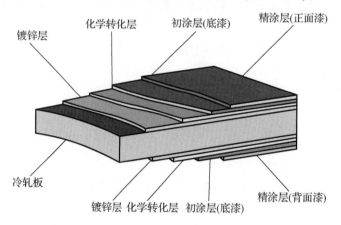

图 2-70　彩色涂层钢板结构

单层压型钢板的基板板厚宜取 0.4～1.6mm，板长定尺为 1.5～12m，自重约为 5～12 kg/m²，(传统结构比它重 20～30 倍)。当有保温隔热要求时，可采用双层钢板中间夹保温层的做法。此时单层压型钢板加保温层加檩条为屋面全部自重，大约为 20 kg/m²。

压型钢板编号(YX)及规格尺寸组成：压型钢板用 YX H—S—B 表示。YX 为压型的汉语拼音字母；H 为压型钢板波高；S 为压型钢板的波距；B 为压型钢板的有效覆盖宽度；t 为压型钢板的厚度，如图 2-71 所示(压型钢板的厚度通常在说明材料性能时说明)。

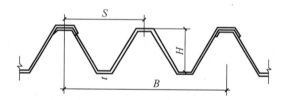

图 2-71　压型钢板的截面形状

编号示例：波高为 35mm、波与波之间距离为 125mm、单块压型钢板有效宽度为 750mm 的压型钢板，其板型编号为：YX35—125—750。

YX130—300—600 表示压型钢板的波高为 130mm，波距为 300mm；有效的覆盖宽度为 600mm，如图 2-72 所示。

YX173—300—300 表示压型钢板的波高为 173mm、波距为 300mm，有效的覆盖宽度为 300mm，如图 2-73 所示。

(1) 波距 S，模数为 50～300，50 进位制。

(2) 有效宽度尺寸 B 为 300、450、600、750、900、1000mm 等。

(3) 压型钢板选择应考虑屋面坡度。当屋面坡度较小时，尽量采用高波纹屋面板。

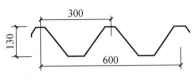

图2-72 双波压型钢板截面

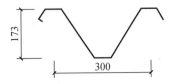

图2-73 单波压型钢板截面

(4) 压型钢板腹板与翼缘夹角不宜小于45°。

(5) 压型钢板宜用长尺板材。

(6) 压型钢板长向搭接应与檩条有可靠连接,搭接长度须满足规范要求。波高大于70mm的高波纹压型钢板,搭接长度不宜小于350mm。波高小于70mm的低波纹压型钢板,搭接长度不宜小于250mm。并且需要在搭接处涂密封胶。

(7) 压型钢板长向和侧向连接时均须有可靠连接。

(8) 施工时连接件尽量设置在波峰处。

2. 复合保温板

单层压型钢板很薄,包括涂层在内厚度也仅有0.5~0.6mm,这样的板不能满足保温、隔热要求。若采用现场复合保温板,则必须在屋面板下另设保温层,下托不锈钢丝网片,或再设计一层屋面内板,在两层屋面板之间填塞保温层材料,如聚苯乙烯、聚氨酯、玻璃纤维保温棉、岩棉等。一般保温材料的容重为12~20kg/m²,厚度应根据保温要求由热工计算确定。对于一般工业厂房,可选用50~100mm厚度;对于有较高保温、隔热要求的生产车间或办公室,还可以考虑吊顶;对于冷库或保鲜库等对隔热有特殊要求的建筑,应适当地增加保温棉厚度。

满足保温、隔热要求的另一个措施是直接选择保温、隔热比较好的工厂复合保温板。

1) 工厂复合保温板(亦称夹芯板、三明治板)

工厂复合保温板是指彩色涂层钢板面层及底板与保温芯材通过黏结剂复合而成的保温复合维护板材,外板宜选择高波彩板,内板为低波彩钢板。夹芯保温材料应有力学性能、导热性、吸水性、阻燃性等要求。面板与芯材间黏结所用黏结剂,应具有黏结强度高、固化时间短、耐低温及抗热、自熄等性能。具体来说,黏结强度越大越好,导热系数越小越好。根据其芯材的不同,工厂复合保温板分为硬质聚氨酯夹芯板、聚苯乙烯夹芯板、岩棉夹芯板等。

夹芯板的厚度为30~250mm,常用板厚(mm)为40、50、60、75、80、100、150、200、250等,在选材时应根据使用要求由热工计算确定。建筑围护通常采用的夹芯板厚度范围为50~100mm,彩色钢板厚度为0.5mm、0.6mm,如条件允许,经过计算屋面板底板和墙板内侧墙也可采用0.4mm厚的彩色钢板。

接缝处理是否合理决定着整个屋面的防水效果。夹芯板采用扣件或搭接连接,分横向和侧向两个方向,其侧向连接有工字铝连接式(见图2-74(a))和企口插入式(见图2-74(b))。夹芯板屋面的侧向搭接应位于檩条处,两块板均应伸入支撑构件上,每块板支承长度大于等于50mm,为此搭接处应改为双檩条或一侧加焊通长角钢。夹芯板纵向搭接长度(面层彩色钢板):屋面大于等于200mm,坡度小于等于10%时为250mm。搭接部位均应设密封胶(见图2-75),连接方式通常为插入式。其纵向连接较为不易,故插入式连接的墙板应避免纵向连接。夹芯板墙面一般为插接，连接方向宜与主导方向一致。

夹芯板的横向连接为搭接，尺寸按具体板型决定。

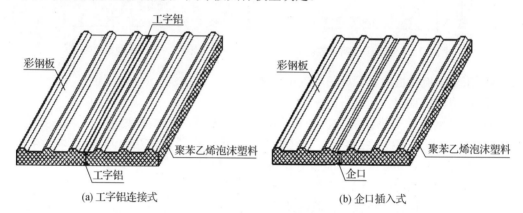

图 2-74 屋面夹芯板侧向连接

屋面板编号：由产品代号及规格尺寸组成。

墙面板编号：由产品代号、连接代号及规格尺寸组成。

产品代号：硬质聚氨酯夹芯板——JYJB；聚苯乙烯夹芯板——JJB；岩棉夹芯板——JYB。

连接代号：插接式挂件连接——Q_a；插接式紧固件连接——Q_b；拼接式紧固件连接——Q_c。

标记示例：波高为 42mm，波与波间距为 333mm，单块夹芯板有效宽度为 1000mm 的硬质聚氨酯夹芯屋面板的板型编号为：JYJB42—333—1000；单块夹芯板有效宽度为 1000mm、插接式挂件连接的硬质聚氨酯夹芯板墙板，其板型编号为：JYJB—Q_a1000。夹芯板的重量为 0.12～0.25kN/m²。一般采用长尺，板长不超过 12m，板的纵向可不搭接，也适用于平坡的梯形屋架和门式刚架。

2) 现场复合保温板

工厂复合保温板一般情况下都在工厂进行制作，充分体现钢结构工厂制作、工地安装这一优点，尽量减少现场安装工作量。但有些情况下，必须采用现场复合保温板，例如：需要将檩条包在上下层板之内时，或者只要上层板和保温层，不要下层板时，由于檩条是现场安装的，这就要求复合板也要现场制作，如图 2-76 所示。

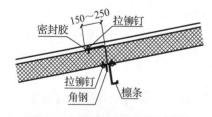

图 2-75 沿坡度方向屋面板搭接

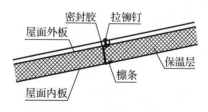

图 2-76 现场复合保温板

现场复合保温板由上到下通常有两类：

① 单层压型板+保温层+下托不锈钢丝网片；

② 单层压型板+保温层+单层压型板。

与工厂复合保温板相比，现场复合保温板的优点是：檩条可不外露，整齐美观；保温效果更好。其缺点为：现场复合工作量大，高空作业，造成施工难度较大；受力不如工厂复合板好。

3. 金属屋面板的连接

金属屋面板与板之间连接的类型直接影响屋面防水。金属屋面板常用的连接形式有搭接连接、平接连接、扣件连接和直立缝连接等。

(1) 搭接连接。

搭接连接将上下两块屋面板叠在一起，然后用自攻螺钉加以连接，在搭接板缝处设置止水带，如图2-77所示。

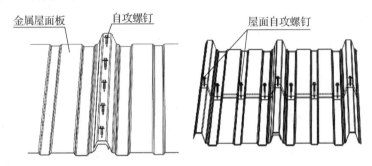

图 2-77 金属屋面板搭接连接

有时为了连接方便，应根据要求设置与板型相对应的固定支架(见图2-78)。对于低波屋面板，可不设固定支架，用自攻螺钉在波峰处直接与檩条连接。高波纹屋面板搭接须固定支架，用自攻螺钉或射钉将固定架与檩条连接，每波设置一个。

图 2-78 金属屋面板连接固定支架

螺钉连接方法方便现场施工，较经济，是金属屋面连接主要形式，但漏水现象严重，漏水位置难确定，给使用和维修带来麻烦。产生漏水的原因主要有两个：①自攻螺钉暴露在外，与屋面板之间连接存有孔洞，周围的密封胶密封质量不能保证；②自攻螺钉周围的密封胶存在老化问题。

(2) 平接连接。

这种连接方法是将相邻两块屋面板弯180°，并将它们折扣起来(见图2-79)，由于加工安装麻烦，这种连接方式很少采用。

(3) 扣件连接。

扣件连接通常用在金属屋面接缝处、屋脊处、伸缩缝处，具体方法是用扣件将接缝两侧的金属屋面板连接，再涂密封胶进行防水处理。扣件形式如图2-80所示。

图 2-79　金属屋面板平接连接

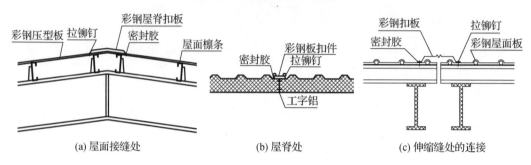

(a) 屋面接缝处　　　　(b) 屋脊处　　　　(c) 伸缩缝处的连接

图 2-80　金属屋面板扣件连接

(4) 直立缝连接。

直立缝连接也称隐藏咬合式连接,是金属屋面的主要连接形式(见图 2-81)。

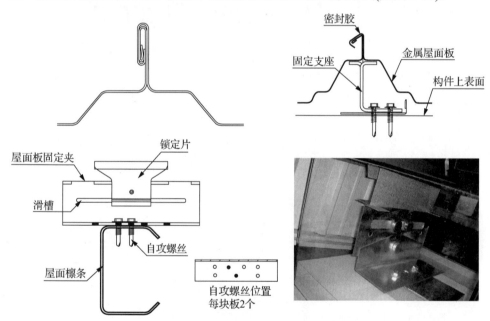

图 2-81　金属屋面板直立缝连接

金属屋面板直立缝连接的具体方法是:将接缝两侧金属板扣接在一起,并搁置在固定支架上。用自攻螺钉或射钉将固定支架连于檩条,固定支架须与压型钢板的波形相匹配(见图 2-82)。为防止屋面板滑移,在有檩条处须设固定连接件,且此连接件上有允许屋面板位移的滑槽。

4. 屋面开洞的方式及防水处理

钢结构房屋由于采光、通风或工艺的要求,需要在屋面上开孔洞,安装采光板、通风器或工业设备。由于屋面开洞是造成屋面漏水的最主要原因,因而处理好屋面开洞最为重要。

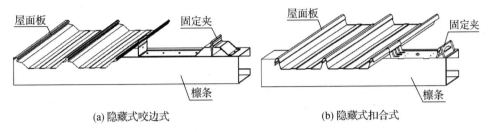

图 2-82 直边锁缝式屋面安装节点

1) 屋脊处开洞

屋脊处开洞主要有三种情况：屋脊处安装圆形通风器、屋脊处安装矩形通风器和屋脊处安装天窗，即通风气楼。这三种情况泛水处理较容易，都属于下挡水泛水，其中天窗属于轻钢结构高低跨，泛水处理技术较为成熟。

2) 屋面开洞

屋面开洞一般是由于工艺需要而在屋面上切开孔洞，比如从车间里伸出的烟囱，就需要在屋面开洞。烟囱太高，还需三四个方向的拉索，需开洞让拉索从屋面上穿过。再如，涂装车间内的烟气排放需在屋面安装多个风机，也需要在屋面开洞。屋面开洞有三种泛水处理，即上挡水泛水、下挡水泛水、侧挡水泛水。屋面开洞有以下两种情况。

(1) 孔直径或边长较小的孔洞。

这类孔洞大都在梁上伸出一根圆钢管、拉索或直接从设备上伸出一根工艺管等。这种开洞的泛水处理一般是在开洞处涂硅酮胶，也可以采用 DEKTITE(德泰盖片)的轻钢配件，可以比较好地解决小孔洞的泛水问题。

(2) 开孔尺寸较大的孔洞。

开这类孔洞大多是因为屋面上需要安装排烟通风设备。这种开洞的泛水不容易做好，往往是漏雨的直接原因。

较大孔洞的开洞方法是：在工厂预制好风机底座，将泛水裙板与底座做成一体，将底座直接安装在屋面上。裙板一般有压型板和平板两种，如果裙板是平板，则需在屋面上使用密封堵头。

此外，在屋面上开设洞口时，为避免洞口上方的波槽积水，也可设置波槽盖板。波槽盖板从洞口上方做起，直至屋脊，与屋脊板连接。洞口尽量靠近屋脊开设，可减少波槽盖板的用量。

3) 屋面防水构造

一般压型金属板屋面中容易引起漏水的部位是板材的纵向及横向接缝、天沟、山墙、天窗侧壁、出屋面洞口、通风屋脊及高低跨处等。暴露在大气中的屋面板因温度变化产生伸缩变形，造成屋面板翘曲、连接松动、撕裂，加剧屋面渗漏、锈蚀。因此金属压型板屋面渗漏的主要位置是搭接缝，而搭接构造是防水的关键。

屋面板及异型板的搭接长度需要根据屋面坡度、坡长确定。在屋脊及高低跨处，泛水板与屋面板的搭接长度不小于 200mm，并应在搭接部位设置挡水板或堵头等防水密封材料。泛水板与泛水板、包角板与包角板之间的搭接长度不应小于 60mm。屋面泛水板、包角板，尤其是屋脊板，搭接方向应与当地主导风向一致，并且在搭接部位必须设置防水密封材料。

金属材料对温度变化很敏感，如果建筑物的构件直接与外层压型金属板接触，那么在冬季这些构件将出现结露现象。为了避免这一现象，应在构件与外层压型金属板接触面上设置非金属隔离层。

2.6.2 门式刚架墙面系统

墙面作为门式刚架等轻钢结构建筑系统的组成部分，不仅起围护作用，而且对整个建筑物美观起着至关重要的作用。随着我国建筑业的发展，通常使用的墙面材料已经远远不能满足需求，这就需要我们不断地研制和开发新型墙面材料，以达到高强轻质、保温隔热、阻燃隔音、造型美观、安装方便的目的。

根据墙面组成材料的不同，墙面可以分成砖墙面、纸面石膏板墙面、砼砌块或板材墙面、金属墙面(轻钢建筑中应用最广泛)、玻璃幕墙和其他一些新型墙面材料等。混凝土砌块或板材墙面常见的有 GRC 玻璃纤维增强水泥板、粉煤灰轻质墙板或砌块、ALC 墙面板或墙面砌块等。金属墙面常见的有压型钢板、金属保温板、金属幕墙板等。

下面对几种墙面板做概括介绍。

1. 砖墙面和纸面石膏板墙面

砖墙面作为一种传统的墙面材料，既可作为外墙面，也可作为内墙面，已被大量用于工程中，这种墙面材料施工方便，价格便宜。但是，我国墙体材料革新"十五"规划明文规定，为了节省耕地、节约能源、保护环境，禁止使用实心黏土砖，而代以页岩、粉煤灰砖。纸面石膏板作为新型轻质墙材，大量用于内墙板。

2. 玻璃纤维增强水泥板——GRC 板

玻璃纤维增强水泥(GlassFibre Reinforced Cement，GRC)轻型板材目前主要生产两种产品，即 GRC 平板和 GRC 隔墙轻质条板。GRC 平板以高标号低碱度硫铝酸盐类水泥为基材，以抗碱玻璃纤维为增强材料，经过先进成型工艺制成，具有轻质、高强、耐火、防腐等优良性能。GRC 隔墙轻质空芯条板是一种面层喷射 GRC，芯层注入膨胀珍珠岩混合料，即采用喷注复合工艺制成的新型空芯隔墙板。该产品的突出特点是：夹芯结构，构造合理；抗折强度高，抗裂性强；耐水、防火、防腐；加工性好，施工方便；尺寸精度高，可确保安装质量。玻璃纤维增强水泥板具有良好的性能指标，广泛用于建筑物的内墙面。

3. 粉煤灰轻质墙板或砌块

粉煤灰质多孔轻质建筑板具有质量轻、力学性能好、隔热隔声性能好、变形性小、不燃烧等优点，可广泛应用于建筑物外墙内保温、外墙外保温、屋面保温、非承重分户分室隔墙等建筑工程部位。该建筑板可较方便地与母墙连接，并能很好地处理埋件、挂件、门窗口、阴阳角等位置，确保板面平整，板缝不开裂，保证施工速度和质量，如图 2-83 所示。

4. 压型钢板和夹芯板

压型钢板和夹芯板是目前轻钢建筑中常用的金属墙面板，材料性能等详见屋面压型钢板和夹芯板相关内容。在实际工程中包角板折件应予以重视，其连接好坏直接影响使用性能与外观。下面给出部分安装节点构造供参考，如图 2-84～图 2-86 所示。

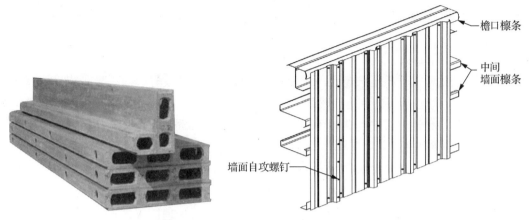

图 2-83　粉煤灰轻质墙板

图 2-84　压型钢板与结构的连接

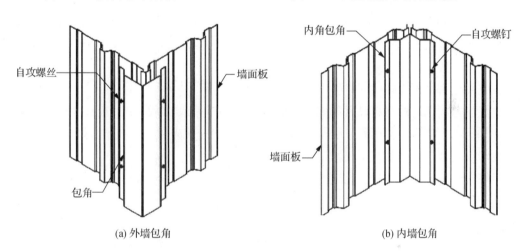

(a) 外墙包角　　　(b) 内墙包角

图 2-85　墙面包角节点

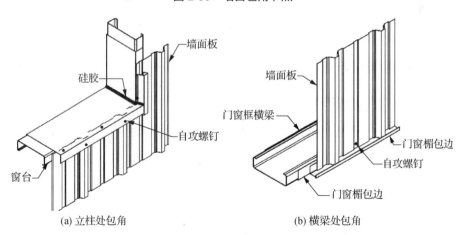

(a) 立柱处包角　　　(b) 横梁处包角

图 2-86　门窗包角节点

2.6.3 采光与通风

1. 采光

一般轻钢结构，当采用门窗还不能满足采光要求时，可设置屋面采光带或设置屋面采光窗。采光带一般沿房屋跨度方向设置，可每跨或隔跨设置，宽度为600～800mm，具体由计算确定，但必须注意采光带和屋面板的泛水处理。如果须大面积采光，如体育场馆、暖棚等，则可采用阳光板。

屋面采光目前采用的方法有如下几种。

1) 玻璃钢采光瓦采光(采光板)

玻璃钢采光瓦在屋面构造上与压型金属板屋面类似，处理简单，不须专门固定骨架，防水性能等同压型金属板屋面。

采光板用FRP制成(玻璃钢)，其规格为：厚度可选用1.2mm、1.5mm、1.8mm、2.0mm等；透光率通常为50%～92%；颜色有透明、乳白、蓝色、绿色等。具体选用时注意应与彩板型号配合一致。

2) 采光窗、采光帽(罩)采光

采光窗方式选用的材料品种很多，有聚碳酸酯板(又称阳光板、PC板)、夹胶玻璃、中空玻璃(双层玻璃)等。这种采光方式需要专门设置骨架，采光部分均高出金属压型板屋面，防水处理较复杂，采光部分不易积灰，透光率较高。

当遇有排风、排烟要求，且屋面又无排风措施时，应该考虑采用可开启式采光罩的做法，其开启方式有电动和手动两种。

2. 通风

通风是指为改善生活和生产环境以创造安全、卫生的适宜条件而进行换气技术。根据空气流动的工作动力不同，通风可分为自然通风和机械通风两种。

自然通风是依靠密度差或压差，交换空气，改善环境。如果靠建筑物的门窗不能满足时，可设置天窗或气楼等通风器。屋面自然通风传统上常采用气楼，需专门设计结构支架，从而导致其体积大、自重大，屋面防水处理复杂。

机械通风借助通风机所产生的动力而使空气流动，以保持室内空气流动、新鲜。机械通风需要专门的风机及通风管道等通风设备，所以需要较多费用。

采用何种通风方法(自然通风、机械通风或自然通风和机械通风相结合)，应根据建筑物的用途、工艺、使用要求、室外气象条件及能源状况等，同各有关专业配合，通过技术经济比较后确定。

1) 自然通风

工业和民用建筑的自然通风主要依靠门洞、平开窗或垂直转动窗、屋面通风器等。这里主要讲述工业建筑中广泛采用的屋面通风器。

(1) 常见屋面自然通风器的形式及构造特点。

屋面自然通风器按形状可分为点式和条式。条式通风器通常又称为通风气楼，一般由设计单位自行设计，但目前各钢结构厂家均有自己的定型产品，根据要求的通风量可灵活选用。点式通风器多由专业厂家设计生产，价格较条式通风器昂贵。

a. 简易通风气楼。

图 2-87 所示为比较简单的简易通风气楼，其主要特点是结构简单、制作简单、成本较低。气楼外围可用采光板，兼有通风和采光的双重功能。

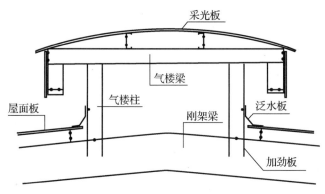

图 2-87 简易通风气楼

简易通风气楼的结构为小刚架，气楼柱与刚架梁铰接，与气楼梁刚接。对于跨度较大、高度较高的大型通风气楼，与下部主体结构共同设计。对于跨度较小的小型通风气楼，可对小刚架进行单独计算。

b. 弧形通风气楼。

弧形气楼与其他形式气楼相比具有外形美观、抽风力强、安全、防水等优点，可沿屋脊或屋面坡度方向布置，如图 2-88 所示。

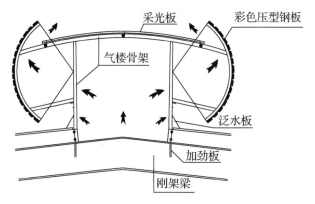

图 2-88 弧形通风气楼

弧形通风气楼也是采用角钢或方管等焊接成的小刚架支撑。通风气楼沿厂房横向(即屋面坡度方向)设置时，小刚架与屋面檩条通过螺栓连接，小刚架间距同檩条间距，如图 2-89 所示。

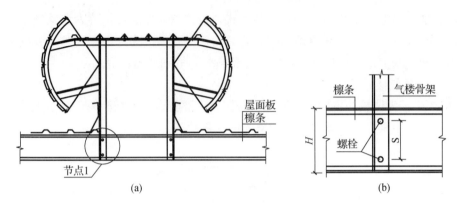

图 2-89 沿厂房横向布置的弧形通风气楼构造

通风气楼沿厂房纵向(屋脊上)设置时，小刚架与兼作屋面檩条的槽钢通过螺栓连接，小刚架间距通常取 1m，如图 2-90 所示。

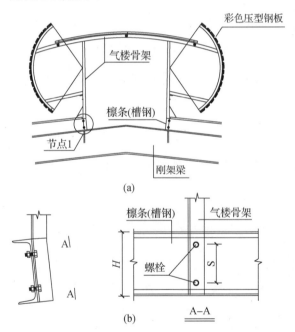

图 2-90 沿厂房纵向布置的通风气楼节点构造

c. 无动力屋面涡轮式通风器。

屋面自然通风除了采用通风气楼外，还经常采用点式通风器，即无动力屋面涡轮式通风器，如图 2-91 所示。

图 2-91　屋面重力式通风器(无动力涡轮式通风器)

涡轮式通风器由三部分组成，即涡轮头、变角管颈和防水基板涡轮式通风器的工作原理，是利用自然风力及室内外温度差造成的空气对流，推动涡轮转动，利用离心力及负压效应，以实现通风换气。

无动力涡轮式通风器与通风气楼相比具有高效率的排风功能、质量轻、安装快捷等优点。气楼一般可兼有采光功能，涡轮式通风器只有单纯的通风、排烟功能。无动力屋面涡轮式通风器价格因其材质的不同而不同，常用的材质有彩钢板、半不锈钢、全不锈钢、铝材等。实践证明，在龙卷风条件下，当风速为 200km/h，雨量为 200mm/h，通风器仍能正常完好地运行，无损坏、漏水现象。

d. 可开启通风气楼。

室内的通风换气有时候并不是时时刻刻都需要的，尤其是对于北方需要冬季采暖的用房，设置一直敞开的气楼不但不经济，而且浪费能源。这就需要在屋面上设置可开启气楼，按需要随时开闭。可开启通风气楼按开启动力的不同可分为人工开启式和电动开启式。图 2-92 所示为北方某工程的电动开启式通风气楼。

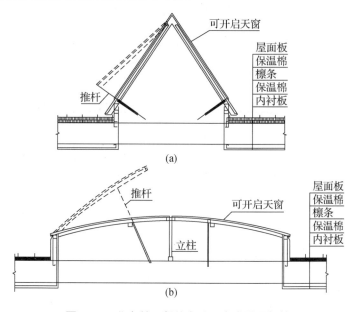

图 2-92　北方某工程的电动开启式通风气楼

在工业建筑中，常用的可开启气楼通常设置在屋脊，通过连杆、滑轮等装置手工开启。通常可开启气楼作为标准件(3m/节)，根据建筑的不同需要灵活选择，沿屋脊通长或断开设置。

(2) 点式通风器和通风气楼的布置。

点式通风器宜沿屋脊的两侧设置(见图 2-93)，并且应该避免将通风器置于有乱流的地方、垂直墙相邻的低屋面处。

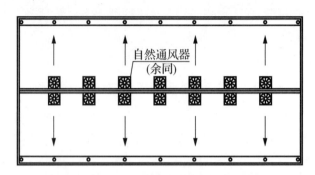

图 2-93　沿厂房屋脊两侧布置点式通风器

通风气楼的布置应根据主要进风面和建筑物的形式，按当地有利的风向布置。因此，通风气楼通常分为沿厂房横向布置和沿厂房纵向布置两种，如图 2-94～图 2-95 所示。

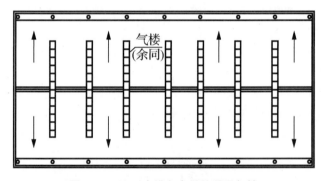

图 2-94　沿厂房横向布置的通风气楼

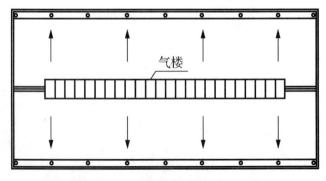

图 2-95　沿厂房纵向布置的通风气楼

暖通专业按自然通风计算确定通风量，计算通风气楼(器)的数量、规格、布置形式，然后进行结构计算，确定各构件的截面。

2) 机械通风

当自然通风不足以满足通风要求或采用自然通风不便时，尚需要采用机械通风方法实现通风换气。在工业建筑中，屋面机械通风主要依靠动力风机，动力风机均为定型产品，有多种型号可供选择。屋面动力风机采用多种材质(玻璃钢、铝合金等)，使机身轻且耐腐蚀、防爆、阻燃，并且流线设计，外形美观，目前广泛用于医药、化工、纺织、食品、冶金、发电、通风、空调系统等领域。

屋顶动力风机主要由电机、叶轮、风筒、风帽、传动组件、活页风门、防鸟网、安全网等部件组成，其传动形式有电机直联和带传动两种。

屋顶动力风机支架多由角钢制成，如图 2-96 所示，或视情况用矩形管制作。

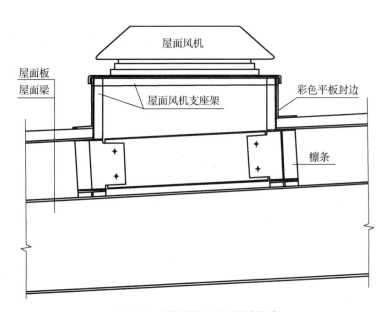

图 2-96　通风器和屋面连接构造

2.6.4 典型维护结构详图识图

典型维护结构详图识图如图 2-97～图 2-101 所示。

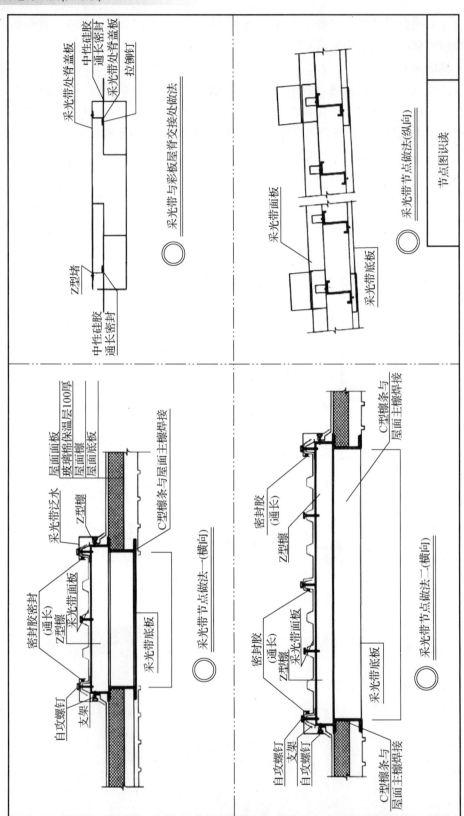

图 2-97 节点图(一)

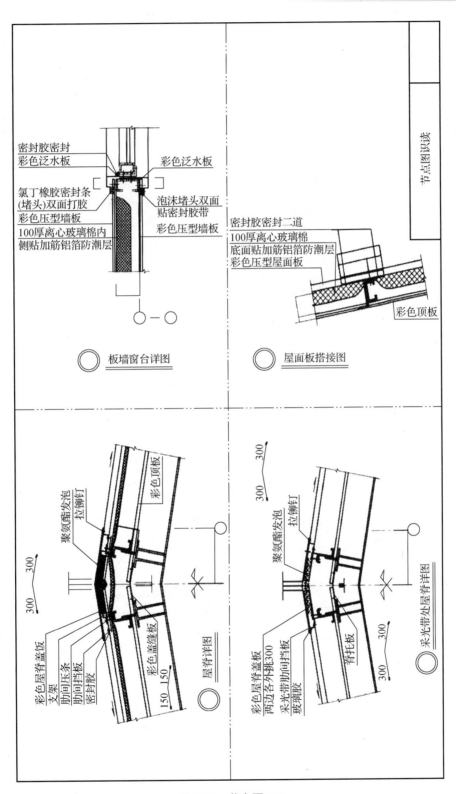

图 2-98 节点图(二)

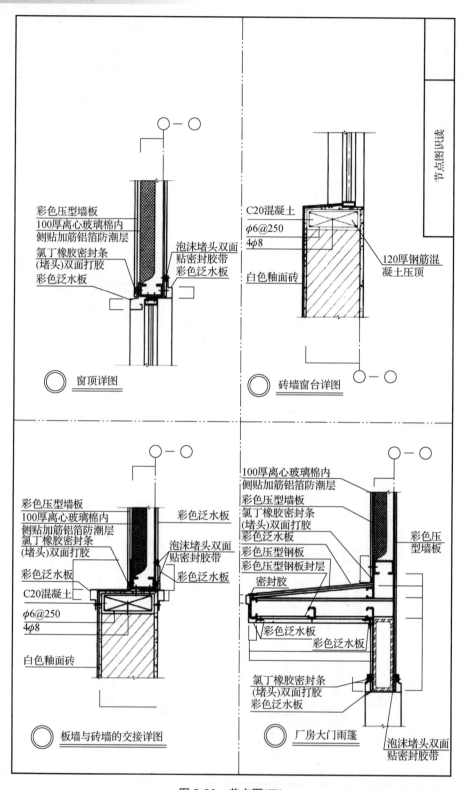

图 2-99 节点图(三)

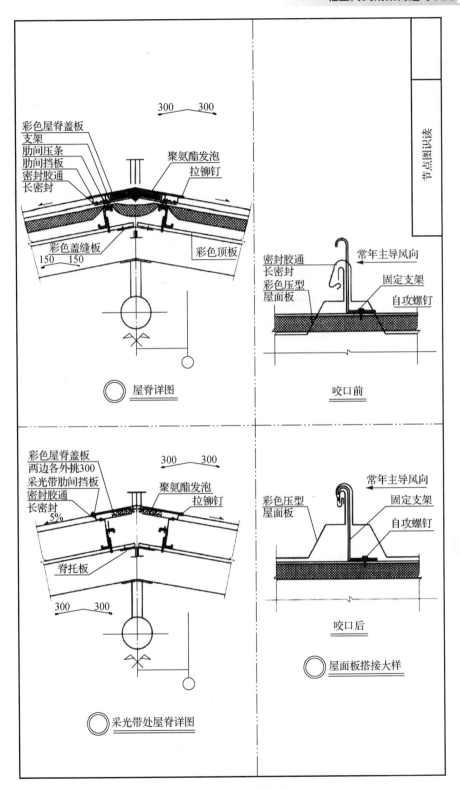

图 2-100 节点图(四)

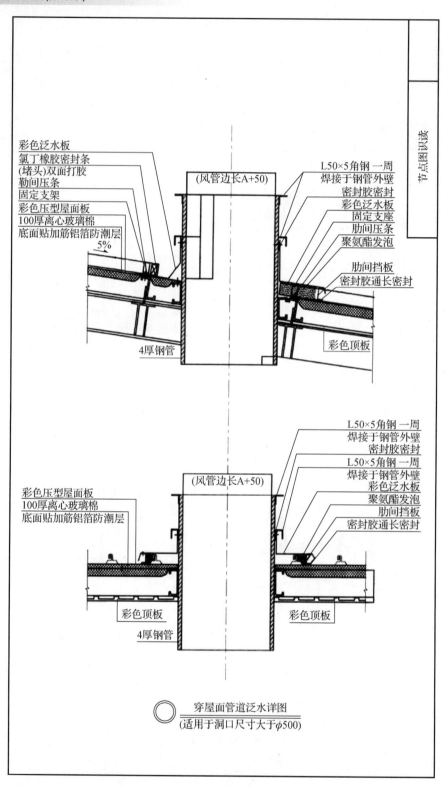

图 2-101 节点图(五)

2.7 门式刚架辅助结构

轻钢结构的辅助结构系统包括挑檐、雨篷、吊车梁、牛腿、楼梯、栏杆、平台和女儿墙等，它们构成了轻钢结构完整的建筑和结构功能。

2.7.1 雨篷、挑檐和女儿墙

1. 雨篷

钢结构雨篷具有遮阳、挡雨、装饰等功能，其主要组成包括雨篷梁、钢檩条、雨篷板、天沟等，当挑出长度较大时还应架设拉杆。

钢结构雨篷的主要受力构件为雨篷梁，其常用的截面形式为工字钢、槽钢、轧制 H 型钢和焊接工字钢(等截面或变截面)等，其根部和刚架柱翼缘用螺栓连接。雨篷宽度通常取柱距，即每柱挑出一根雨篷梁，其挑出长度可为 0.9m、1.2m、1.5m 等，具体视建筑要求而定。

次要受力构件为钢檩条，截面形式为 C 型或 Z 型冷弯薄壁型钢，用自攻钉或螺栓，通过叠接或平接的方式支承在雨篷梁上。

雨篷板可用单层、双层彩钢板，其上板、下板、封板与钢檩条或雨篷梁用自攻钉连接，收边、封板与雨篷上板、下板之间结合泛水板用拉铆钉、泡沫堵头等连接。

雨篷的排水方式分自由落水(见图 2-102)和有组织排水两种。有组织排水又分两种情况：将天沟设置在雨篷的根部，雨篷四周设置凸沿，以便有组织地将雨水排入天沟内，如图 2-103(a)所示；将天沟悬挂在雨篷的端部，雨篷周边设置凸沿，这样也可以有组织地将雨水排入天沟内，如图 2-103(b)所示。

2. 挑檐

在轻型门式刚架厂房结构中，通常将天沟放置在挑檐上，形成外天沟。

挑檐的组成包括挑檐梁、挑檐柱、钢檩条、围护彩板等，挑檐梁和挑檐柱通常采用 H 型钢，钢檩条采用 C 型钢。

图 2-104 所示中，挑檐梁端部与刚架柱刚接，挑檐柱和挑檐梁刚接，挑檐梁、柱由 C 型钢檩条铰接连接。

3. 女儿墙

女儿墙是指高出屋面的墙体，按材料可分为轻质墙和砌体墙两种。女儿墙墙架由女儿柱、横梁、拉条等几部分组成，其作用是为了支撑女儿墙墙体，保证墙体稳定，并将其上的荷载传递到厂房骨架上。

女儿柱为女儿墙的纵向构件，接受横梁传来的竖向荷载和水平荷载，截面通常采用轧制或焊接 H 型钢。横梁为女儿墙的水平构件，一般同时承载竖向荷载和水平荷载，是一种双向受弯构件。当横梁跨度小于或等于 4m 时，横梁截面选用角钢；当横梁跨度大于 4m 并小于 9m 时，横梁截面可选用水平放置的冷弯 C 型钢；当横梁跨度更大时，横梁截面可选用槽钢、工字钢或 H 型钢。

女儿墙与主结构的连接如图 2-105～图 2-107 所示。

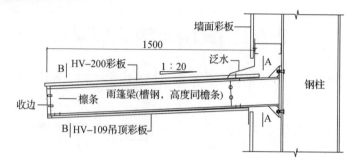

图 2-102 自由落水雨篷

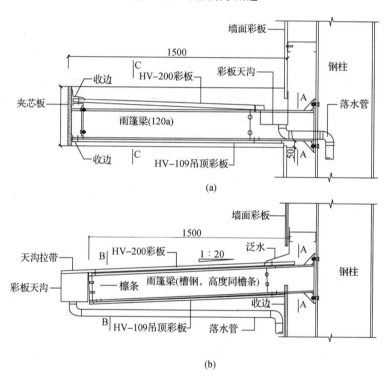

图 2-103 有组织排水雨篷

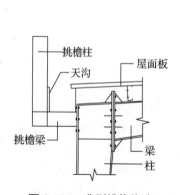

图 2-104 典型挑檐构造

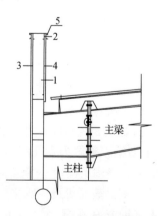

图 2-105 女儿柱与纵墙方向的主柱连接

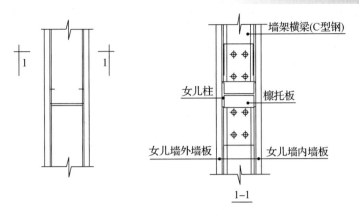

图 2-106 女儿柱与山墙方向的主梁连接

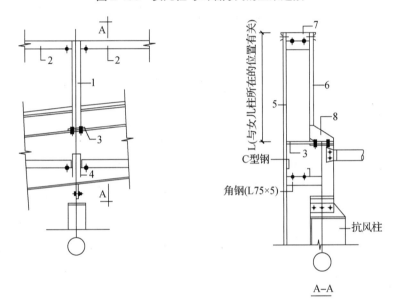

图 2-107 女儿柱与山墙方向的主梁连接

1—女儿柱；2—墙架横梁(C 型钢)；3—连接板；4—角钢；5—外墙板；
6—女儿墙内墙板；7—女儿墙包角；8—加劲板

2.7.2 吊车梁和牛腿

1. 吊车梁

直接支承吊车轮压的受弯构件有吊车梁和吊车桁架，一般设计成简支结构，分轻、中、重、特重四级工作制，应根据工艺提供的资料确定其相应的级别。

吊车梁截面有型钢梁、焊接工字形梁及箱形截面梁等形式，如图 2-108 所示。门式刚架吊车梁一般采用最大额定起重量小于等于 20t 的轻、中级工作级别吊车。当吊车起重量小且跨度较大时，也可以采用吊车桁架，如图 2-109 所示。

吊车梁系统一般由吊车梁(吊车桁架)、制动结构、辅助桁架及支撑(水平支撑和垂直支撑)等组成，如图 2-110 所示。

(a) 型钢梁　(b) 型钢梁　(c) 焊接工字形梁　(d) 焊接工字形梁　(e) 焊接工字形梁　(f) 焊接箱形梁　(g) 焊接箱形梁

图 2-108　实腹钢吊车梁截面形式

(a) 上行式直接支承吊车桁架　　　　　　(b) 上行式间接支承吊车桁架

图 2-109　吊车桁架结构简图

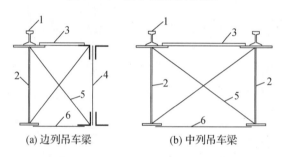

(a) 边列吊车梁　　　　　(b) 中列吊车梁

图 2-110　吊车梁系统构件的组成

1—轨道；2—吊车梁；3—制动结构；4—辅助桁架；5—垂直支撑；6—下翼缘水平支撑

2. 牛腿构造

柱上设置牛腿以支承吊车梁、平台梁或墙梁等。支承吊车梁的牛腿包括实腹式牛腿(门式刚架常用)和格构式牛腿，门式刚架常用的是实腹式牛腿，如图 2-111 所示。

牛腿组成包括上盖板、下盖板、腹板和横向加劲肋等。上盖板与柱的连接采用开坡口的 T 形对接焊缝或角焊缝，下盖板与柱的连接采用开坡口的 T 形对接焊缝，腹板与柱的连接采用角焊缝。

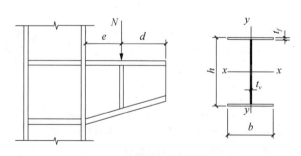

(a) 变截面工字形牛腿

图 2-111　实腹式柱上支承吊车梁的牛腿构造

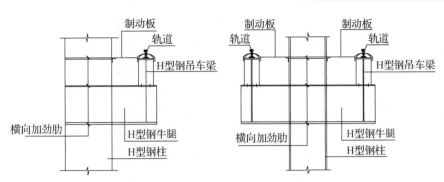

(b) 等截面 H 型钢牛腿

图 2-111　实腹式柱上支承吊车梁的牛腿构造(续)

2.7.3　钢平台和栏杆

1. 钢平台

钢平台结构通常由梁、柱、柱间支撑、梯子、栏杆、平台板等部分组成，可分为室外平台和室内平台，室外的通常用作承受静力荷载的检修平台，室内的通常用作承受静力荷载的堆料平台及仓储平台。

钢平台根据承受荷载的不同，又可分为轻型平台、中型平台及重型平台。对只承受静力荷载且荷载较小的平台，视具体情况可将平台支承于牛腿或三脚架上。在需抗震设防的地区，承受较大动力荷载或荷载较大的平台，宜将平台梁支承于独立柱上，与厂房结构完全分离。

在进行轻型钢结构的平台设计时，主要设计梁、柱及平台板，平台板与主次梁连接一般采用断续焊缝。图 2-112 所示为典型轻型钢结构的平台构造。

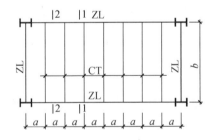

平台结构布置图

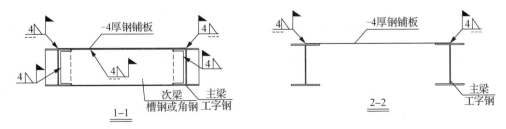

图 2-112　典型轻型钢结构的平台构造

平台梁截面通常采用等截面的槽钢、工字钢或 H 型钢。

平台柱的截面形式需要根据荷载、柱高来确定，一般用等截面实腹柱(焊接或热轧 H 型钢等)，如图 2-113(b)所示，有时也用格构柱，如图 2-113(a)、(c)所示。

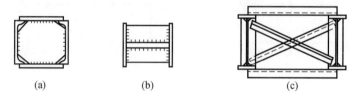

图 2-113 平台柱截面

为了确保独立平台结构的侧向稳定，一般需要在柱列中部设置柱间支撑，较为常用的支撑形式为交叉式，如图 2-114(a)、(b)所示。当净空有限制时，亦可设计成门形支撑或连续的隔撑，如图 2-114(c)、(d)所示，隔撑设置高度(即隔撑与柱的交点至柱顶的距离)不宜大于柱高的 1/3。也可以采用横梁与柱刚接的框架形式，如图 2-114(e)所示。

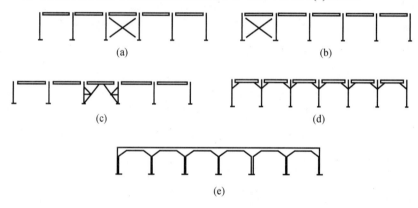

图 2-114 柱间支撑

平台板按工艺要求可分为固定式和可拆卸式；按构造可分为板式平台板(花纹钢板、平钢板)、篦条式平台板(用圆钢和扁钢在工厂焊成)、钢网格板(钢格栅板)。平台板下一般应设置加劲肋，加劲肋常用扁钢或角钢截面，当为角钢时，宜用不等边角钢，并将长肢肢尖与钢板焊接而成，如图 2-115 所示。

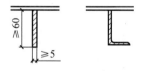

图 2-115 平台板的加劲肋

2. 栏杆

在轻钢结构厂房中，斜梯侧边、平台周边、工艺要求不得通行地区的边界均应设置防护栏杆。工业平台和人行通道的栏杆应符合规范要求。平台和斜梯的栏杆可自行设计，也可按国标图集 02J401 选用。

栏杆由立杆、顶部扶手、中部纵条(横杆)以及踢脚板等组成。立杆和顶部扶手采用角钢或圆钢管，中部纵条(横杆)宜选用扁钢或圆钢，中部纵条应在立杆内侧中点处(或等分点处)固定，中部纵条与上下杆件之间的间距不宜过大。底部须设挡板(踢脚板)，挡板一般采用扁钢。室外栏杆挡板与平台面之间宜留 10mm 间隙，室内栏杆挡板与平台面之间不宜留间隙。栏杆可分段整体制作，各部件之间宜焊接，立杆与平台梁可用工地焊接或螺栓连接。

栏杆高度一般为 1000mm，工业平台栏杆的高度不应小于 1050mm，对高空及安全要求较高的区域宜为 1200mm。

2.8 门式刚架施工图的内容

2.8.1 钢结构设计图纸的内容

钢结构设计图内容一般包括：图纸目录，设计总说明，柱脚锚栓布置图，纵、横立面图，构件布置图，节点详图，构件图，钢材及高强螺栓估算表等。

1. 设计总说明

(1) 设计依据。工程设计合同书有关设计文件、岩土工程报告、设计基础资料，以及有关设计规范、规程等。

(2) 设计荷载资料。各种荷载的取值、抗震设防的烈度和抗震设防类别等。

(3) 设计简介。简述工程概况，设计假定、特点和设计要求及使用程序等。

(4) 材料的选用。各部分构件选用的钢材应按主次分别提出钢材质量等级和牌号以及性能的要求，相应钢材等级性能选用配套的焊条和焊丝的牌号及性能要求，选用高强度螺栓和普通螺栓的性能级别等。

(5) 制作安装如下：
① 制作的技术要求及允许偏差。
② 螺栓连接的精度和施拧要求。
③ 焊缝质量要求和焊缝检验等级要求。
④ 防腐和防火措施。
⑤ 运输和安装要求。
⑥ 需要做试验的特殊说明。

2. 柱脚锚栓布置图

按一定比例绘制柱网平面布置图，在图上标注出各个柱脚锚栓的位置，也就是相对于纵横轴线的位置尺寸，并在基础剖面上标注出锚栓空间位置标高，标明锚栓规格、数量及埋设深度等。

3. 纵、横立面图

当房屋钢结构比较高大或平面布置比较复杂、柱网不太规则，或立面高低错落时，为表达清楚整个结构体系的全貌，需绘制纵、横立面图，主要表达结构的外形轮廓、相关尺寸和标高纵横轴线编号及跨度尺寸和高度尺寸等，剖面选择具有代表性的或需要特殊表示清楚的地方。

4. 结构布置图

结构布置图主要表达各个构件在平面中所处的位置并对各种构件选用的截面进行编号。

(1) 屋盖平面布置图。包括屋架布置图(或钢架布置图)、屋盖檩条布置图和屋盖支撑布置图，屋盖檩条布置图主要表明檩条间距和编号以及檩条之间设置的直拉条、斜拉条的布置和编号。屋盖支撑布置图主要表示屋盖水平支撑、纵向刚性支撑、屋面梁的隅撑的布置及编号。

(2) 柱子平面布置图。主要表示钢柱(或门式钢架)和山墙柱的布置及编号。其纵剖面表示柱间支撑及墙梁的布置与编号，包括墙梁的直拉条和斜拉条的布置与编号、柱隅撑的布置与编号。横剖面重点表示山墙柱间支撑、墙梁及拉条面的布置与编号。

(3) 吊车梁平面布置表示吊车梁、车挡及其支撑的布置与编号。

(4) 节点详图。

① 节点详图在设计阶段应表示清楚各构件间的相互连接关系及其构造特点，节点上应标明整个结构物的相关位置，即应标出轴线编号、相关尺寸、主要控制标高、构件编号或截面规格、节点板厚度及加劲肋做法等。构件与节点板采用焊接连接时，应标明焊脚尺寸及焊缝符号。构件采用螺栓连接时，应标明螺栓的种类、螺栓直径和数量。设计阶段的节点详图具体构造做法必须交代清楚。

② 绘制节点图主要为相同构件的拼接处、不同构件的连接处、不同构件材料的连接处、需要特殊交代清楚的地方等。

③ 节点的圈法。应根据设计者的设计意图来圈定范围，重要的位置或连接较多的部分可圈较大范围，以便看清楚其全貌，如屋脊与山墙部分、纵横墙及柱与山墙部位等。一般是在平面布置图或立面图上圈定节点，重要的典型安装拼接节点应绘制节点详图。

(5) 构件图。格构式构件包括平面桁架和立体桁架以及截面较为复杂的组合构件等需要绘制构件图，门式刚架由于采用变截面，故也可以绘制构件图以便通过构件图来表达构件外形、几何尺寸及构件中杆件(或板件)的截面尺寸，以方便绘制施工图。

柱子构件图一般按其外形分拼装单元竖放绘制，支承吊车梁肢和支承屋架肢用双线、腹杆用单实线绘制，并绘制各截面变化处的各个剖面，注明相应的规格尺寸、柱段控制标高和轴线编号的相关尺寸等。柱子尽量全长绘制，以反映柱子全貌，如果竖放绘制有困难，可以将整根柱子平放绘制，柱顶放在左侧，柱脚放在右侧，尺寸和标高均应标注清楚。

门式刚架构件图可利用对称性绘制，主要标注其变截面柱和变截面斜梁的外形和几何尺寸、定位轴线和标高，以及柱截面与定位轴线的相关尺寸等。

2.8.2 钢结构施工详图设计的深度

钢结构施工详图(也称加工制作详图)由具有钢结构专项设计资质的加工制作企业完成,或委托具有该项资质的设计单位完成。

钢结构施工详图编制的依据是钢结构设计图。钢结构施工详图的深度要遵照《钢结构设计标准》GB 50017—2017 按便于加工制作的原则,对构件的构造予以完善,根据需要按钢结构设计图提供的内力进行焊缝计算或螺栓连接计算,确定杆件长度和连接板尺寸,并考虑运输和安装的能力,以确定构件的分段。

通过制图将构件的整体形象、构件中各零件的加工尺寸和要求、零件间的连接方法等详细地介绍给构件制作人员,将构件所处的平面和立面位置,以及构件之间、构件与外部其他构件之间的连接方法等详细地介绍给构件的安装人员。

绘制钢结构施工详图必须对钢结构加工制作、生产程序和安装方法有所了解,才能使绘制的施工详图实用。

绘制钢结构施工详图关键在于"详",图纸是直接下料的依据,故尺寸标注要详细准确,图纸表达要 "意图明确""语言精练",要争取用最少的图形、最清楚地表达设计意图,以减少绘制图纸工作量,达到提高设计人员劳动效率的目的。

2.8.3 钢结构施工详图的图纸绘制

钢结构施工详图的图纸内容包括图纸目录、施工详图总说明、锚栓布置图、构件布置图、安装节点图、构件详图等。

1. 总说明

施工总说明是对加工制造和安装人员要强调的技术条件提出施工安装的要求,具体内容如下。

(1) 详图的设计依据是设计图样。
(2) 简述工程概况。
(3) 结构选用钢材的材质和牌号要求。
(4) 焊接材料的材质和牌号要求,螺栓连接的性能等级和精度类别要求。
(5) 结构安装过程中的技术要求和注意事项。
(6) 结构构件在加工制作过程的技术要求和注意事项。
(7) 对构件质量检验的手段、等级要求以及检验的依据。
(8) 构件的分段要求及注意事项。
(9) 钢结构的除锈和防腐以及防火要求。
(10) 其他方面的特殊要求与说明。

2. 锚栓布置图

锚栓布置图是根据设计图样进行设计的,必须表明整个结构物的定位轴线和标高。锚栓施工详图中必须表明锚栓中心与定位轴线的关系尺寸、锚栓之间的定位尺寸。绘制详图标明锚栓长度、锚栓直径及埋设圆钢的直径、埋设深度以及锚固弯钩长度,标明双螺栓及其规格。如果同一根柱脚有多个锚栓,则在锚栓之间应设置固定架,把锚栓的相对位置固定好,固定架应有较好的刚度,固定架表面标明其标高位置,然后列出材料表。

3. 结构布置图

1) 构件编号

构件在结构布置图中必须进行编号,在编号前必须熟悉每个构件的结构形式、构造情况、所用材料、几何尺寸、与其他构件连接形式等,并按构件所处地位的重要程度分类,依次绘制构件的编号。

2) 构件编号的原则

对于结构形式、各部分构造、几何尺寸、材料截面、零件加工、焊脚尺寸和长度完全一样的构件,可以编为同一个号,否则应另行编号。

对于超长度、超高度、超宽度或箱形构件,若需要分段、分片运输时,应将各段、各片分别编号。

一般选用汉语拼音字母作为编号的字首,用阿拉伯数字按构件主次顺序进行标注,而且只在构件的主要投影面上标注一次,必要时再以底视图或侧视图补充投影,但不应重复。

各项构件的编号必须连接,例如,上、下弦系杆,上、下弦水平支撑等的编号必须各自按顺序编号,不应出现反复、跳跃编号。

3) 构件编号注意事项

对于厂房柱网系统的构件,柱子是主要构件,柱间支撑次之,故应先对柱子编号,后对支撑编号。

对于高层钢结构,应先编框架柱,后编框架梁,然后编次梁及其他构件。

平面布置图先编主梁,先横向,从左至右;后竖向,自下而上。后编次梁,先横向,从左至右;后竖向,自下而上。

立面布置图先编主要柱子,后编较小柱子。

先编大支撑,后编小支撑。

对于屋盖体系,先下弦平面图,后上弦平面图。依次对屋架、托梁、垂直支撑、系杆和水平支撑进行编号,后对檩条及拉条进行编号。

4) 构件表

在结构布置图中必须列出构件表,构件表中要标明构件编号、构件名称、构件截面、构件数量、构件单重和总重等,以便于阅图者统计。

4. 安装节点图

(1) 安装节点包含的内容如下。

安装节点图用以表明各构件间相互连接情况、构件与外部构件的连接形式、连接方法、控制尺寸和有关标高等；对于屋盖，强调上弦和下弦水平支撑就位后角钢的肢尖朝向；表明构件的现场或工厂的拼接节点、构件上的开孔(洞)及局部加强对构造处理、构件上加劲肋的做法、抗剪键等布置与连接构造等。

(2) 安装节点按适当比例绘制，要注明安装及构造要求的有关尺寸及有关标高。

(3) 安装节点圈定方法与绘制要求。选择结构比较复杂的安装节点，以便提供安装时使用。包括与不同结构材料连接的节点、与相邻结构系统连接比较复杂的节点、构件在安装时的拼接接头、与节点连接的构件较多的节点等。

5. 构件详图绘制

(1) 图形简化。为减少绘图工作量，应尽量将图形相同和图形相反的构件合并画在一个图上。若构件本身存在对称关系，可以绘制构件的一半。

(2) 图形分类排版。尽量将同一个构件集中绘制在一张或几张图上，版面图形排放应满而不挤、井然有序，详图中应突出主视图的位置，剖面图放在其余位置，图形要清晰、醒目，并符合视觉比例要求。图形中线条的粗、细、实、虚要明显区别，层次要分明，尺寸线与图形大小和粗细要适中。

(3) 构件详图应依据布置图的构件编号按类别顺序绘制，构件主投影面的位置应与布置图一致。构件主投影面应标注加工尺寸线、装配尺寸线和安装尺寸线，三道尺寸分开标注。

(4) 较长且复杂的格构式柱，若因图幅不能垂直绘制，可以横放绘制，一般柱脚应置于图纸右侧。

(5) 在绘制大型格构式构件详图时应在图纸的左上角绘制单线几何图形，表明其几何尺寸及杆件内力值，一般构件可直接绘制详图。

(6) 零件编号。对于多图形的图面，应按从左至右，自上而下；先主材，后其他零件；先型材，后板材、钢管等；先大后小，先厚后薄的顺序给零件编号。两根构件相反，只给正当构件零件编号。对称关系的零件应编为同一零件号。当一根构件分画于两张图上时，应视作同一张图纸。

2.8.4 某轻型门式刚架施工图识读

某轻型门式刚架施工图识读如图 2-116～图 2-132 所示。

结构设计总说明 1

一、设计依据

1. 本工程建设单位甲方提供的有关地形及地质条件资料并按本单位实地勘察进行设计。
2. 本工程建设场地为三类建筑场地有地震设防，为地震影响次要柔性区有砖房，非强地震区。主体结构设计使用年限为50年，结构安全等级为二级。
3. 图纸所注尺寸标高以m为单位，其余均以毫米为单位。
4. 本工程采用中国建筑科学研究院PKPM工程师软件STS模块PKPM(S-1,STS)软件。
5. 本工程除注明尺寸均以mm为单位。

二、设计依据及主要设计与标准

1. 《建筑结构可靠度设计统一标准》(GB 50068—2001)
2. 《建筑工程抗震设防分类标准》(GB50223—2008)
3. 《建筑结构荷载规范》(GB/T 50105—2001)
4. 《钢结构设计规范》(GB50009—2012)
5. 《钢结构工程施工质量验收规范》(GB50205—2010)2016版
6. 《钢结构焊接规范》(GB50017—2003)
7. 《门式刚架轻型房屋钢结构技术规程》(GB50018—2002)
8. 《冷弯薄壁型钢结构技术规范》(GB50010—2010)2015版
9. 《混凝土结构设计规范》(GB5007—2011)
10. 《建筑地基基础设计规范》
11. 《钢结构高强度螺栓连接的设计与施工与验收规程》(JGJ82—2011)
12. 《钢结构制作施工规范》(GB50661—2011)
13. 《钢结构施工规范》(GB50205—2001)
14. 《钢结构工程施工质量验收规范》(GB50204—2015)
15. 《钢结构焊接规范》(GB/T1228—1231)

三、设计荷载（以下单位均为位置外，未注明者按规范值）以下荷载

1. 楼面活载标准值：2.0kN/m²，卫生间及其他同《建筑荷载规范》现行规定Q235B钢，板面未注明Q345B的均具有抗震二级以下规格
2. 屋面活载标准值：不上人0.5kN/m²，上人：2kN/m²
3. 基本风压：0.60N/m²，地面粗糙度B类，体型系数0.44N/m²
4. 抗震烈度：本工程按抗震设计采用7度，按基本烈度取7度，设计基本地震加速度为0.15g，所在场区抗震设防地震分组为第一组，其应要求以求。
5. 钢结构自身重量按计算所得值采用。

四、材料及构件选用

1. 本工程钢结构的主要构件有：钢柱、钢梁、钢结构均采用Q345B钢，钢板未注明Q235型钢含具体标注者为《碳素结构钢》(GB/T700—2006)现行规定Q235型号钢构件，而应采取合符保证。具本未注明，且体未注明之规定。
   (1) 钢板的质量及外观质量应符合标准规定0.85；
   (2) 钢板具有明显有制度扭曲，且体未标注以节20%；
   (3) 钢板具有明显有制度扭曲，不符合上述设计者应予合检验。
2. 钢柱、钢梁及各型钢构件，其选用的焊条及焊剂均须符合《碳素结构钢和低合金结构钢焊条》(GB/T 5117)、《热强钢焊条》(GB/T 5118)均应现行规定。Q345与Q345的焊接使用E43xx样本，Q345与Q235钢的焊接选用E43xx样本，Q235钢同焊接选用E43xx样本。
3. 焊接采用的焊接标准选用与焊条应匹配。焊接与母材匹配《焊条和焊剂用原》(GB/T 14957)。《焊条全套等标准》、《焊条全套芯标准》(GB/T 8110)及《焊条全套芯标准》(GB/T 10045)；《焊条全套芯标准》(GB/T 8110)及《焊条全套芯标准》(GB/T 17493)均应现行规定。
4. 螺栓用螺丝标准均须符合现行国家标准《六角头用螺栓和垫圈》(GB/T 5293)和《高强度用螺栓全螺纹用螺栓》(GB/T12470)的规定。连接普通螺栓按连接水平大量等，及螺栓用于螺丝连接时或普通螺栓连接之连接规范。
5. 焊接采用的焊接标准选用《焊条标准》(GB/T700—2006)规定的Q235A钢制成。连接次C级，且应符合现行国家标准——C级大量等，螺栓大等及其应按标准—C级大等，螺栓大等规格不应低于0.9级。高强螺栓大等采用的木本—C级大等应符合GB/T1228~1231中规定的扭剪型焊缝。其热处理，锦件均须本型设计标有标准规定（GB699—88 中规定的扭剪型焊缝）。其热处理。锦件均须本型设计标有标准规定。
6. 本工程各种种件采用，至非直接焊标连件及非直接焊缝连接均为重量等配制标准。

五、钢结构构件

1. 钢构件加工与制造需严格按《钢结构施工质量验收规范》(GB50205—2001)的规定进行制造。
2. 所有钢构件应在各厂下料，复杂构件无万不得已，不可在工地下料加工。料本应工可工正，控其操作平等，以免影响装拼。
3. 焊接连接应是本设计要求采用角焊接连接。
4. 焊缝焊接需要连接处应采用的开口焊接焊接方式后开方法之焊接。以第八焊接前应清理洁。
5. 合拼工焊接接头，其本工程中弯头钢焊接焊接工装，以严应清远处接，处用焊施焊。应用焊点直接焊接之连接。
6. 对焊缝等级本设计注明情况。所有焊缝必采用一级焊接对本工程连接外采用设计要求。
7. 未注明之焊条连接，自本型焊条弹头系焊接之间距尺寸，其螺栓应连本身要求规定，施工过程等
8. 高强度螺栓等主要工厂内工后，在生产场所合焊接焊接最易到期间合同保证（GB50205—2001）的规定为现工厂求其要求达到强度等值的75%后方可进行设计安装。
9. 柱主要度量下大约500mm时，在里应应限连相应的同位孔间尺寸，以防止过大结合本需求。

六、钢构件运输

1. 在注明长远运输过程中注意其表面不能损伤。如有损伤时，结构安装时必须另外修复及相关。
2. 节点安装在支撑应加强加强应以牢加固防护面，如加件的数量、长度、安装支持放大小等各安符合设计要求。

七、钢构件安装

1. 在支架上设置节点，后续复合连安装进行工作应遵照上时有关遵从。
2. 结构施工致要求实施按工程要必需明完，以防止过上的关注误差。

图 2-116 结构设计总说明 1

结构设计总说明 2

3. 雕塑在过程中应加设中间支承撑，必要时增设临时支架。
4. 结构柱校验后，应反复本支撑及其他支撑系统构件，保证结构的稳定。
5. 次梁接头主主梁交接螺栓连接后，其未来最及其重应经机构相关负责人同意后方可施焊。
6. 不允许已交接的钢构件放置其他构件；不确保支设上部结构件时应其抗拉、冷抗、支拉等。
7. 钢构件运到后施工过程中，应做好钢材的防护及其成品保护。

八、高强度螺栓施工要求
1. 力发钢构件支设后，高强度螺栓带面置上要有代号、气塞、耳、毛刺、油污等不得物。
2. 高强度螺栓拼装不得用工锤霜。
3. 高强度螺栓严禁作临时安装螺栓使用。

九、钢结构油漆、防锈和防火
1. 所有钢构件在装运完成后应彻底、除锈、除锈钢漆。除锈等级按《GB/T8923》的St2级，当采用抛丸或喷砂除锈时，除锈质量等级不应低于Sa2.5级。
2. 所有钢件出厂前按设计图纸要求涂刷面漆底漆2遍，油漆种类与颜色由建设方与厂家共同确定，涂刷时严格按照厂家要求执行。环氧底漆层漆层面漆同时使用同厂家的产品。涂漆厚度dh，涂料及涂刷方法如未确定按下列执行；严禁不同厂家产品混用。在工地过程中未涂部分及掉漆部分应重新补漆。底漆总干膜厚度不小于125μm，完工前涂装至不小于150μm，室内构件不小于40μm，室外构件不小于40μm，构件安装后，补涂底漆应在位置。涂层干湿漆感应在环境温度下进行，温度控制在5℃～38℃左右。
(1) 涂漆施工温度应控制在当产品说明中规定，当产品说明书没有规定时，涂装周围大气温度应为5℃～38℃之间。
(2) 施工环境湿度应不超过85%，构件表面应有露。
3. 焊接连接处位于未涂漆。
4. 工地连接焊接缝及摩擦面处（除注明外），在暗装时可覆盖部分不涂油漆。
5. 高强度螺栓摩擦面不涂装。
6. 连接地脚焊接及与钢柱相配处底部使用环氧漆。
7. 高强度螺栓连接节点在连接板及与连接板接触部分底漆、高强度螺栓摩擦面不涂装。

十、钢结构防火
1. 钢结构使用性能要求，应根据本结构相关规范要求相关、加涂装防火涂料使用条件下，结构炭化厚度不得小于下表。
防火规定：定期对结构钢构的重要进行检查。

柱类别	板、壳、杆	梁、柱	墙
一	15	20	25
二a	20	25	30
二b	25	30	35

十一、施工构件
1. 混凝土保护层厚度（加涂装外使用条件下），普通型采用条件下表：

说明：1. 受力主筋混凝土保护层厚度同时不应小于主筋直径。
2. 基础中主筋，当无垫层时不小于70mm，当有垫层时不小于40mm，柱不应从放纵骨筋厚度算。

2. 所有钢筋按照(16G101-1)图集构造的100%做法。
3. 钢筋混凝土构件全部均选用HRB400钢筋,梁下部纵筋支座处锚固/3为图内搭接,下部纵筋主要支承/3为图内搭接/3度处图内搭接,接头长度及错位按详图接头接头位置应错开,同一截面钢筋接头之面积的不得大于25%的搭接接头面积，接头位置出长度最短接头间距≤100mm。
4. 跨度＞4m的梁，模板起拱度为跨度的0.3%，悬臂梁起拱度为0.6%，模板起拱施工中包括混凝土本身沉降厚度。
5. 梁最小柱末支壁不小于240mm。
6. 柱筋纵≤1000泥墙均有加强钢柱，做法详(16G101-1)。
7. 当h≥450mm时，梁两侧加设纵向细腿钢筋。
8. 主、次梁相交处，次梁两边的上部（或下部）或在主梁的上部（或下部）放置附加钢筋。
9. 所有上下缸的梁支座锚度达到100%方可拆模。

十二、填表
1. 外墙采用MU5.0页岩砖，内墙采用MU3.5页岩砖，M5水泥砂浆，陶粒砖容重≤8kN/m³。隔墙位置装修时准确定位，不得随意改变更换材料，厚度及位置。
2. 填充墙应在主结构施工完毕，试验合格通过验收以后方可出上向下砌筑，其中按完成一层次止。
3. 墙体结构填在建筑面层，冬季或雨季尚未建成时，出到中初钢筋补强加固层。
4. 当门窗面窄（洞宽≥2000）及构造柱，墙高与墙厚之比≥b时，墙每隔高1.0~4.5m设构造圈梁，圈梁宽度与墙同，梁见高(洞详图)未标注外。
5. 长度大于5m的墙，墙两端壁柱连接（详见3）。
6. 长度大于4.0m时，墙下端下部，在柱布置门窗洞（除门窗）设置构造过梁墙（除门）设在顶层墙的柱、墙下轴内填实。
7. 构造柱钢筋的主筋，应采用同墙用凹榫嵌接牙键。
8. 当墙长大于设计长度≥1000时，墙每隔纵度2.0m时，应加设钢筋拉结筋2Φ6@500（末确认特殊需要明）出各轴墙2SG614-1图集第十二节详情。过梁配筋见1G332-1图集详，墙连长大于＞1000时，应加设钢筋拉结柱，楼内200。
9. 当墙入构造柱（详）、墙柱拉结筋2Φ12、抱柱2Φ6@200（2）。
10. 外墙未端柱应主体柱结构完，柱材所完毕及下墙单位和设计（及设计人同意后方可）墙体材料结束进行验证砌筑，过梁钢筋以结构专业设计为准，一般材料随墙土结构（图详）未达重量专业合同要求，此外过验还包括与甲方设计材料土内方样完成，不得与材料同时施工；构造柱柱同施工。
出严按照图集2G614-1以及砖凝土墙加补做法施工。

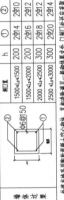

位置	洞口	h	①	②
过梁	1500≤L_n<1500	200	2Φ10	2Φ10
	1500≤L_n<2000	200	2Φ6	2Φ12
	2000≤L_n<2500	300	2Φ8	2Φ12
	2500≤L_n<3000	300	2Φ20	2Φ14

图2-117 结构设计总说明 2

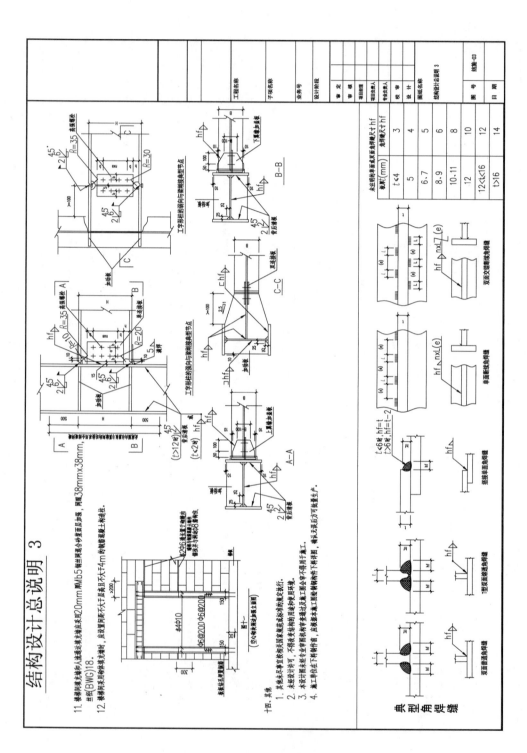

图 2-118　结构设计总说明 3

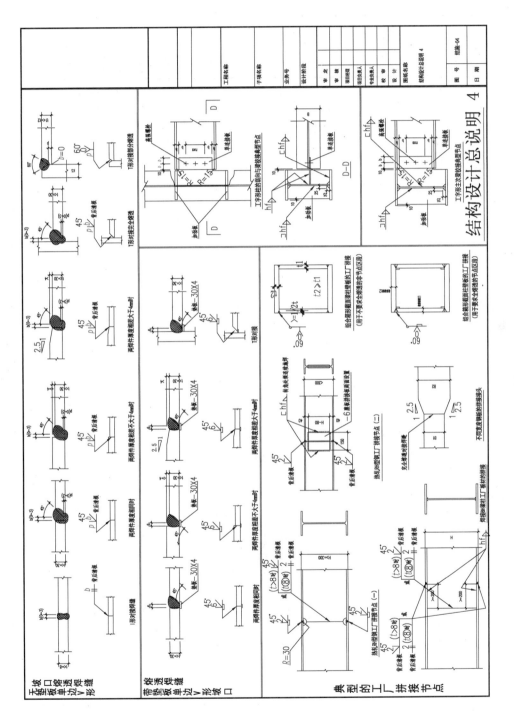

图 2-119 结构设计总说明 4

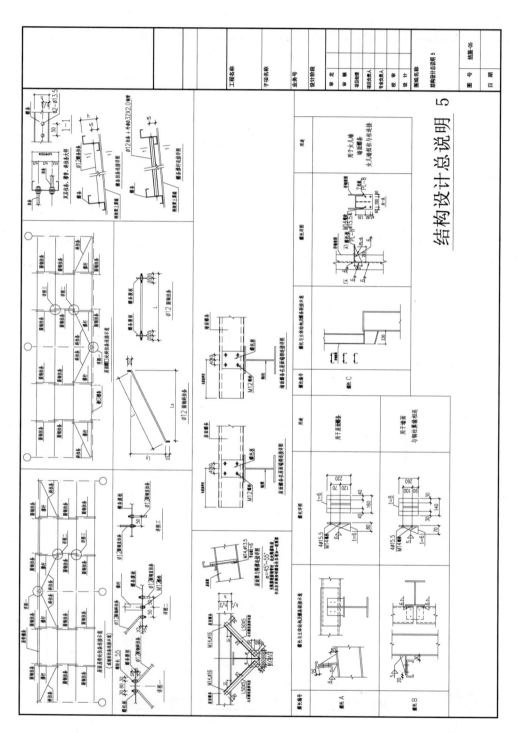

图 2-120 结构设计总说明 5

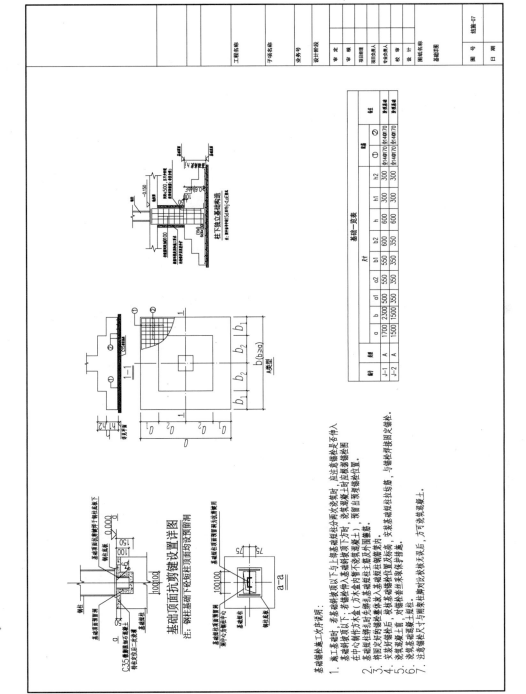

图 2-121 基础顶面抗剪键设置详图

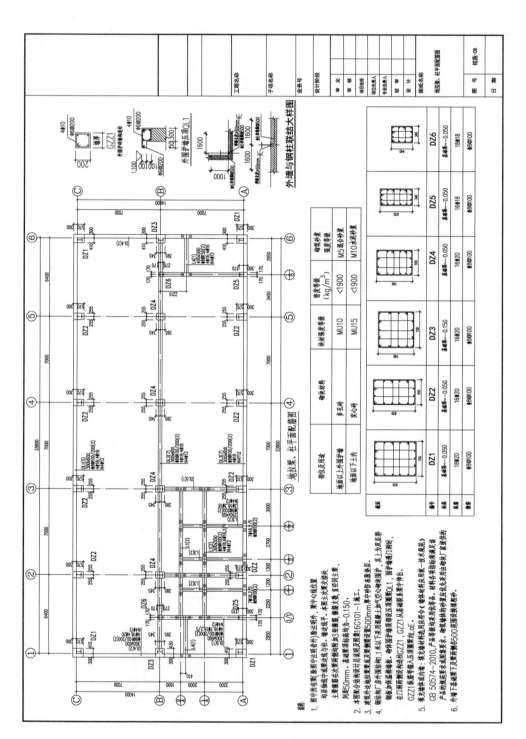

图 2-122 外墙与钢柱连接大样图

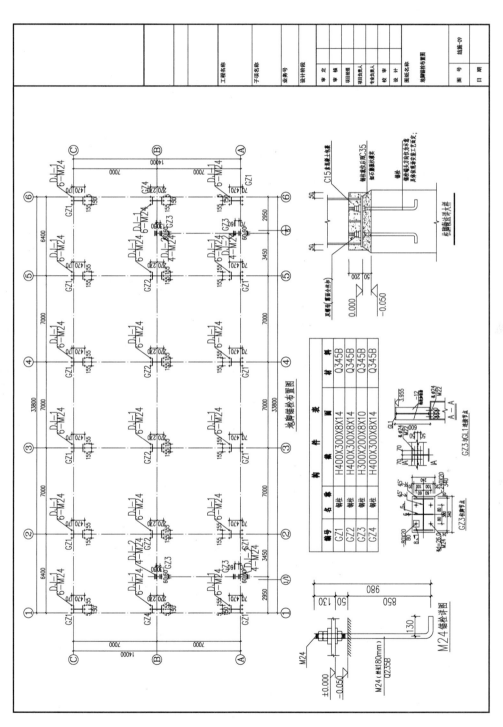

图 2-123 地脚锚栓布置图

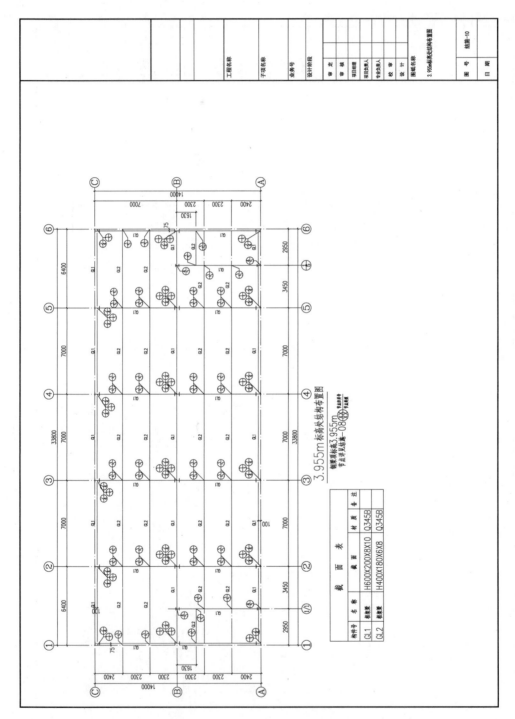

图 2-124　3.955m 标高处结构布置图

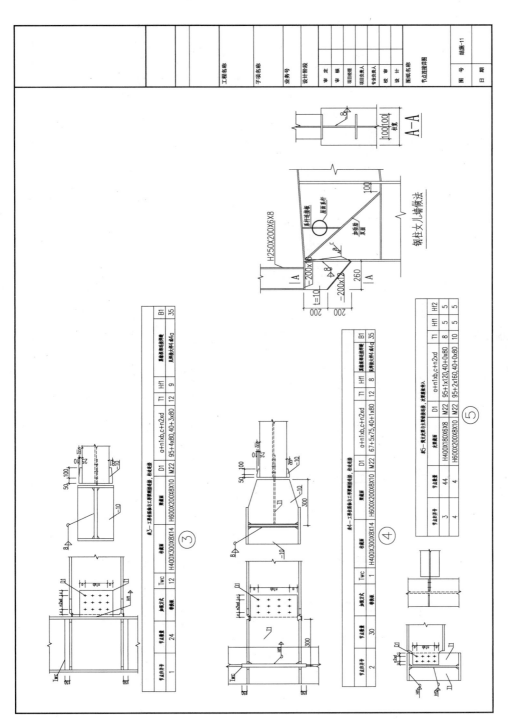

图 2-125 节点连接详图

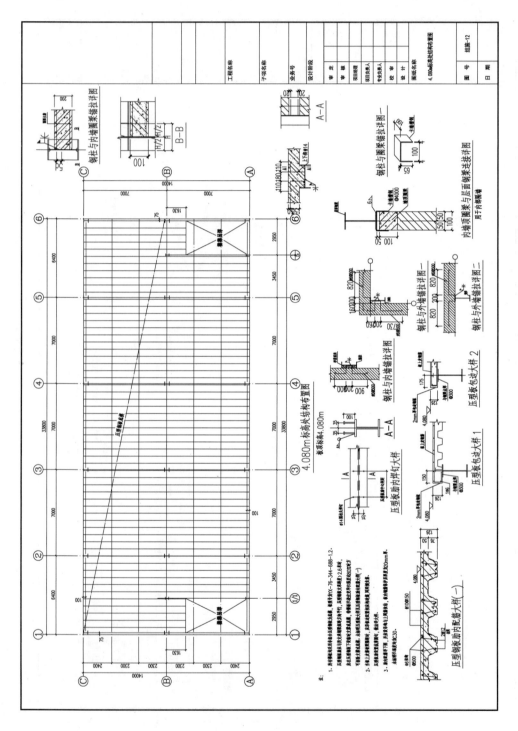

图 2-126 4.080m 标高处结构布置图

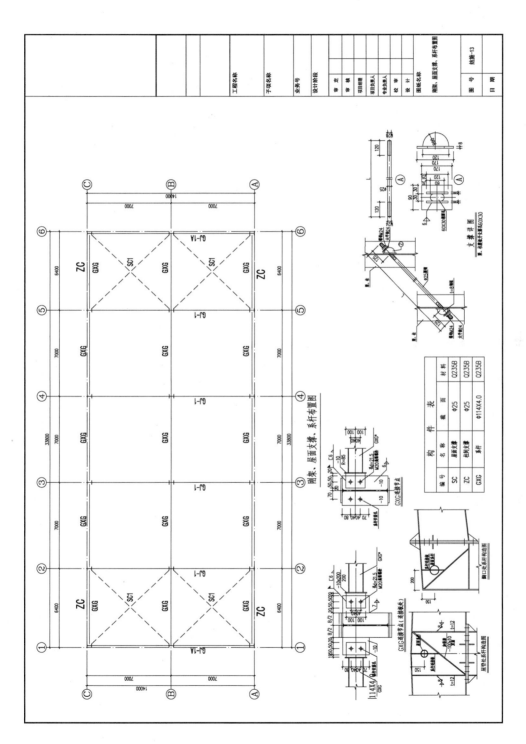

图 2-127 刚架、屋面支撑、系杆布置图

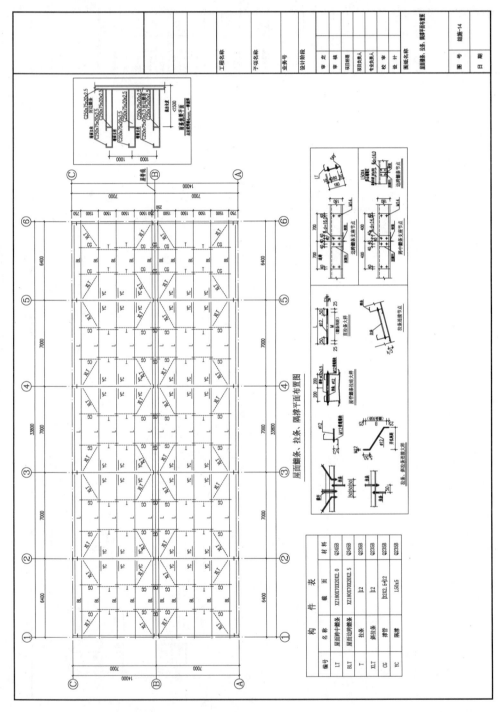

图 2-128 屋面檩条、拉条、隅撑平面布置图

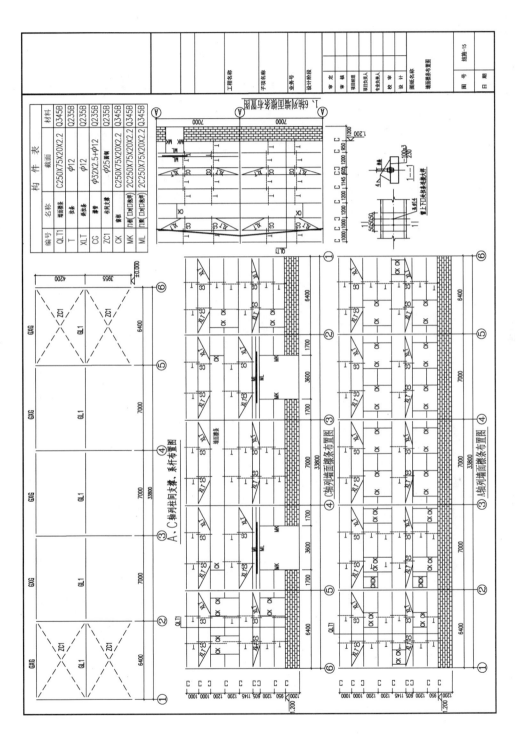

图 2-129 墙面檩条布置图

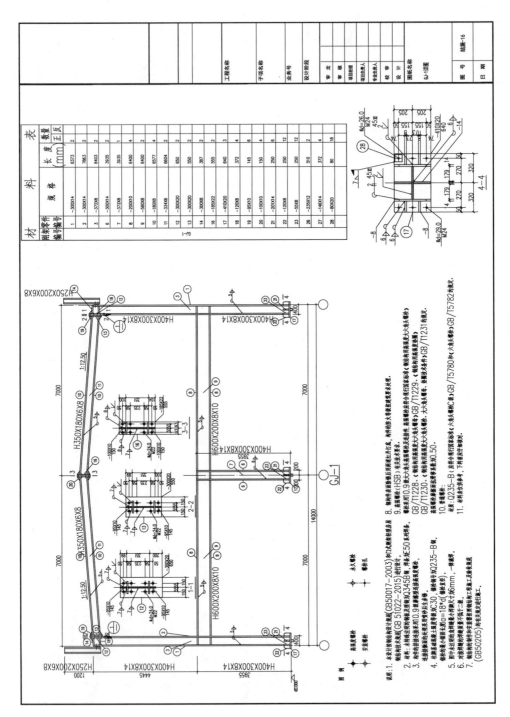

图 2-130 GJ-1 详图

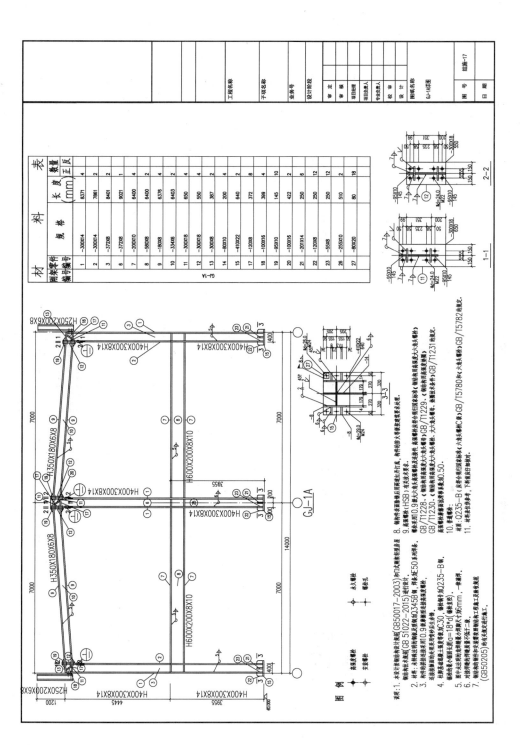

图 2-131 GJ-1A 详图

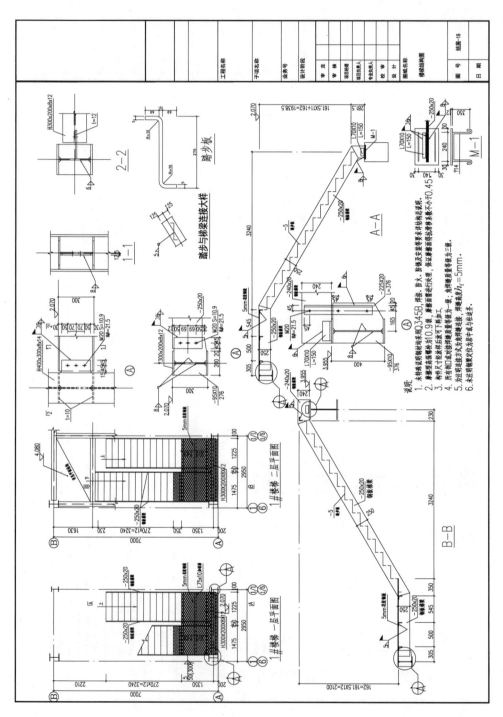

图 2-132 楼梯结构图

【思维导图】

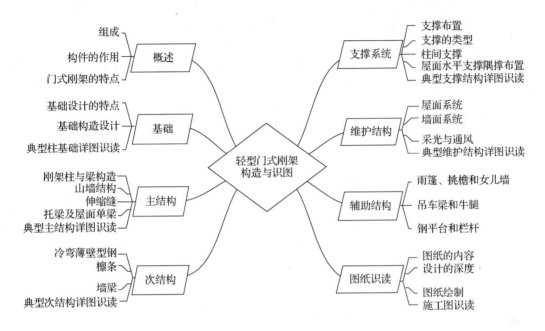

【课程练习题】

一、选择题

1. 铰接柱脚不承受(　　)。
   A. 拉力　　　　B. 压力　　　　C. 剪力　　　　D. 弯矩
2. 以下属于支撑系统的是(　　)。
   A. 系杆　　　　B. 檩条　　　　C. 拉条　　　　D. 隅撑
3. (　　)的作用是主要传递山墙传来的风荷载,增加房屋整体刚度。
   A. 柱间支撑　　B. 屋面水平支撑　　C. 系杆　　　　D. 墙梁

二、填空题

1. 单层门式刚架的组成为_____、_____、_____。
2. 门式刚架斜梁与柱的连接形式有三种,分别是_____、_____、_____。
3. 地脚锚栓的直径不宜小于_____,且应采用_____。
4. 雨篷的排水方式分_____和_____两种。

三、判断题

1. 门式刚架的梁、柱多采用等截面杆件,可以节省材料。　　　　　　　　　(　　)
2. 屋盖横向支撑宜设在温度区间端部的第一个或第二个开间;当设置在第二个开间时,

第一开间的相应位置设柔性系杆。 (　　)

3. 刚性系杆是指圆管、H型截面、Z型或C型冷弯薄壁截面等构件，柔性构件是指圆钢、拉索等只受拉截面。 (　　)

4. 为保证刚架梁下翼缘和柱内翼缘的平面外稳定性，可在刚架梁与檩条或柱与墙梁之间增设隅撑。 (　　)

5. 地脚锚栓不宜用于承受柱脚底部的水平剪力，只能由柱脚底板与其下部的混凝土基础间的摩擦力来抵抗。 (　　)

四、简答题

1. 简述门式刚架结构的特点。
2. 简述门式刚架在设置伸缩缝时的两种做法。
3. C型和Z型钢檩条有何区别？
4. 现场复合保温板与工厂复合保温板有何区别？
5. 一套完整的门式刚架结构图纸包括哪些内容？

第3章 多高层钢结构构造与识图

【学习要点及目标】

- 掌握多高层钢结构的基本知识。
- 掌握多高层钢结构柱的构造及详图识读。
- 掌握多高层钢结构梁的构造及详图识读。
- 掌握多高层钢结构梁柱节点的构造及详图识读。
- 掌握多高层钢结构支撑的构造及详图识读。

【核心概念】

多高层钢结构、构造、节点详图、详图识图

【引用案例】

多高层钢结构房屋在我国的应用大约始于20世纪80年代初期，由于钢结构施工周期短、空间利用率高、抗震性能好、节能、环保等原因，近几十年来得到了迅速地发展。目前，国内每年要建造上千万平方米的钢结构建筑工程，主要用于场馆、会展中心、机场、住宅及活动房屋等。

钢结构住宅是指以钢作为建筑承重梁柱的住宅建筑，它是多高层钢结构近几年的一个发展方向。目前钢结构住宅的主要发展方向有适用于多层的轻钢结构；适用于低、多层的钢框架体系，适用于高层的框架—支撑、框架—核心筒体系以及钢管束组合剪力墙结构体系等。本章主要对组成这些常见结构体系的构件及构件间的连接形式及构造要求进行阐述，使读者能够识读多高层钢结构结构施工图。

3.1 多高层钢结构房屋概述

3.1.1 多高层钢结构房屋的划分

钢结构房屋是指结构体系以钢材作为承重骨架的房屋建筑。根据房屋层数和高度的不同，钢结构房屋可以分为多层房屋、高层房屋和超高层房屋等。它们之间并没有严格的界限和统一的划分标准，不同的规范从不同的角度做了规定。

目前，我国多高层钢结构房屋的主要设计依据是《钢结构设计标准》(GB 50017—2017)、

《建筑抗震设计规范》(GB 50011—2010)和《高层民用建筑钢结构技术规程》(JGJ99—2015)等。依据钢结构房屋的设计标准、规范及规程中的要求,高层民用建筑钢结构一般指10层及10层以上或高度大于28m的住宅建筑以及房屋高度大于24m的其他高层民用建筑钢结构。

3.1.2 多高层钢结构房屋的应用

1885年,美国建造了第一幢高层钢结构,是位于芝加哥的家庭保险公司大楼(见图3-1)。其后,高324m的埃菲尔铁塔、332.6m的东京塔等大量钢结构建筑物相继建成。

我国现代高层建筑钢结构自20世纪80年代中期起步,第一幢高层建筑钢结构为1990年建造的43层、主体高度146m的深圳发展中心大厦(见图3-2)。其后,中央电视台总部大楼、广州新电视塔、深圳平安金融中心等超高层建筑工程拔地而起。

目前,深圳市的汉京金融中心是全球最高的全钢结构、核心筒外置的超高层建筑。其主塔楼为巨型框架支撑结构,采用30根方管巨柱作为竖向主体支撑,框架柱间采用斜向撑杆和钢梁连接作为塔楼抗侧力体系,形成带支撑的钢框架结构;裙楼采用钢框架结构,楼层西侧为悬挑结构,其外框由复杂桁架构成。

图3-1 家庭保险公司大楼

图3-2 深圳发展中心大厦

3.1.3 多高层钢结构房屋的发展

2019年建筑业十项新技术中,住宅钢结构技术榜上有名。钢结构住宅是指以钢作为建筑承重梁柱的住宅建筑,它是多高层钢结构近几年的一个发展方向。目前钢结构住宅的主要发展方向有适用于多层的采用带钢板剪力墙或与普钢混合的轻钢结构;有适用于低、多层的基于方钢管混凝土组合异形柱和外肋环板节点为主的钢框架体系;有适用于高层以钢框架与混凝土筒体组合构成的混合结构或以带钢支撑的框架结构;以及适用于高层的基于方钢管混凝土组合异形柱和外肋环板节点为主的框架-支撑和框架-核心筒体系以及钢管束组合剪力墙结构体系。

钢结构住宅有质量轻、强度高、满足住宅大开间的需要等优点,同时可靠性、抗震性能、抗风性能好。钢结构构件在工厂制作,可以减少现场工作量,缩短施工工期,符合产业化要求,而且钢材可以回收,建造和拆除时对环境污染较少。

在我国已经建成的住宅钢结构有包头万郡大都城(见图 3-3)、镇江南路公租房、沧州福康家园、天津静海子牙白领公寓(见图 3-4)等。

2017 年,装配式钢结构建筑技术标准的出台,我们看到了多高层钢结构房屋的一个新的发展方向。北京万科新里程的建造推动了装配式钢结构的发展,多高层钢结构的发展前景会越来越广阔。

图 3-3　包头万郡大都城

图 3-4　天津静海子牙白领公寓

3.2　多高层钢结构的结构体系及布置

3.2.1　多高层钢结构的结构体系

建筑结构的基本功能是抵御可能遭遇的各种荷载(作用),保持结构的完整性,以满足建筑的使用要求。对于多高层建筑,需要承受的荷载主要有:由建筑物本身及其内部人员、设施等引起的重力;由风或地震引起的侧向力。因此,多高层建筑钢结构的功能要求是:在重力作用下,结构水平构件不发生破坏,结构整体不发生失稳;在侧向力作用下,结构不倾覆,结构不发生整体弯曲或剪切破坏,结构侧向变形不能过大,以免影响建筑或结构的功能要求。

由建筑结构的功能要求可知,多高层钢结构体系应区分抗重力结构体系和抗侧力结构体系。多高层建筑钢结构是通过楼盖体系抵抗重力的。多高层建筑钢结构除需承受由重力引起的竖向荷载外,更重要的是需承受由风或地震引起的水平荷载,因此通常所说多高层建筑钢结构体系一般根据其抗侧力结构体系的特点进行分类。

多高层钢结构抗侧力结构体系按其组成形式,可分为:框架结构体系、支撑结构体系、框架—支撑结构体系、框架—剪力墙板结构体系、筒体结构体系和巨型结构体系等,见表 3-1。

表 3-1 多高层钢结构常用体系

结构体系		支撑、墙体和筒形式
框架结构		
支撑结构	中心支撑	普通钢支撑,屈曲约束支撑
框架—支撑	中心支撑	普通钢支撑,屈曲约束支撑
	偏心支撑	普通钢支撑
框架—剪力墙板		钢板墙,延性墙板
筒体结构	筒体	普通桁架筒
	框架—筒体	密柱深梁筒
	筒中筒	斜交网格筒
	束筒	剪力墙板筒
巨型结构	巨型框架	
	巨型框架—支撑	普通钢支撑,屈曲约束支撑

为增加结构刚度,多高层钢结构可设置伸臂桁架或环带桁架,伸臂桁架设置处应同时设置环带桁架,伸臂桁架贯穿整个楼层,伸臂桁架与环带桁架构件的尺寸应与相连构件的尺寸相协调。

高层民用建筑钢结构中,最大高度和最大宽度的比值(H/B)即最大高宽比(见图 3-5)不应超过表 3-2 中所列的数值。

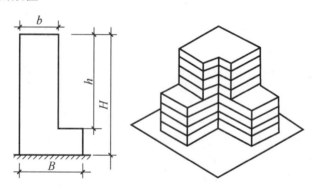

图 3-5 最大高宽比示意

表 3-2 多高层民用建筑钢结构适用的最大高宽比

抗震设防烈度/度	6、7	8	9
最大高宽比/(H/B)	6.5	6.0	5.5

对于非抗震设计和抗震设防烈度为 6 度~9 度的乙类和丙类高层民用建筑,钢结构适用的最大高度都应符合《高层民用建筑钢结构技术规程》中的规定(见表 3-3)。

1. 框架结构

房屋结构均由梁、柱构件通过节点连接而构成。纵横两个方向均为刚接框架,竖向和水平荷载由框架承担,如图 3-6 所示。框架结构是最基本的抗侧力体系,其特点:平面布置灵活,刚度比较均匀,延性大,抗震性能好、侧向刚度小,位移大,节点构造较复杂,用钢量较大。框架结构适用于 30 层以内，柱距较大但无法设置支撑的建筑物。

表 3-3 高层民用建筑钢结构适用的最大高度

单位：m

结构体系	6 度、7 度 (0.10g)	7 度 (0.15g)	8 度 (0.20g)	8 度 (0.30g)	9 度 (0.40g)	非抗震设计
框架	110	90	90	70	50	110
框架中心支撑	220	200	180	150	120	240
框架偏心支撑	240	220	200	180	160	260
框架—屈曲约束支撑						
框架—延性墙板						
筒体(框筒，筒中筒，桁架筒，束筒)	300	280	260	240	180	360
巨型框架						

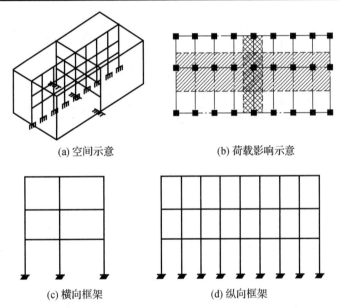

图 3-6 框架体系示意

2. 框架—支撑结构

框架—支撑结构是指在框架结构体系中，沿纵、横两个方向均匀布置一定数量的支撑所形成的结构体系(见图 3-7)。框架和支撑桁架共同组成抗侧力体系，承担各种荷载的结构。框架—支撑结构的特点是：平面布置灵活，延性大，侧向刚度大，抗震性能好，受力合理，但节点构造较复杂，大空间少。它适用于 30～60 层的高层建筑。根据支撑类型的不同，框架—支撑结构又分为框架—中心支撑和框架—偏心支撑。

1) 框架—中心支撑

框架支撑杆件的工作线交汇于一点或多点，相交构件的偏心距小于最小连接构件的宽度，杆件主要承受轴心力。根据支撑杆件形式的不同，框架—中心支撑杆件又分为：十字交叉斜杆(见图 3-8(a))、单斜杆(见图 3-8(b))、人字形斜杆(见图 3-8(c))、K 形斜杆(见图 3-8(d))和跨层跨柱设置斜杆(见图 3-8(e))等。

图 3-7 框架—支撑结构

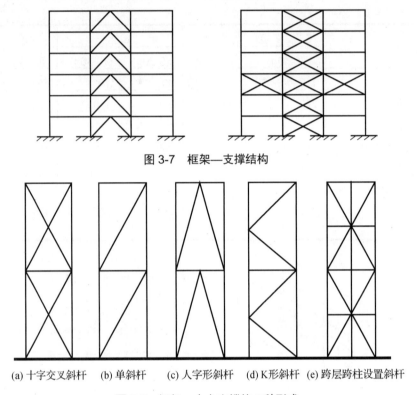

(a) 十字交叉斜杆　(b) 单斜杆　(c) 人字形斜杆　(d) K形斜杆　(e) 跨层跨柱设置斜杆

图 3-8 框架—中心支撑的 5 种形式

2) 框架—偏心支撑

支撑框架构件的工作线不交汇于一点，支撑连接点的偏心距大于连接点处最小构件的宽度，可通过消能梁段耗能。根据支撑杆件的形式不同，框架—偏心支撑杆件又分为：门架式(见图 3-9(a))、单斜杆式(见图 3-9(b))、人字形(见图 3-9(c))、V 字形(见图 3-9(d))。

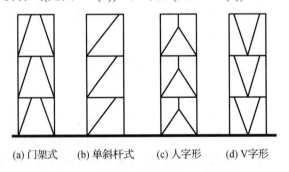

(a) 门架式　(b) 单斜杆式　(c) 人字形　(d) V字形

图 3-9 框架—偏心支撑的 4 种形式

3. 框架—剪力墙板

框架—剪力墙板是以钢框架为主体，并配置一定数量的剪力墙板(见图 3-10)，用剪力墙板(具有良好延性和抗震性能的墙板)代替钢支撑嵌入钢框架，适用于 40~60 层的高层建筑。

剪力墙板的主要类型有钢板剪力墙板(见图3-11)、内藏钢板支撑剪力墙板(见图3-12)、带竖缝钢筋混凝土剪力墙板(见图3-13)等。

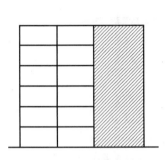

图3-10 框架—剪力墙板

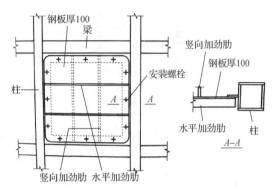

图3-11 钢板剪力墙板

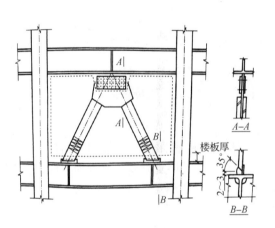

图3-12 内藏钢板支撑剪力墙板

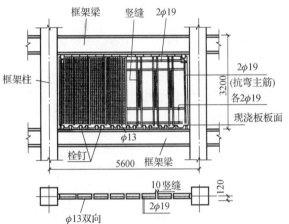

图3-13 带竖缝钢筋混凝土剪力墙板

4．筒体结构

筒体结构是由一个或多个筒体作承重结构的高层建筑体系。筒体结构延性大、抗震性能好、平面布置灵活、侧向刚度大、空间大；节点构造较复杂，成本较高。它适用于60层以上的超高层建筑。筒体的形式可以为三角形、圆形、矩形等形状。根据筒体的布置、组成、数量的不同，筒体结构可分为框筒、筒中筒、桁架筒、束筒，如图3-14所示。

5．巨型结构

将一般的单跨框架结构比例放大，就形成巨型框架。巨型框架的柱和梁不再是一个简单杆件，而是由柱距较大的立体桁架梁柱及立体桁架支撑所构成的复合构件。巨型结构延性大、抗震性能好、平面布置灵活、受力合理、空间大、侧向刚度大，但节点构造复杂。

一般来说，高层民用建筑钢结构不应采用单跨框架结构。房屋高度不超50m的高层民用建筑可采用框架、框架—中心支撑或其他体系的结构；超过50m的高层民用建筑，抗震设防烈度为8、9度时宜采用框架—偏心支撑、框架—延性墙板或屈曲约束支撑等结构。

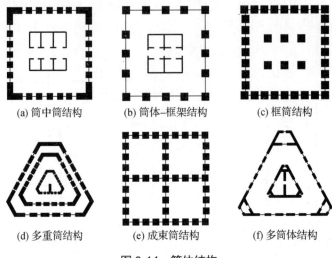

图 3-14 筒体结构

3.2.2 多高层钢结构的结构布置

多高层钢结构结构布置的总体原则是：在符合建筑设计的布置和功能要求的同时，力求做到结构构件受力明确、传力简单、构造简单，同时便于施工，经济性好。

1. 平立面布置

多高层钢结构建筑的平面布置宜规则、对称，具有良好的整体性，宜采用平面矩形、方形、圆形、梯形及三角形等简单的建筑平面(见图 3-15)，当采用复杂建筑平面时，应在抗震计算及构造措施方面采取相应措施。建筑立面和竖向剖面宜规则，高度变化均匀(见图 3-16)。多高层钢结构沿竖向布置时可以采用分段变截面的做法，但应防止侧向刚度突变，尽量避免选用不规则平立面。

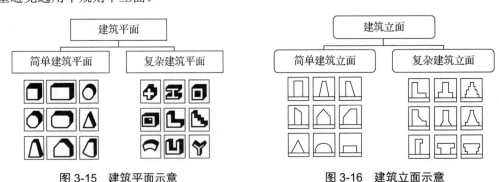

图 3-15 建筑平面示意　　图 3-16 建筑立面示意

2. 抗侧力体系布置

抗侧力体系主要用来承担高层钢结构中的水平荷载作用。承载这些水平力的构件为抗侧力构件，抗侧力构件有框架柱、支撑、桁架和剪力墙等，支撑包括中心支撑、偏心支撑、屈曲约束支撑等，桁架包括伸臂桁架和腰桁架，剪力墙包括钢板剪力墙、无黏结内藏钢板支撑墙板和内嵌竖缝混凝土剪力墙。抗震设计的框架－支撑、框架－延性墙板结构中，支撑、延性墙板宜沿建筑高度竖向连续布置，并应延伸至计算嵌固端。除底部楼层和伸臂桁架所在的楼层外，支撑的形式和布置沿建筑竖向宜一致。支撑布置平面上宜均匀、分散，沿竖向宜连续布置，设置地下室时，支撑应延伸至基础或在地下室相应位置设置剪力墙。支撑无法连续时，应适当地增加错开支撑并加强错开支撑之间的上下楼层水平刚度。

3. 楼盖布置

在确定多高层钢结构房屋楼盖方案时，应考虑以下因素。

(1) 宜采用压型钢板现浇钢筋混凝土组合楼板、现浇钢筋桁架混凝土楼板或钢筋混凝土楼板，楼板应与钢梁有可靠连接。

(2) 抗震设防烈度为 6、7 度时房屋高度不超过 50m 的高层民用建筑，可采用装配整体式钢筋混凝土楼板，也可采用装配式楼板或其他轻型楼盖，应将楼板预埋件与钢梁焊接，或采取其他措施保证楼板的整体性。

(3) 对转换楼层楼盖或楼板有大洞口等情况，宜在楼板内设置钢水平支撑。

4. 地下室布置

高层民用建筑钢结构的基础形式应根据上部结构情况、地下室情况、工程地质、施工条件等综合确定，宜选用筏基、箱基、桩筏基础。当基岩较浅、基础埋深不符合要求时，应验算基础抗拔。

当房屋设置地下室时，框架支撑结构中竖向连续布置的支撑应延伸至基础。框架延性墙板结构中竖向连续布置的延性墙板应延伸至基础。钢框架柱至少延至地下一层，其竖向荷载应直接传给基础，并且宜采用钢骨混凝土柱。地下一层基础埋深宜一致。

高层民用建筑钢结构与钢筋混凝土基础或地下室的钢筋混凝土结构层之间，宜设置钢骨混凝土过渡层。

房屋高度超过 50m 的高层民用建筑宜设置地下室。采用天然地基时，基础埋置深度不宜小于房屋总高度的 1/15；采用桩基时，不宜小于房屋总高度的 1/20。

当主楼与裙房之间设置沉降缝时，应采用粗砂等松散材料将沉降缝地面以下的部分填实；当不设沉降缝时，施工中宜设后浇带。

5. 防震缝设置

高层民用建筑宜不设防震缝，对于体形复杂、平立面不规则的建筑，应根据不规则程度、地基基础等因素确定是否设防震缝。在适当部位设置防震缝时，宜形成多个较规则的抗侧力结构单元。

防震缝一般可结合沉降缝要求贯通至地基。无不均匀沉降时，防震缝可贯通至地下室以上；有多层地下室，带裙房的单塔、多塔结构，防震缝可贯通至地下室以上。

防震缝应根据抗震设防烈度、结构类型、结构单元的高度和高差情况，留有足够的宽度，其上部结构应完全分开；防震缝的宽度不应小于钢筋混凝土框架结构缝宽的 1.5 倍。

3.2.3 结构平面布置图识读

结构平面布置图主要表达各个构件(钢梁、钢柱、屋架、刚架、楼板、水平支撑、隅撑、檩条、楼梯)在平面中的布置情况以及各个构件之间的结构关系，为施工中布置及安装刚架、钢梁、楼板、钢柱等各种构件提供依据。

多高层钢结构的平面布置图包括：各层平面布置图、楼梯平面布置图和楼板平面布置图。多高层钢结构的各层平面应分别绘制结构平面布置图。钢与混凝土的组合结构或部分混合结构时，钢结构部分及混凝土结构部分可分别出图，配合使用。

识读多高层结构平面布置图时，根据绘制原则，先就某一层结构平面图进行详细识读，然后对其他各层，重点查找与第一张结构平面布置图的不同之处。以某多层钢结构施工图中的一层结构平面布置图(见图 3-17)为例，进行平面布置图识读时，需要按照以下识读步骤进行。

1. 识读本层轴网布置

首先，要看纵横两个方向的轴网，掌握建筑物的长度、宽度；其次，识读轴网的定位轴线编号，弄清楚轴网的开间、进深等尺寸。

2. 识读本层柱子的类型

首先，应明确图中一共有几种类型的柱子，每种类型柱子的截面形式、数量，一般用 GZ1、GZ2 等依次标示；然后，弄清楚每一个柱子的具体位置、摆放方向以及柱子与轴线的关系。

3. 识读本层梁的类型

梁的信息主要包括梁的编号、类型数、各类梁的截面形式、梁的跨度、梁的标高以及梁柱的连接形式等，一般用 GL1、GL2 等依次标示。

4. 查找图中洞口的位置

楼板层中的洞口主要包括楼梯间和配合设备管道安装的洞口，在平面图中主要明确它们的位置和尺寸大小。

5. 构件截面表

梁与柱子的截面形式、型号、编号及材质都在构件截面表中列出。该结构钢柱和钢梁都为 H 形，钢柱截面类型只有一种，钢梁截面类型有两种，都采用 Q345B 级钢材。

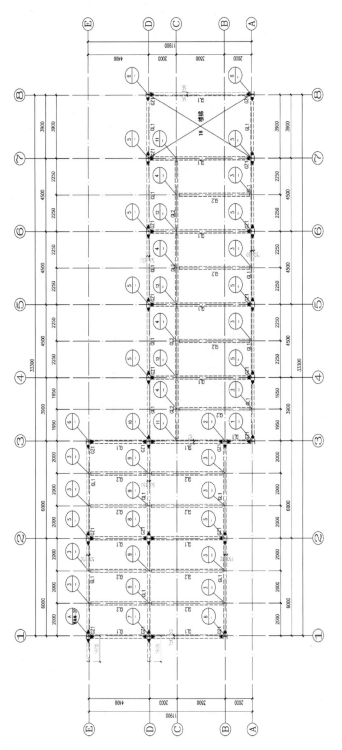

图 3-17 某钢框架结构平面布置图

3.3 多高层钢结构的柱脚构造与识图

3.3.1 柱脚的连接形式及构造要求

1. 柱脚的连接形式

柱脚是柱下端与基础相连的部分。柱脚的作用是将柱身的内力可靠地传给基础,并和基础有牢固的连接。由于混凝土的强度远比钢材低,所以,必须把柱的底部放大,以增加其与基础顶部的接触面积。

按其受力情况,柱脚又可分为铰接柱脚和刚接柱脚两种。铰接柱脚只传递轴心压力和剪力,刚接柱脚除传递轴心压力和剪力外,还要传递弯矩(此部分内容详见门式刚架柱脚)。

柱脚按其构造做法不同,也可分为外露式柱脚(见图 3-18(a))、外包式柱脚(见图 3-18(b))、埋入式柱脚(见图 3-18(c))及插入式柱脚。多高层结构框架柱的柱脚可采用埋入式柱脚、插入式柱脚以及外包式柱脚,多层结构框架柱尚可采用外露式柱脚,单层厂房刚接柱脚可采用插入式柱脚和外露式柱脚。对于荷载较大、层数较多的,宜采用外包式和埋入式柱脚。进行抗震设计时,宜优先采用埋入式柱脚;外包式柱脚可在有地下室的高层民用建筑中采用。

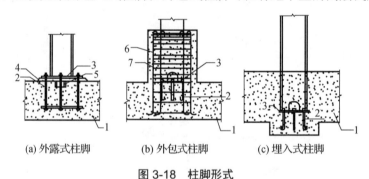

(a) 外露式柱脚　　(b) 外包式柱脚　　(c) 埋入式柱脚

图 3-18　柱脚形式

1—基础;2—锚栓;3—底板;4—无收缩砂浆;5—抗剪键;6—主筋;7—箍筋

2. 柱脚的构造要求

1) 埋入式柱脚

钢柱埋入式柱脚是将柱脚埋入混凝土基础内,H 形截面柱的埋置深度不应小于钢柱截面高度的 2 倍,箱形柱的埋置深度不应小于柱截面长边的 2.5 倍,圆管柱的埋置深度不应小于柱外径的 3 倍;钢柱脚底板应设置锚栓与下部混凝土连接。钢柱埋入部分的侧边混凝土保护层厚度要求如图 3-19 所示。图 3-19 中,C_1 不得小于钢柱受弯方向截面高度的一半,且不小于 250mm;C_2 不得小于钢柱受弯方向截面高度的 2/3,且不小于 400mm。

埋入式柱脚底板常位于基础梁底面,柱脚有一部分带栓钉埋入外包钢筋混凝土。钢柱埋入部分的四角应设置竖向钢筋,四周应配置箍筋。箍筋直径不应小于10mm,其间距不大于 250mm。

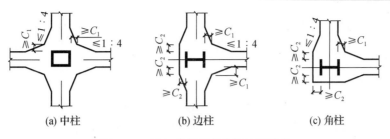

图 3-19 埋入式钢柱脚的保护层厚度

在混凝土基础顶部,钢柱应设置水平加劲肋。当箱形柱壁板宽厚比大于 30 时,应在埋入部分的顶部设置隔板;也可在箱形柱的埋入部分填充混凝土,当混凝土填充至基础顶部以上 1 倍箱形截面高度时,埋入部分的顶部可不设隔板。

进行抗震设计时,在基础顶面处,钢柱可能出现塑性铰的边(角)柱的柱脚埋入混凝土基础部分的上、下部位均需布置 U 形钢筋,如图 3-20 所示。U 形钢筋的开口应向内,锚固长度应从钢柱内侧算起,且根据现行国家标准《混凝土结构设计规范》GB 50010—2010 的有关规定确定。

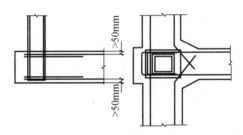

图 3-20 边柱 U 形加强筋设置

对于截面宽厚比或径厚比较大的箱形柱和圆管柱,其埋入混凝土的部分应采取措施防止在混凝土侧压力作用下被压坏。常用的方法是填充混凝土(见图 3-21(b));在基础顶面附近设置内隔板或外隔板箱形柱和圆管柱抗压抗拔构造要求(见图 3-21(c)、(d))。隔板的厚度应按计算确定,外隔板的外伸长度不应小于柱边长(或管径)的 1/10。对于有抗拔要求的埋入式柱脚,可在埋入部分设置栓钉(见图 3-21(a))。

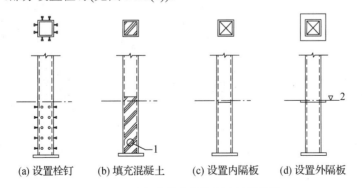

图 3-21 埋入式柱脚的抗压和抗拔构造

1—灌注孔;2—基础顶面

该柱脚构造同样适用于箱形截面柱、圆管形截面柱和十字形截面柱。埋入式柱脚不宜采用冷成型箱形柱。超过 50m 钢结构的刚性柱脚宜采用埋入式柱脚。抗震设计时，优先采用埋入式柱脚。

2) 外包式柱脚

钢柱外包式柱脚由钢柱脚和外包混凝土组成，位于混凝土基础顶面以上，钢柱脚与基础应采用抗弯连接。外包混凝土的高度不应小于钢柱截面高度的 2.5 倍，且从柱脚底板到外包层顶部箍筋的距离与外包混凝土宽度之比不应小于 1.0。外包层内纵向受力钢筋在基础内的锚固长度应根据现行国家标准《混凝土结构设计规范》GB 50010—2010 的有关规定确定，且四角主筋的上、下都应加弯钩，弯钩投影长度不应小于 15d，下弯段宜与钢柱焊接，顶部箍筋应加强加密，并不应小于 3 根直径为 12mm 的 HRB335 级热轧钢筋。外包层中应配置箍筋，箍筋的直径、间距和配箍率应符合现行国家标准《混凝土结构设计规范》GB 50010—2010 中对钢筋混凝土柱的要求；外包层顶部箍筋应加密且不应少于 3 道，其间距不应大于 50mm。外包部分的钢柱翼缘表面宜设置栓钉。

当框架柱为圆管或矩形管时，应在管内浇灌混凝土，混凝土强度等级不应小于基础混凝土。浇灌高度应高于外包混凝土，且不宜小于圆管直径或矩形管的长边。

外包式柱脚一般用于三、四度抗震及非抗震时。

3) 外露式柱脚

钢柱外露式柱脚应通过底板锚栓固定于混凝土基础上。常见的外露式柱脚如图 3-22 所示。高层民用建筑的钢柱应采用刚接柱脚。

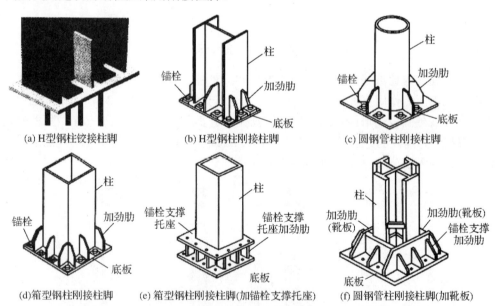

图 3-22 常见的外露式柱脚示意图

外露式柱脚中钢柱轴力由底板直接传至混凝土基础。钢柱底部的剪力可由底板与混凝土之间的摩擦力传递，摩擦系数取 0.4；当剪力大于底板下的摩擦力时，应设置抗剪键，由抗剪键承受全部剪力；也可由锚栓抵抗全部剪力，此时底板上的锚栓孔直径不应大于锚栓直径加 5mm，且锚栓垫片下应设置盖板，盖板与柱底板焊接，并计算焊缝的抗剪强度。

外露式柱脚抗剪键可采用 H 型钢、方钢、槽钢以及角钢等，如图 3-23 所示。锚栓宜采用 Q345、Q390 钢材制作，也可采用 Q235 钢材制作。安装时应采用固定架定位，锚栓固定架角钢通常用 L50×5～L75×6，肢厚取相应型号最厚者。3 度及以上抗震设防烈度时，锚栓截面面积不宜小于钢柱下端截面积的 20%。

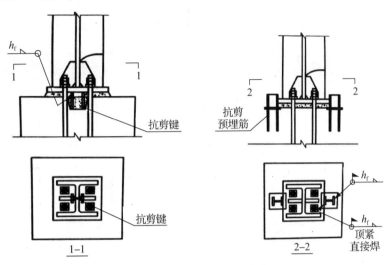

图 3-23　外露式柱脚抗剪键

外露式柱脚在地面以下时，采用强度等级较低的混凝土包裹高出地面 150mm(见图 3-24)；在地面以上(室外)时，柱脚高出地面 150mm 以上(见图 3-25)。

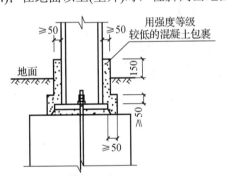

图 3-24　外露式柱脚在地面以下时的防护

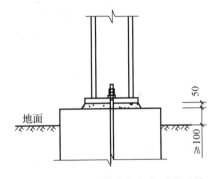

图 3-25　外露式柱脚在室外时的防护

4) 柱脚锚栓

(1) 柱脚锚栓不得用以承受柱脚底部的水平反力，此水平反力应由底板与混凝土基础间的摩擦力或设置抗剪键承受。

(2) 柱脚锚栓埋置在基础中的深度，应使锚栓的内力通过其和混凝土之间的黏结力传递。当埋置深度受到限制时，则锚栓应牢固地固定在锚板或锚梁上，以传递锚栓的全部内力。

(3) 钢柱柱脚(外露式、埋入式、外包式)底板均应布置锚栓。钢柱柱脚的底板均应布置锚栓，按抗弯连接设计(见图 3-26)，锚栓埋入长度不应小于其直径的 25 倍，锚栓底部应设锚板或弯钩，锚板厚度宜大于 1.3 倍锚栓直径。应保证锚栓四周及底部的混凝土有足够的厚度，避免基础遭冲切破坏。锚栓应按混凝土基础要求设置保护层。

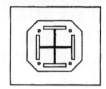 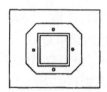 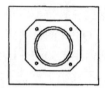

图 3-26　抗弯连接钢柱底板形状和锚栓配置

3.3.2　柱脚详图识读

图 3-27 所示为 H 型钢柱的外露式刚接柱脚，柱脚连接中有肋板、底板、垫块、锚栓等构件。

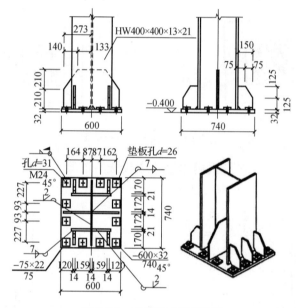

图 3-27　H 型钢柱节点详图

在详图中，钢柱的截面为 HW400×400×13×21，表示柱为热轧 H 形宽翼缘，翼缘高度为 400mm，宽度为 400mm，腹板厚度为 13mm，翼缘厚度为 21mm。H 形钢柱与底板采用焊接连接，底板尺寸为宽度 600mm，高度 740mm，厚度 32mm。柱翼缘、腹板与底板采用单边 V 形对接焊缝，间隙为 2mm，坡口角度为 45°。

底板与基础采用 12 个锚栓连接，锚栓直径为 24mm，孔径为 31mm，锚栓的平面位置从图 3-27 中可以确定。安装螺母前加一个厚 22mm、长 75mm、宽 75mm 的垫板，垫板开孔，孔径为 26mm，垫板与底板采用角焊缝连接。在钢柱四周加设加劲肋板，钢柱翼缘分别加设 2 块，钢柱腹板加设 2 块，细部尺寸在图 3-27 中可确定。加劲肋板与钢柱、底板均采用双面角焊缝连接，焊角尺寸为 7mm。

3.3.3　常见柱脚连接节点

常见柱脚连接节点如图 3-28、图 3-29 所示。

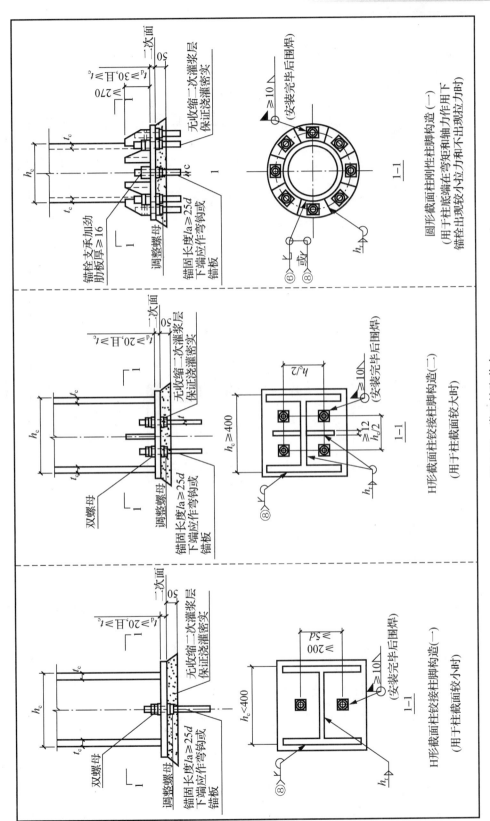

图 3-28 常见柱脚节点

图 3-28 常见柱脚节点(续 1)

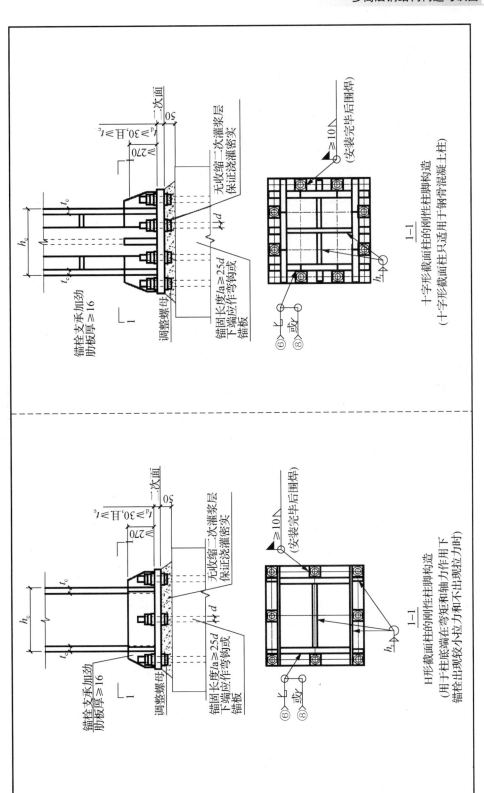

图 3-28 常见柱脚节点(续 2)

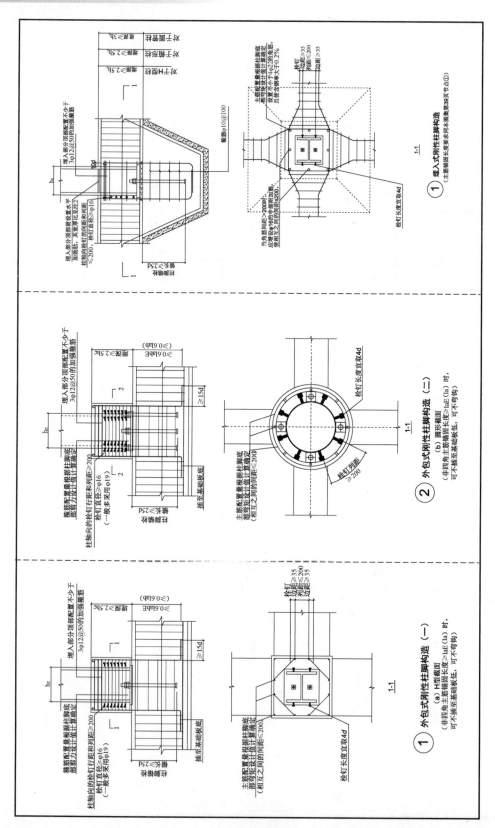

图 3-28 常见柱脚节点(续 3)

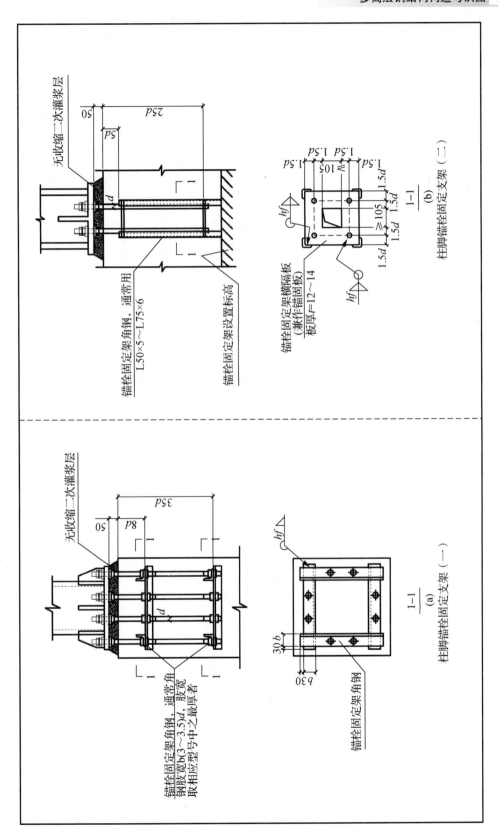

图 3-29 柱脚锚栓固定支架

3.4 多高层钢结构的钢梁构造与识图

3.4.1 梁的拼接

依据施工条件的不同,梁的拼接有工厂拼接和工地拼接两种。由于钢材尺寸的限制,必须将其接长或拼长,这种拼接常在工厂中进行,称为工厂拼接。由于运输或安装条件的限制,梁必须分段运输,然后在工地拼装连接,称为工地拼接。

型钢梁的拼接可采用对接焊缝连接,如图 3-30(a)所示,但由于翼缘与腹板连接处不易焊透,故有时采用拼接板连接,如图 3-30(b)所示。拼接位置均宜放在弯矩较小处。

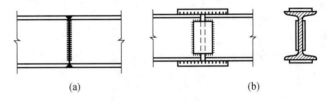

图 3-30 型钢梁的拼接

梁的拼接应符合下列规定。
(1) 翼缘采用全熔透对接焊缝,腹板用高强度螺栓摩擦型连接。
(2) 翼缘和腹板均采用高强度螺栓摩擦型连接。
(3) 三、四级和非抗震设计时可采用全截面焊接。

次梁与主梁宜采用简支连接,必要时也可采用刚性连接。焊接组合梁的工厂拼接,翼缘与腹板的拼接位置最好错开并用直对接焊缝。腹板的拼接焊缝与横向加劲肋之间至少相距 $10t_w$,如图 3-31 所示。对接焊缝施焊时宜加引弧板,并采用一级或二级焊缝,使其与板材等强。

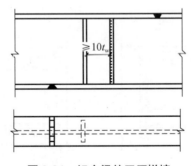

图 3-31 组合梁的工厂拼接

梁的工地拼接应使翼缘与腹板基本上在同一截面处断开,以便分段运输。高大的梁在工地施焊时不便翻身,应将上、下翼缘的拼接边缘均做成向上开口的 V 形坡口,以便俯焊,如图 3-32 所示。有时将翼缘和腹板的接头略微错开一些,如图 3-32(b)所示,这样受力情况较好,但运输单元突出部分应特别保护,以免碰损。在图 3-30(a)中,为了减少焊缝收缩应力,将翼缘焊缝留一段不在工厂施焊。图 3-32 中注明的数字是工地施焊的适宜顺序。

由于现场施焊条件较差,焊缝质量难以保证,所以较重要或受动力荷载的大型梁,其工地拼接宜采用高强螺栓,如图 3-33 所示。

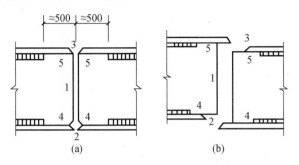

图 3-32 组合梁的工地拼接

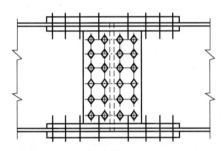

图 3-33 采用高强度螺栓的工地拼接

3.4.2 梁与梁的连接形式及构造要求

次梁与主梁的连接形式有叠接和平接两种,如图 3-34 所示。叠接是将次梁直接搁在主梁上面,用螺栓或焊缝连接,构造简单,但需要的结构高度大,其使用常受到限制。图 3-34(a)所示是次梁为简支梁时与主梁的连接构造,而图 3-34(b)所示是次梁为连续梁时与主梁的连接构造。如果次梁截面较大,应另采取构造措施防止支承处截面的扭转。

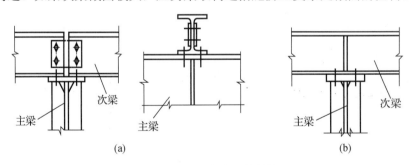

图 3-34 次梁与主梁的叠接

平接是使次梁顶面与主梁相平或略高、略低于主梁顶面,从侧面与主梁的加劲肋或在腹板上专设的短角钢或支托相连接。图 3-35(a)、图 3-35(b)、图 3-35(c)所示是次梁为简支梁时与主梁的连接构造,图 3-35(d)所示是次梁为连续梁时与主梁的连接构造。平接虽构造复杂,但可降低结构高度,故在实际工程中应用较广泛。

每一种连接构造都要将次梁支座的压力传给主梁,实质上这些支座压力就是梁的剪力。

而梁腹板的主要作用是抗剪，所以应将次梁腹板连于主梁腹板上，或连于与主梁腹板相连的铅垂方向抗剪刚度较大的加劲肋上或支托的竖直板上。在次梁支座压力作用下，按传力的大小计算连接焊缝或螺栓的强度。由于主、次梁翼缘及支托水平板的外伸部分在铅垂方向的抗剪强度较小，分析受力时不考虑它们传递次梁的支座压力。在图 3-33(c)、(d)中，次梁支座压力 V 先由焊缝①传给支托竖直板，然后由焊缝②传给主梁腹板。在其他的连接构造中，支座压力的传递途径与此相似，此处不一一分析。

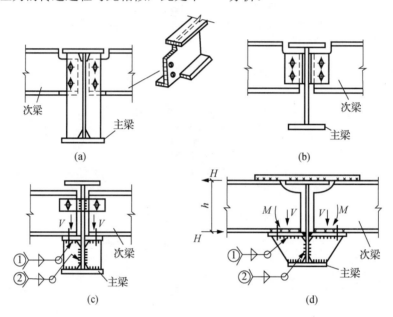

图 3-35　次梁与主梁的平接

为避免三向焊缝交叉，焊接梁的横向加劲肋与翼缘板相接处应切角。当切成斜角时，其宽约 $b_s/3$(但不大于 40mm)，高约 $b_s/2$(但不大于 60mm)，如图 3-36 所示，b_s 为加劲肋的宽度。

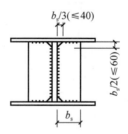

图 3-36　加劲肋的切角

抗震设计时，框架梁受压翼缘需设置侧向支承，即隅撑(见图 3-37(a))。当梁上翼缘与楼板有可靠连接时，楼板连接可以阻止梁受压翼缘侧向位移，仅在梁下翼缘设置隅撑(见图 3-37(b))。当梁上翼缘与楼板无可靠连接时，楼板连接不足以阻止梁受压翼缘侧向位移，梁上、下翼缘都应设置隅撑(见图 3-37(c))。

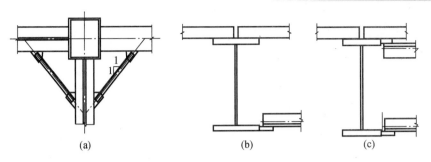

图 3-37 隅撑的设置

一般情况下，下面几种情况可认为梁的上翼缘与楼板是可靠连接：①现浇混凝土楼板可认为能阻止受压翼缘侧移；②预制混凝土楼板，通过钢梁上的抗剪件或预制板上的预埋件与钢梁连接，且数量足够多；③压型钢板组合楼板有足够的连接件和钢梁连接。

梁端采用加强型连接或骨式连接时，应在塑性区外设置竖向加劲肋。隅撑与偏置 45°的竖向加劲肋在梁下翼缘附近相连，该竖向加劲肋不应与翼缘焊接。

一般来讲，当有管道穿过钢梁时，可以在腹板上开孔，但腹板中的孔口应予补强。在抗震设防结构中，不应在有隅撑范围内的梁腹板上设孔。补强杆件应采用与母材强度等级相同的钢材。

当开圆形孔，且圆形孔直径小于或等于 1/3 梁高时，可不予孔口补强。当圆形孔直径大于 1/3 梁高时，可用环形加劲肋加强，也可用套管或环形补强板加强，如图 3-38 所示。补强时，弯矩可仅由翼缘承担，剪力由孔口截面的腹板和补强板共同承担。

开矩形孔口时，应对孔口位置进行补强，矩形孔口上下边缘的水平加劲肋端部宜伸至孔口边缘以外 300mm。当矩形孔口长度大于梁高时，其横向加劲肋应沿梁全高设置。矩形孔口加劲肋截面不宜小于 125mm×18mm。当孔口长度大于 500mm 时，应在梁腹板两侧设置加劲肋(见图 3-39)。

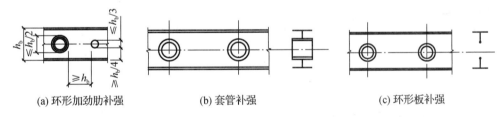

图 3-38 梁腹板圆形孔口的补强

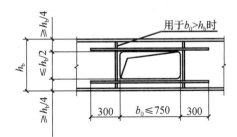

图 3-39 梁腹板矩形孔口的补强

3.4.3 主次梁连接节点详图识读

图 3-40 所示为主次梁侧向连接节点详图,此连接中有主梁、次梁、连接板等构件,主次梁为铰接连接。

在详图中,主梁的截面为 H400×200×10×12,表示主梁为热轧 H 形,翼缘高度为 400mm,宽度为 200mm,腹板厚度为 10mm,翼缘厚度为 12mm;次梁的截面为 H300×200×6×8,表示次梁也为热轧 H 形,翼缘高度为 300mm,宽度为 200mm,腹板厚度为 6mm,翼缘厚度为 8mm;主梁上焊接加劲肋板,肋板尺寸长度为 376mm,宽度为 95mm,厚度为 8mm。

为了避免焊缝集中,加劲肋板切角后与主梁采用双面角焊缝连接,与主梁翼缘焊接时,焊脚尺寸为 6mm,与主梁腹板焊接时,焊脚尺寸为 5mm。为了便于连接,次梁上下翼缘分别向内切角,次梁腹板与主梁加劲肋板通过两个直径为 20mm、孔径为 22mm 的高强螺栓连接。从螺栓连接的图例可以看出栓距为 70mm,边距为 66mm。

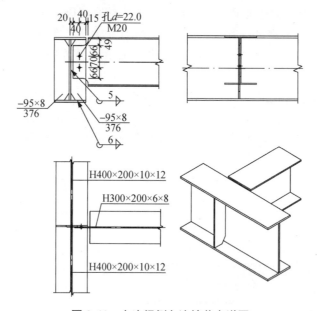

图 3-40 主次梁侧向连接节点详图

3.4.4 常见主次梁连接节点

常见主次梁连接节点如图 3-41 所示。

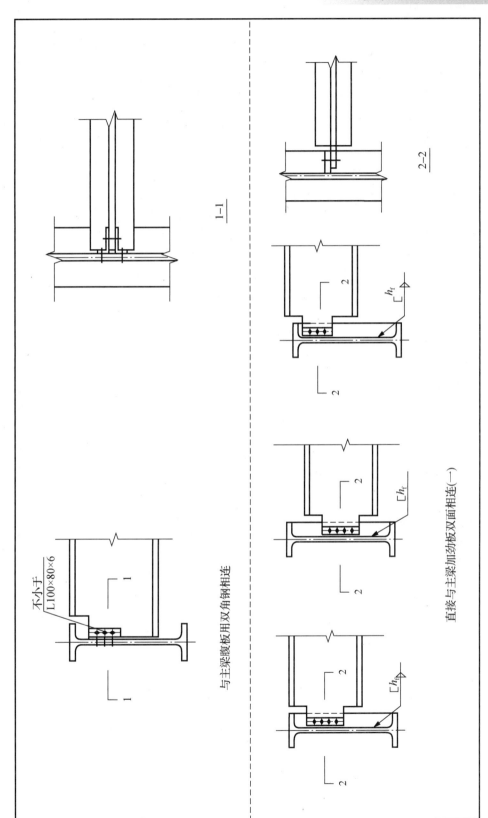

图3-41 主次梁连接节点

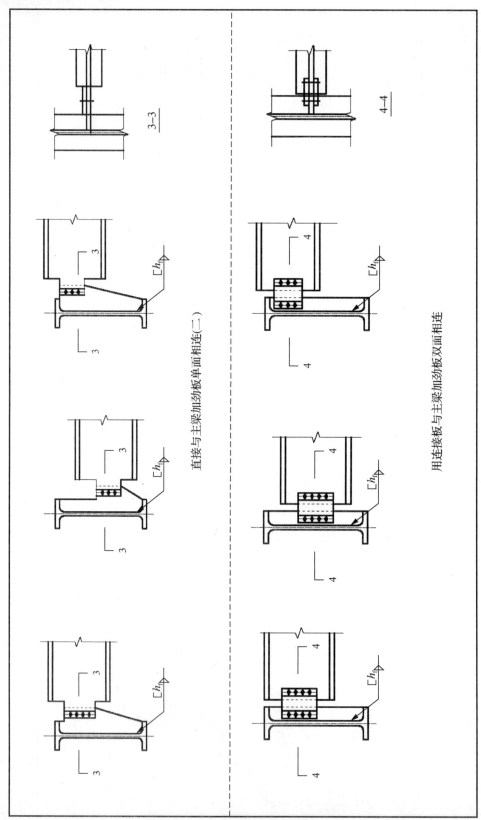

图 3-41 主次梁连接节点(续 1)

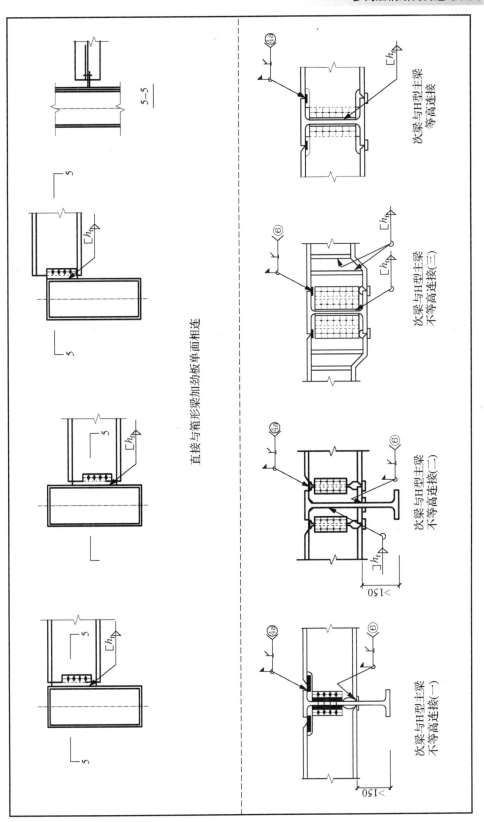

图 3-41 主次梁连接节点(续 2)

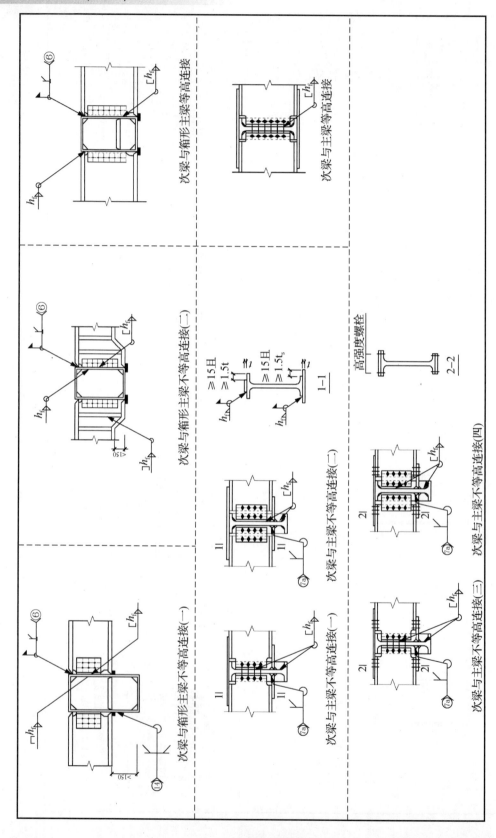

图 3-41 主次梁连接节点(续 3)

3.5 多高层钢结构的钢柱构造与识图

3.5.1 柱与柱的连接形式及构造要求

多高层钢结构中常用钢柱的截面如图3-42所示,一般宜采用H形柱、箱形柱或圆管柱,在钢骨混凝土柱中钢骨宜采用H形或十字形。

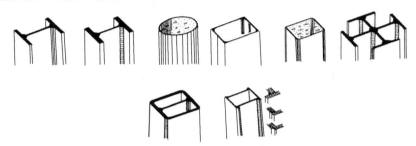

图3-42 钢柱截面形式

钢柱可以采用全螺栓拼接(见图3-43(a))、栓—焊混合拼接(见图3-43(b))及全焊接拼接(见图3-43(c))三种连接形式。在非抗震设计的高层民用钢结构中,柱的弯矩小且不产生拉力时,柱接头可以采用部分熔透焊缝。否则,必须采用熔透对接焊缝或高强度螺栓摩擦型连接,按等强度设计。

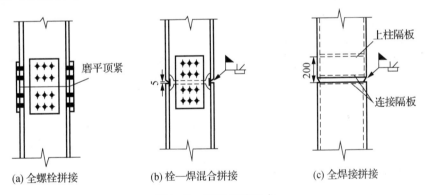

图3-43 钢柱拼接形式

柱的连接分工厂连接和工地连接两种。工厂连接时,连接接头宜采用全焊接连接,且翼缘和腹板的接头应相互错开500mm以上,以避免在同一截面有过多的焊缝。工地连接时,框架柱的拼接接头(见图3-44)宜设置在框架梁上方1.2~1.3m处或柱净高的一半处,取两者的较小值。

等截面钢柱工地连接时,为了确保拼接连接节点的安装质量和架设的安全,在柱的拼接处须安装耳板(见图3-45)作为临时固定。现场吊装就位后,用临时安装螺栓将耳板与连接板连接安装就位后,切除耳板与连接板。一般来讲,安装耳板的厚度不应小于10mm,耳板仅宜设于柱的一个方向的两侧,上柱与下柱的临时安装螺栓数目不少于3个。

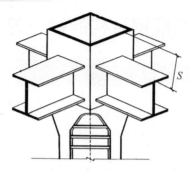

图 3-44　框架柱拼接接头位置

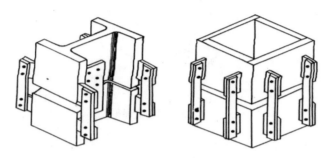

图 3-45　等截面钢柱用耳板拼接

H 形柱在工地拼接时，翼缘宜采用坡口全熔透焊缝，腹板可采用高强度螺栓连接。柱的板件较厚，多采用全焊接接头时，上柱翼缘应开 V 形坡口，腹板应开 K 形坡口。

箱形柱工地接头，应全部采用焊接，其角部的组装焊缝可采用 V 形坡口部分熔透焊缝和全熔透焊缝两种。组装焊缝厚度不应小于板厚的 1/3，且不应小于 16mm，抗震设计时不应小于板厚的 1/2。当梁与柱刚性连接时，在框架梁翼缘的上、下 500mm 范围内，应采用全熔透焊缝；柱宽度大于 600mm 时，应在框架梁翼缘的上、下 600mm 范围内采用全熔透焊缝。

箱形柱连接处的上下端应设置隔板，如图 3-46 所示。下节箱形柱的上端应设置隔板，隔板厚度不宜小于 16mm，其边缘应与柱口截面一起刨平。上节箱形柱安装单元的下部附近应设置上柱隔板，其厚度不宜小于 10mm。箱形柱在工地拼接的接头的上下侧各 1100mm 范围内，截面组装应采用坡口全熔透焊缝。

等截面柱工厂拼接时，应采用焊接连接，且都应设置隔板，箱形截面柱中设置内隔板，圆管柱中设置贯通式隔板。

变截面柱工厂拼接，当柱需要改变截面时，宜改变翼缘厚度而保持截面高度不变，如图 3-47 所示。当需要改变柱截面高度时，可以采用图 3-48 中的连接形式。对边柱宜采用图 3-48(a)的做法，对中柱宜采用图 3-48(b)的做法，变截面的上下端均应设置隔板。当变截面段位于梁柱接头时，可采用图 3-48(c)的做法，变截面两端距梁翼缘不宜小于 150mm。

十字形柱应由钢板或两个 H 型钢焊接组合而成，组装焊缝均应采用部分熔透的 K 形坡口焊缝，每边焊接深度不应小于 1/3 板厚。十字形柱与箱形柱相连处，有两种截面过渡段，十字形柱的腹板应伸入箱形柱内，如图 3-49 所示，伸入长度不应小于钢柱截面高度加 200mm。与上部钢结构相连的钢筋混凝土柱，沿其全高应设栓钉，栓钉间距和列距在过渡段内宜采用 150mm，最大不得超过 200mm；在过渡段外不应大于 300mm。

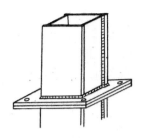

图 3-46　箱形柱工地接头

图 3-47　H 形变截面柱接头(高度不变)

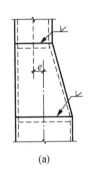
(a)

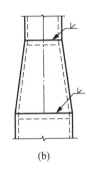
(b)

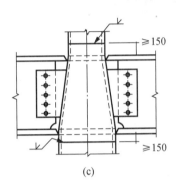
(c)

图 3-48　H 形变截面柱连接(高度改变)

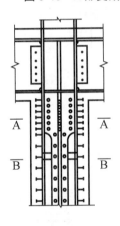
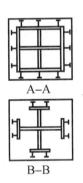

图 3-49　十字形柱与箱形柱连接

3.5.2　常见钢柱拼接节点

常见的钢柱拼接节点如图 3-50 所示。

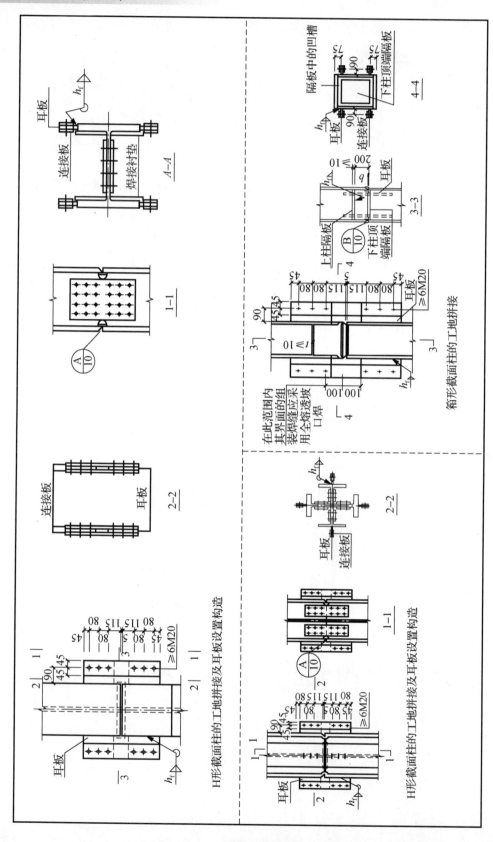

图 3-50 常见钢柱拼接节点

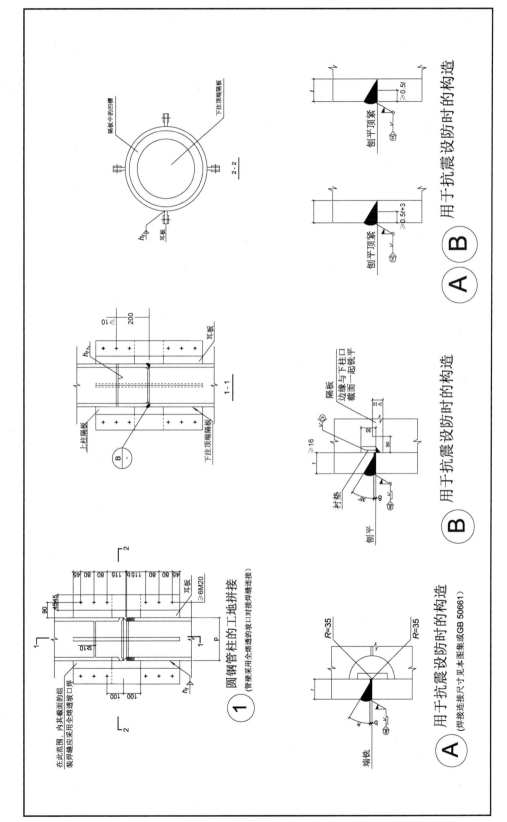

图 3-50 常见钢柱拼接节点(续 1)

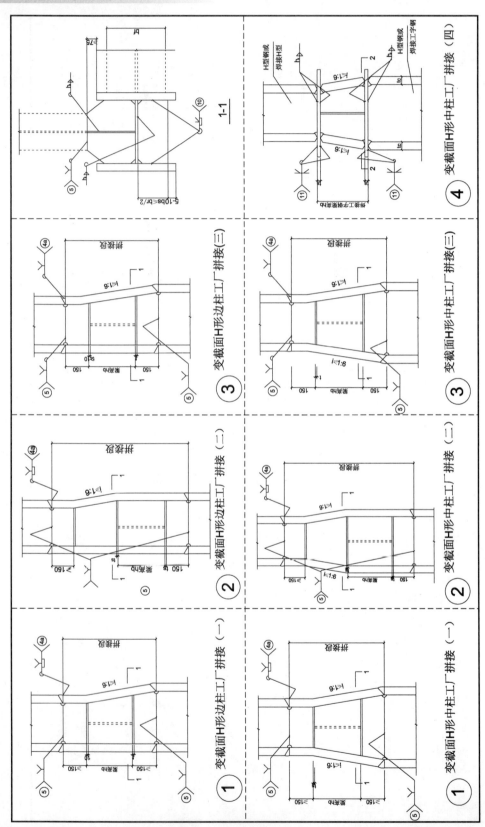

图 3-50 常见钢柱拼接节点(续2)

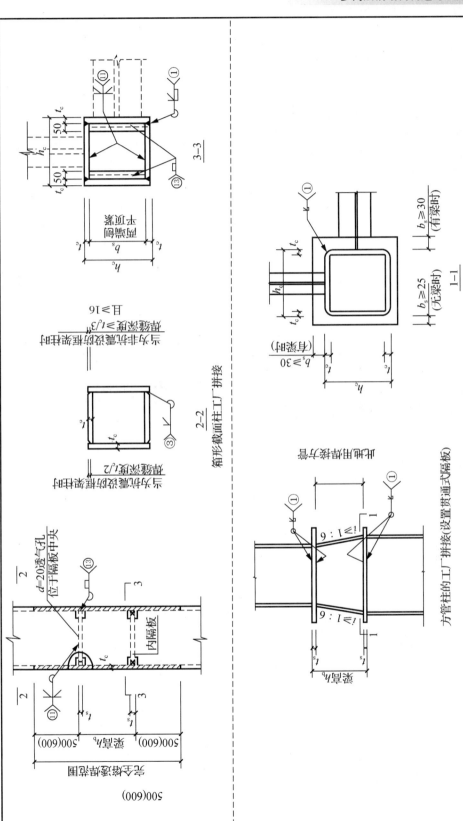

图 3-50 常见钢柱拼接节点(续 3)

图 3-50 常见钢柱拼接节点(续 4)

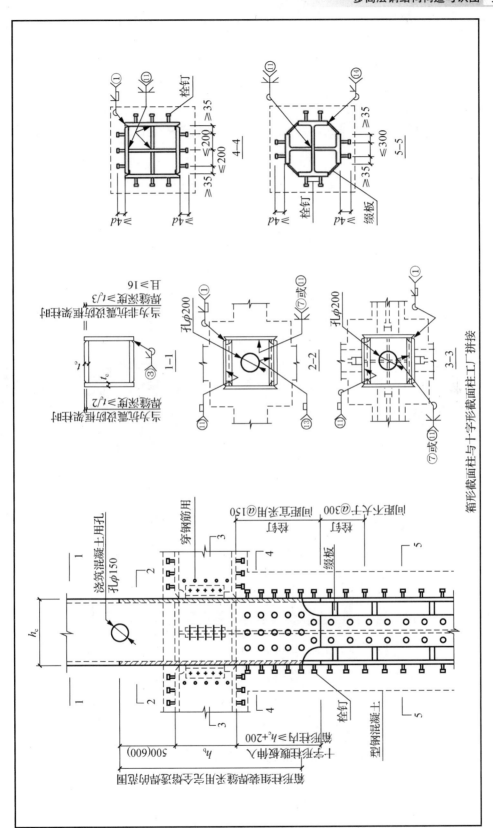

图 3-50 常见钢柱拼接节点(续 5)

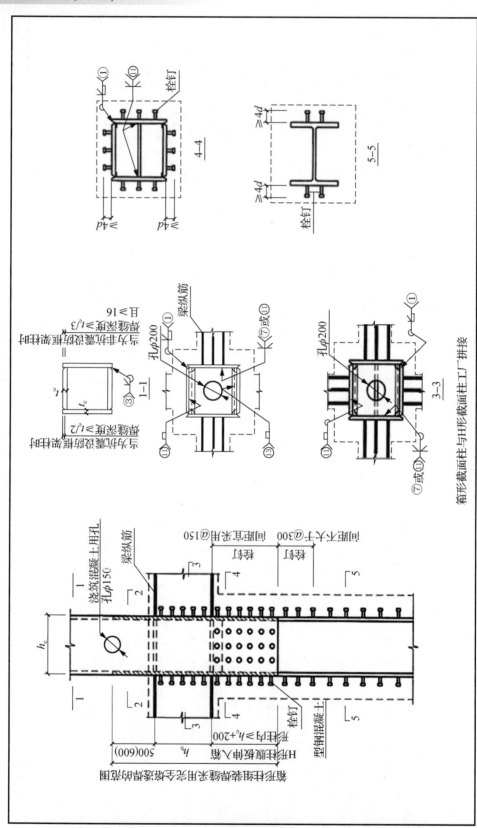

图 3-50 常见钢柱拼接节点(续6)

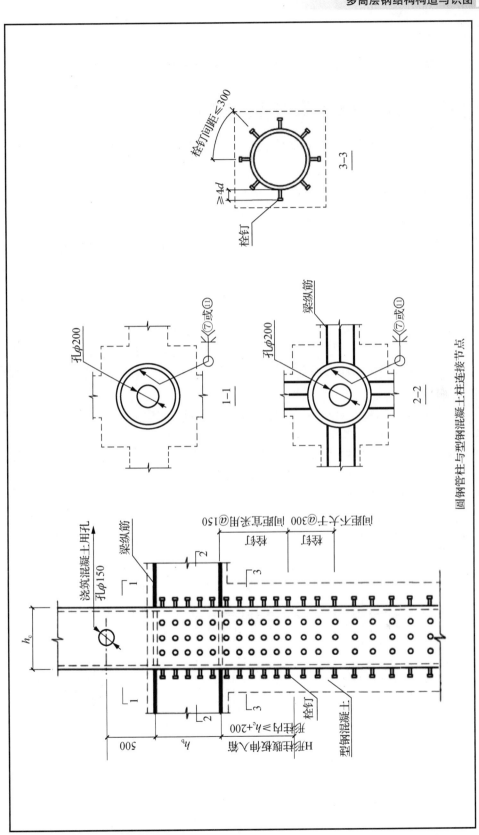

图 3-50 常见钢柱拼接节点(续 7)

3.6 多高层钢结构的梁柱连接构造与识图

3.6.1 梁与柱的连接形式及构造要求

梁与柱的连接节点可以归纳为铰接连接、半刚性连接和刚性连接三大类,实际处理方法是各不相同的。

1. 梁与柱的铰接连接

轴心受压柱主要承受由梁传来的荷载,与梁一般均用铰接。轴心受压柱与梁的铰接连接一般有两种方案:梁支承于柱顶和梁连接于柱的侧面。图3-51所示是梁支承于柱顶的铰接构造图。梁的反力通过柱的顶板传给柱身,顶板一般取16~20mm厚,与柱用焊缝相连;梁与顶板用普通螺栓相连,以便安装就位。

图3-51(a)所示的构造方案是将梁支承加劲肋对准柱的翼缘,使梁的支承反力直接传递给柱的翼缘。两相邻梁之间留一空隙,以便安装时有调节余地,最后用夹板和构造螺栓相连,有助于防止单梁的倾侧。这种连接形式传力明确、构造简单、施工方便。其缺点是当两相邻梁反力不等时即引起柱的偏心受压,一侧梁传递的反力很大时,还可能引起柱翼缘的局部屈曲。

图3-51(b)所示的构造方案是将梁的反力通过突缘加劲肋作用于柱的轴线附近,即使两相邻梁反力不等,柱仍接近轴心受压。突缘加劲肋底部应刨平顶紧于柱顶板;由于梁的反力大部分传给柱的腹板,因而腹板厚度不能太薄;柱顶板之下应设置加劲肋,加劲肋要有足够的长度,以满足焊缝长度的要求和应力均匀扩散的要求;两相邻梁之间应留一些空隙便于安装时调节,最后嵌入合适尺寸的填板并用螺栓相连。格构式柱如图3-51(c)所示,为了保证传力均匀并托住顶板,应在两柱肢之间设置竖向隔板。

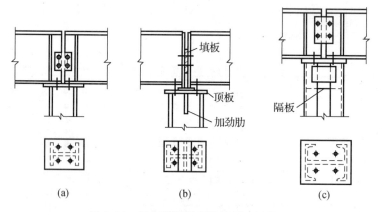

图3-51 梁支撑于柱顶的铰接连接构造

图3-52所示为梁支承于柱侧的铰接连接,常用承托、端板、连接角钢进行连接。图3-52(b)所示的连接只能用于梁的反力较小的情况,该连接中梁可不设支承加劲肋,直接搁置在柱的牛腿上,用普通螺栓相连;梁与柱侧间留一空隙,用角钢和构造螺栓相连。这种连接形

式比较简单,施工方便。

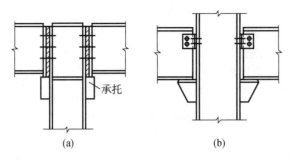

图 3-52　梁支承于柱侧的铰接连接构造

当梁反力较大时,可采用图 3-52(a)所示的连接。该连接方式中梁的反力由端加劲肋传给承托;承托采用厚钢板(其厚度应大于加劲肋的厚度)或 T 形钢,与柱侧用焊缝相连;梁与柱侧仍留一空隙,安装后用垫板和螺栓相连。

梁柱铰接连接允许非框架柱和梁连接使用。若框架柱和梁连接使用铰接(多层可用,高层不宜采用),应在结构体系中设置支撑等抵抗侧力的构件。在多层框架的中间梁柱中,横梁与柱只能在柱侧相连。

多层框架中可由部分梁和柱刚性连接组成抗侧力结构,而另一部分梁铰接于柱,这些柱只承受竖向荷载;设有足够支撑的非地震区,多层框架原则上可全部采用柔性连接。

2. 梁与柱的半刚性连接

多层框架梁柱组成的刚架体系,在层数不多或水平力不大的情况下,梁与柱可以做成半刚性连接。显然,半刚性连接必须有抵抗弯矩的能力,但无须像刚性连接那么大。

图 3-53 是一些典型的半刚性连接。图 3-53(a)、(b)表示端板—高强螺栓连接方式,端板在大多数情况下伸出梁高度之外(或是上边伸出,下边不伸出)。图 3-53(a)中的虚线表示必要时可设加劲肋。图 3-53(c)则是用连于翼缘的上下角钢和高强螺栓来连接,由上下角钢一起传递弯矩,腹板上的角钢则传递剪力。

3. 梁与柱的刚性连接

在钢框架结构中,梁与柱的连接节点一般用刚接,这样可以减小梁跨中的弯矩,但制作施工较复杂。梁与柱的刚性连接要求连接节点能够可靠地传递剪力和弯矩。图 3-54 所示是梁与柱的刚性连接构造图。

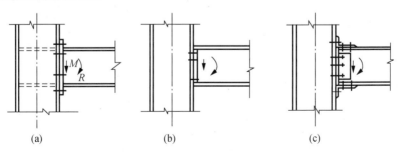

图 3-53　梁与柱半刚性连接构造

图 3-54(a)所示的栓焊混合连接，仅在梁的上下翼缘用全熔透焊缝，腹板用高强螺栓与柱翼缘上的剪力板相连。通过上下两块水平板将弯矩全部传给柱子，梁端剪力则通过承托传递。

图 3-54(b)所示的完全焊接连接，梁的上下翼缘用坡口焊全熔透焊缝，腹板用角焊缝与柱翼缘相连接。通过翼缘连接焊缝将弯矩全部传给柱子，而剪力则全部由腹板焊缝传递。为了使连接焊缝能在平焊位置施焊，要在柱侧焊上衬板，同时在梁腹板端部预先留出槽口，上槽口是为了让出衬板的位置，下槽口是为了满足施焊的要求。

图 3-54(c)所示的完全栓接连接，梁翼缘与腹板通过高强螺栓与柱悬臂端相连。梁采用高强螺栓连接于预先焊在柱上的牛腿形成刚性连接，梁端的弯矩和剪力通过牛腿的焊缝传递给柱子，而高强螺栓传递梁与牛腿连接处的弯矩和剪力。

梁上翼缘的连接范围内，柱的翼缘可能在水平拉力的作用下向外弯曲致使连接焊缝受力不均；在梁下翼缘附近，柱腹板有可能因水平压力的作用而局部失稳。因此，一般需在对应于梁的上、下翼缘处设置柱的水平加劲肋或横隔。

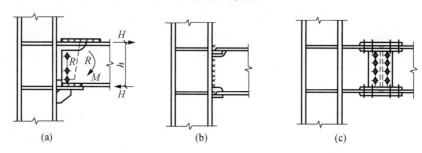

图 3-54 梁与柱刚接连接构造

采用焊接连接或栓焊混合连接的梁柱刚接节点，其构造应符合下列规定：

(1) 框架梁与柱的连接宜采用柱贯通型。在互相垂直的两个方向都与梁刚性连接时，宜采用箱形柱。箱形柱壁板厚度小于 16mm 时，不宜采用电渣焊焊接隔板，应采用全熔透对接焊缝。

(2) 冷成型箱形柱应在梁对应位置设置隔板，并应采用隔板贯通式连接。柱段与隔板的连接应采用全熔透对接焊缝，隔板宜采用 Z 向钢制作。

(3) 梁和柱现场焊接时，梁与柱连接的过焊孔可采用常规型和改进型两种形式。采用改进型时，梁翼缘与柱的连接焊缝应采用气体保护焊。梁腹板与柱连接焊缝，当腹板厚小于 16mm 时可采用双面角焊缝；当腹板厚大于 16mm 时可采用 K 形坡口焊缝。

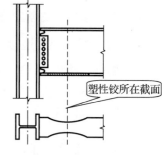

图 3-55 梁与柱骨式连接构造

(4) 梁与柱的加强型连接或骨式连接(见图 3-55)包含下列形式：梁翼缘扩翼式连接(见图 3-56(a))、梁翼缘局部加宽式连接(见图 3-56(b))、梁翼缘盖板式连接、梁翼缘板式连接(见图 3-56(c))等。

(5) 框架梁与柱刚性连接时，应在梁翼缘的对应位置设置水平加劲肋(隔板)。对于抗震设计的结构，水平加劲肋(隔板)厚度不得小于梁翼缘厚度加 2mm，其钢材强度不得低于梁翼缘的钢材强度，其外侧应与梁翼缘外侧对齐(见图 3-57)。对于非抗震设计的结构，水平加劲肋(隔板)应能传递梁翼缘的集中力,厚度应由计算确定;当内力较小时,其厚度不得小于梁翼缘厚度的 1/2,并应符合板件宽厚比限值。水平加劲肋宽度应从柱边缘后退 10mm。

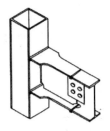 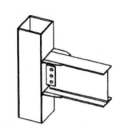 

(a) 梁翼缘扩翼式连接　　(b) 梁翼缘局部加宽式连接　　(c) 梁翼缘板式连接

图 3-56　梁与柱加强型连接构造

(6) 当柱两侧的梁高不等时,每个梁翼缘对应位置均应设置柱的水平加劲肋。加劲肋的间距不应小于 150mm,且不应小于水平加劲肋的宽度(见图 3-58(a))。当不能满足此要求时,应调整梁的端部高度,可将截面高度较小的梁腹板高度局部加大,腋部翼缘的坡度不得大于 1∶3(见图 3-58(b))。当与柱相连的梁在柱的两个相互垂直的方向高度不等时,应分别设置柱的水平加劲肋(见图 3-58(c))。

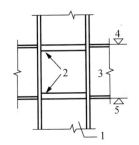 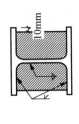　　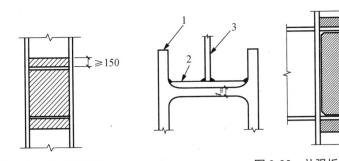

图 3-57　柱水平加劲肋与梁翼缘外侧对齐　　图 3-58　柱两侧梁高不等时的水平加劲肋

1—柱;2—水平加劲肋;3—梁;
4—强轴方向梁上端;5—强轴方向梁下端

对于焊接组合柱宜将腹板在节点域加厚(见图 3-59),腹板加厚的范围伸出梁上下翼缘外应不小于 150mm。对轧制 H 形钢柱可贴焊补强板进行加强(见图 3-60)。

图 3-59　节点域加厚　　图 3-60　补强板设置

1—翼缘;2—补强板;3—弱轴方向梁腹板;4—水平加劲肋

3.6.2 梁与柱连接详图识读

图 3-61 所示为梁柱连接节点详图，箱形钢柱与 H 形钢梁采用柱贯通刚性连接。此连接中有钢柱、钢梁、连接板等构件，4 根钢梁与钢柱通过连接板，采用栓焊混合刚接连接。

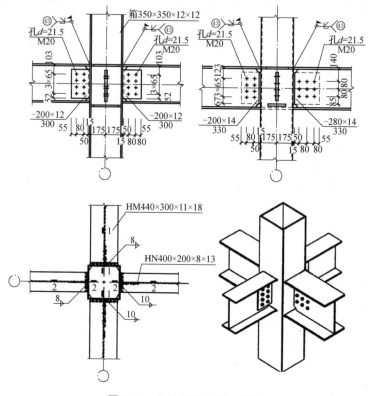

图 3-61　梁与柱连接节点详图

在详图中，箱形钢柱的截面为 350×350×12×12，表示箱形柱翼缘高度为 350mm，宽度为 350mm，腹板厚度为 12mm，翼缘厚度为 12mm；箱形柱 4 个方向都焊接矩形连接板，连接板尺寸有三种，长 330mm、宽度 280mm、厚度 14mm 一块，长 330mm、宽度 200mm、厚度 14mm 一块，长 300mm、宽度 200mm、厚度 12mm 两块，采用对称角焊缝，焊脚尺寸分别为 8mm 和 10mm。

H 型钢梁有两种截面形式：①钢梁截面为 HM440×300×11×18，表示热轧中等翼缘 H 型钢，翼缘高度为 440mm，宽度为 300mm，腹板厚度为 11mm，翼缘厚度为 18mm；②钢梁截面为 HN400×200×8×13，表示热轧窄翼缘 H 型钢，翼缘高度为 400mm，宽度为 200mm，腹板厚度为 8mm，翼缘厚度为 13mm。4 个钢梁腹板与钢柱连接板通过直径为 20mm、孔径为 21.5mm 的高强螺栓连接，螺栓采用并列排列形式，栓距和边距可以从螺栓连接的图例看出；钢梁翼缘与钢柱采用现场焊接连接，单边 V 形对接焊缝，加垫板。

3.6.3 常见梁与柱连接节点

常见梁与柱连接节点如图 3-62 所示。

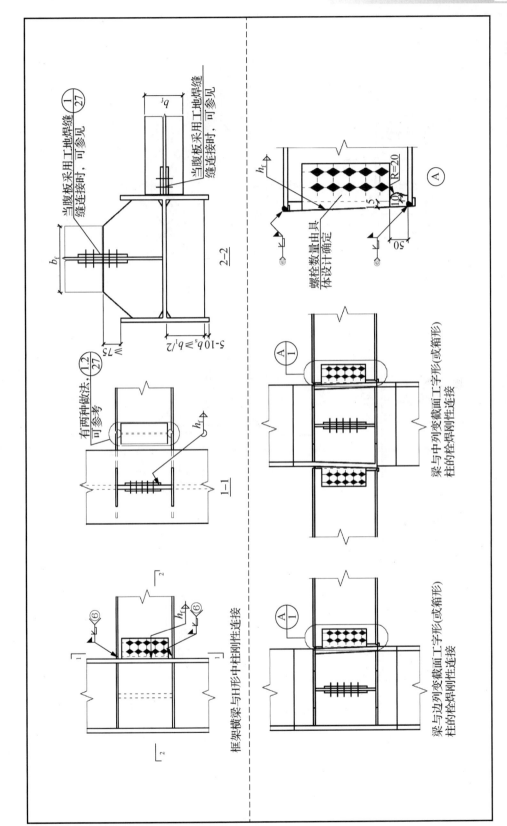

图 3-62 梁与柱的连接节点

附图 3-62 梁与柱的连接节点(续 1)

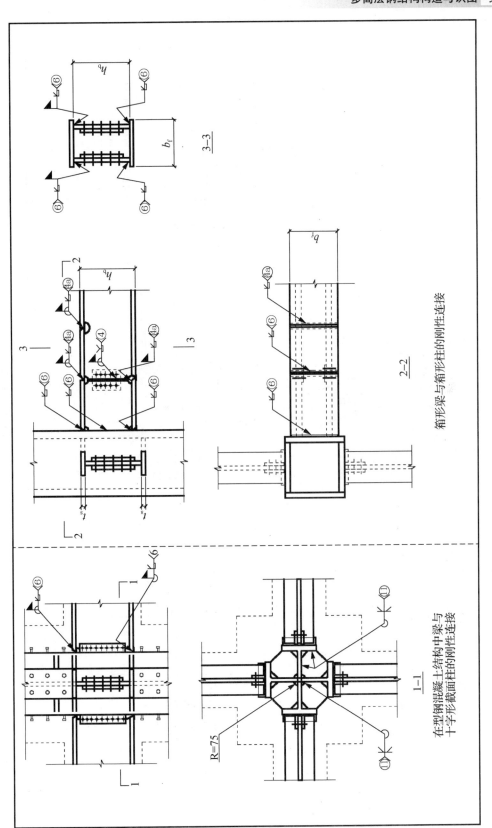

图 3-62 梁与柱的连接节点(续2)

图 3-62 梁与柱的连接节点(续 3)

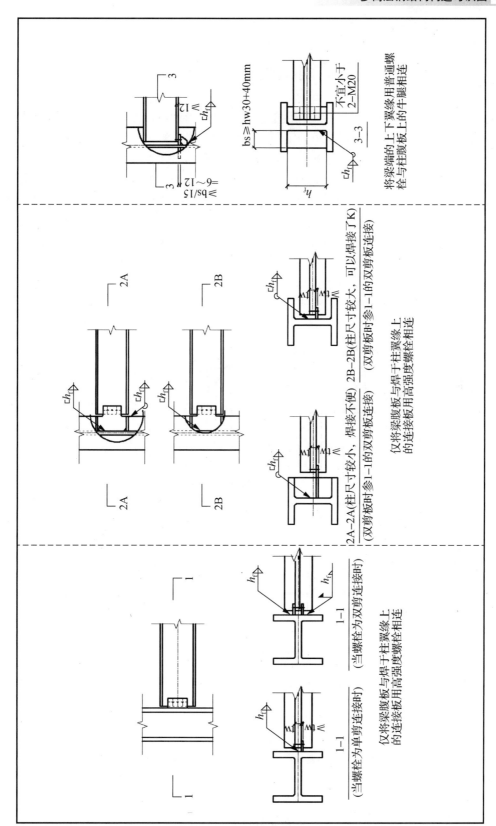

图 3-62 梁与柱的连接节点(续 4)

3.7 多高层钢结构的支撑构造与识图

对于多高层结构,由于侧向荷载作用的影响处于突出地位,因此,支撑在高层建筑中扮演着很重要的角色。高层钢结构中的支撑可分为两大类:水平支撑和竖向支撑。

水平支撑,是指设置于同一水平面内的支撑的总称,它包括横向水平支撑和纵向水平支撑。在高层建筑中,水平支撑分为两类:①为了建造和安装的安全而设置的临时水平支撑;②永久水平支撑,通常在水平构件(楼盖或屋盖构件)不能构成水平刚度大的隔板时设置。图3-63所示为在楼盖水平刚度不足时的一种水平支撑布置方案,围绕楼梯间设置了纵向和横向垂直支撑,同时设置了纵向和横向水平支撑,它们都是平面桁架。水平桁架杆件可用角钢,两个节点详图表明水平桁架腹杆在节点的连接。其中详图①表示在梁柱节点处的连接,详图②表示在非梁柱节点处的连接。它们的共同特点是节点板表面高出梁上翼缘,在采用压型钢板为楼面的底板时,会有构造处理上的不便。

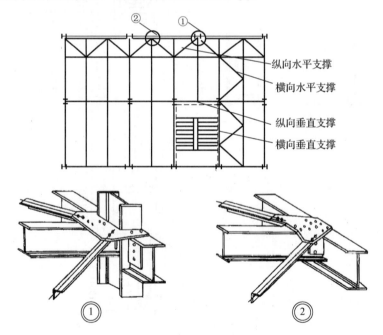

图 3-63 水平支撑布置

竖向支撑主要有竖向中心支撑和竖向偏心支撑两种。抗风力或抗地震力不太强时一般采用中心支撑;抗震设防烈度较高或房屋高度较高的钢结构房屋可以采用偏心支撑、延性墙板或其他消能支撑。

3.7.1 中心支撑类型及构造

中心支撑斜杆的轴线应交汇于框架梁柱的轴线上。中心支撑中,支撑杆一端位于梁柱节点,另一端与另一支撑杆相交于框架梁或节点上。

高层民用建筑钢结构的中心支撑宜采用人字交叉斜杆(见图 3-64)、单斜杆(见图 3-65)、十字形斜杆或 V 形斜杆体系。抗震设计的结构不得采用 K 形斜杆体系。

人字形和 V 形支撑框架应符合下列规定：与支撑相交的横梁在柱间应保持连续；在确定支撑的横梁截面时，不应考虑支撑在跨中的支承作用；横梁除应承受大小等于重力荷载代表值的竖向荷载外，尚应承受跨中节点处两根支撑斜杆分别受拉屈服、受压屈曲所引起的不平衡竖向分力和水平分力的作用。为了减小竖向不平衡力引起的梁截面过大，可采用跨层 X 形支撑或采用拉链柱(见图 3-64)。

当采用只能受拉的单斜杆体系(见图 3-65)时，应同时设不同倾斜方向的两组单斜杆，且每层不同方向上单斜杆的截面面积在水平方向的投影面积之差不得大于 10%。

支撑斜杆宜采用双轴对称截面(见图 3-66(d)、图 3-66(e)。当采用单轴对称截面[见图 3-66(a)、图 3-66(b)、图 3-66(c)]时，应采取防止绕对称轴屈曲的构造措施。

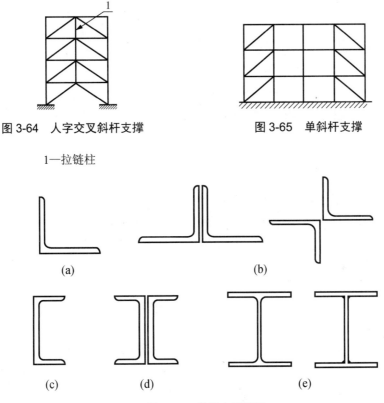

图 3-64　人字交叉斜杆支撑　　　　图 3-65　单斜杆支撑

1—拉链柱

图 3-66　常用支撑截面

当中心支撑构件为填板连接的组合截面时，填板的间距应均匀，每一构件中填板数不得少于两块。在抗震设防的结构中，支撑宜采用 H 形钢制作，在构造上支撑两端应刚接(见图 3-67)；当采用焊接组合截面时，其翼缘和腹板应采用坡口全熔透焊缝连接。

与人字形和 V 形支撑相交的横梁，柱间应保持连续。在支撑与横梁相交处，梁的上下翼缘应设置侧向支承(见图 3-68)。

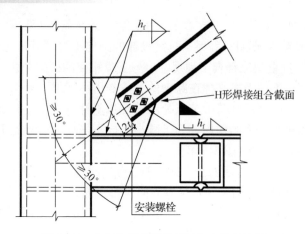

图 3-67 中心支撑斜杆在框架节点处的连接

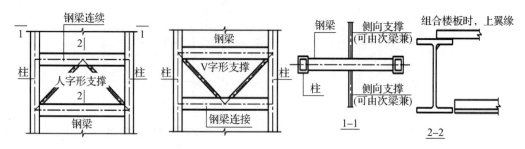

图 3-68 中心支撑与钢梁的连接

中心支撑与梁柱连接处的构造应符合下列规定。

(1) 柱和梁在与 H 形截面支撑翼缘的连接处，应设置加劲肋。当支撑翼缘朝向框架平面外，且采用支托式连接时，柱和梁在与 H 形截面支撑翼缘的连接处，应设置加劲肋[见图 3-69(a)、(b)]；当支撑翼缘朝向框架平面内，H 形截面支撑翼缘与箱形柱连接时，在柱壁板的相应位置应设置隔板[见图 3-69(c)、(d)]。H 形截面支撑翼缘端部与框架构件连接处，宜做成圆弧。支撑通过节点板连接时，节点板边缘与支撑轴线的夹角不应小于 30°。

(2) 抗震设计时，支撑宜采用 H 形钢制作，在构造上两端应刚接。当采用焊接组合截面时，其翼缘和腹板应采用坡口全熔透焊缝连接。

(3) 当支撑杆件为填板连接的组合截面时，可采用节点板进行连接(见图 3-70)。为保证支撑两端的节点板不发生平面失稳，在支撑端部与节点板约束点连线之间应留有两倍节点板厚的间隙。节点板约束点连线应与支撑杆轴线垂直，以免支撑受扭。

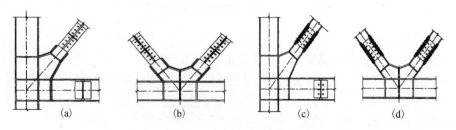

图 3-69 中心支撑与框架连接

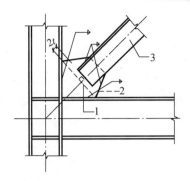

图 3-70 组合支撑杆件端部与单壁节点板的连接

1—假设约束；2—单壁节点板；3—组合支撑杆

3.7.2 偏心支撑类型及构造

偏心支撑的 4 种类型如图 3-66 所示。在偏心支撑中，支撑斜杆应至少有一端与梁连接，并在支撑与梁交点和柱之间或支撑同一跨内另一支撑与梁交点之间形成消能梁段(见图3-71)。消能梁段一般比支撑斜杆的承载力低，同时在重复荷载作用下具有良好的塑性变形能力。在正常的荷载状态下，偏心支撑框架具有足够的水平刚度；地震作用时，消能梁段先屈服，消耗地震能量，保护支撑杆件。因此消能梁段需要有良好的变形性能，消能梁段钢材的屈服强度不应大于 235MPa。同时，消能梁段的腹板不得贴焊补强板，也不得开洞。超过 50m 的钢结构采用偏心支撑框架时，顶层可采用中心支撑。

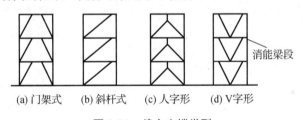

图 3-71 偏心支撑类型

消能梁段要承受平面外扭转，与消能梁段处于同一跨内的框架梁，同样承受轴力和弯矩，为保持其稳定，消能梁段两端上下翼缘应设置侧向支撑(见图 3-72、图 3-73)。偏心支撑框架梁的非消能梁段上下翼缘也应设置侧向支撑。

消能梁段与柱连接时，与柱翼缘之间应采用刚性连接；与柱翼缘连接的一端采用加强型连接时，加强的端部梁腹板应设置加劲肋，消能梁段翼缘与柱翼缘之间应采用坡口全熔透对接焊缝连接，消能梁段腹板与柱之间应采用角焊缝连接。消能梁段与柱腹板连接时，消能梁段翼缘与连接板间应采用坡口全熔透焊缝，消能梁段腹板与柱间应采用角焊缝。

消能梁段与支撑连接时，支撑轴线与梁的轴线的交点不得在消能梁段外，消能梁段与支撑连接处，其上下翼缘应设置侧向支撑。同时，消能梁段腹板两侧应设置加劲肋(见图3-74)，中间加劲肋的高度应为梁腹板高度；当消能梁段截面的腹板高度不大于 640mm 时，可设置单侧加劲肋；大于 640mm 时，应在两侧设置加劲肋。

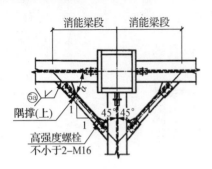
图 3-72 消能梁段上翼缘侧向支撑

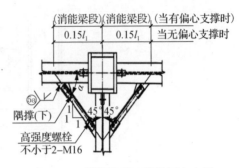
图 3-73 消能梁段下翼缘侧向支撑

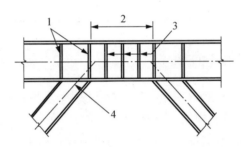

图 3-74 消能梁段的腹板加劲肋设置

1—双面全高设加劲肋；2—消能梁段上下翼缘均设侧向支撑；
3—腹板高大于640mm时设双面中间加劲肋；4—支撑中心线与消能梁段中心线交于消能梁段内

3.7.3 支撑连接详图识读

图 3-75 所示为人字形中心支撑与钢梁连接节点详图。此连接中有钢梁、支撑、加劲肋板和连接板等构件。钢梁截面H形，中心支撑截面H形，H形梁与H形截面支撑翼缘的连接处，在H形钢梁上成对设置加劲肋。横梁伸臂杆与钢梁采用工厂全焊接，左右伸臂杆件与同截面的支撑采用栓焊混合连接。

在详图中，H形支撑的截面为H350×220×14×20，表示H形柱翼缘高度为350mm，宽度为220mm，腹板厚度为14mm，翼缘厚度为20mm；连接板尺寸为长360mm，宽度200mm，厚度12mm；H形支撑腹板与横梁伸臂杆通过连接板，用直径为24mm、孔径为26mm的高强螺栓连接，螺栓采用并列排列形式，栓距和边距可以从螺栓连接的图例看出。

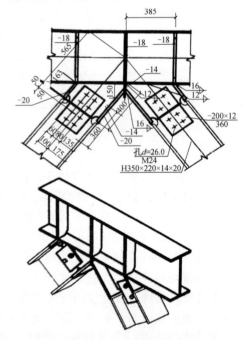

图 3-75 中心支撑与梁连接节点

3.7.4 常见支撑连接节点

常见支撑连接节点如图3-76所示。

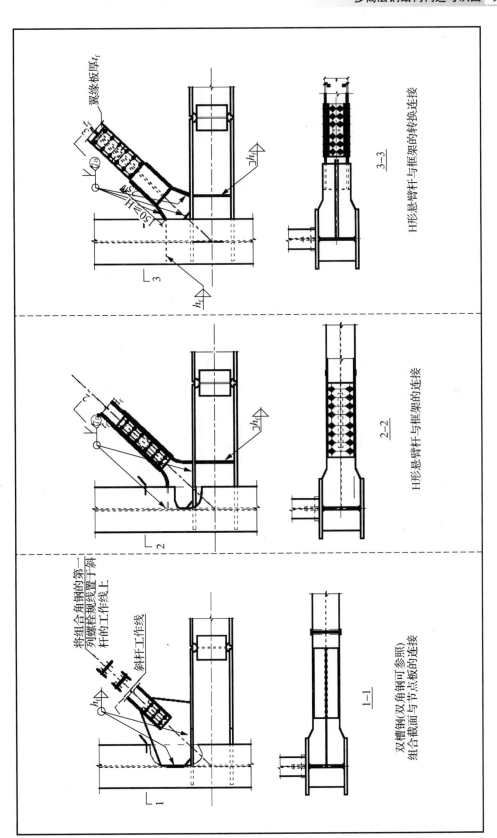

图 3-76 常见支撑连接节点

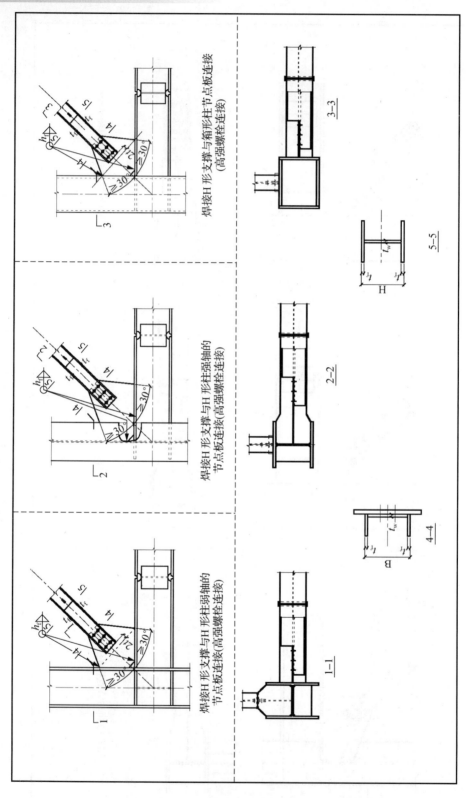

图 3-76 常见支撑连接节点(续1)

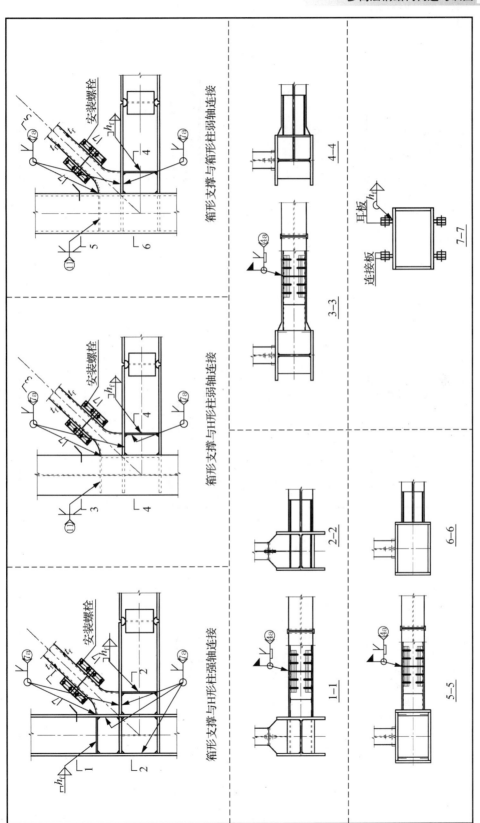

图 3-76 常见支撑连接节点(续 2)

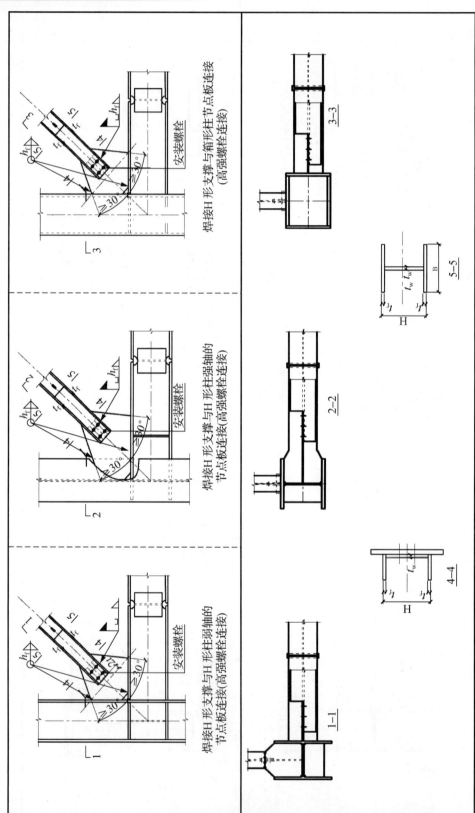

图 3-76 常见支撑连接节点(续 3)

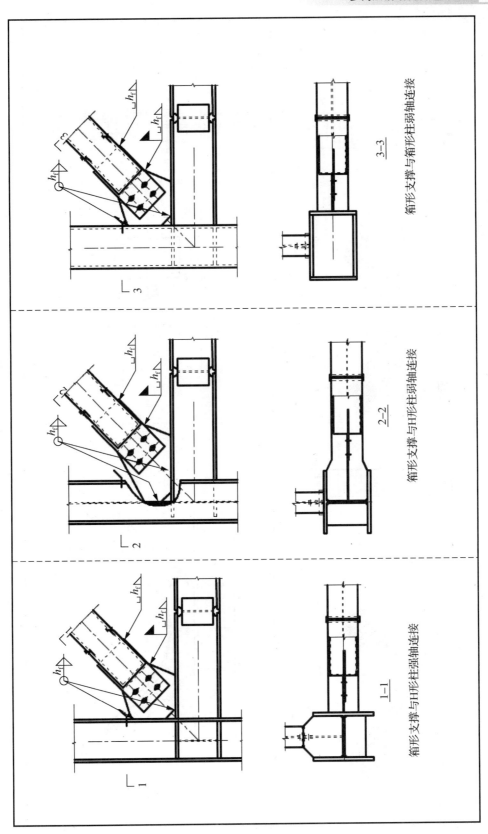

图 3-76 常见支撑连接节点(续 4)

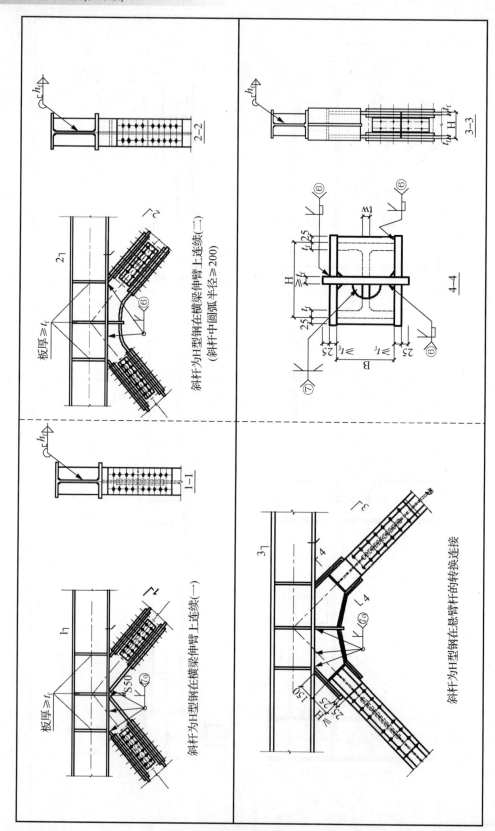

图 3-76 常见支撑连接节点(续 5)

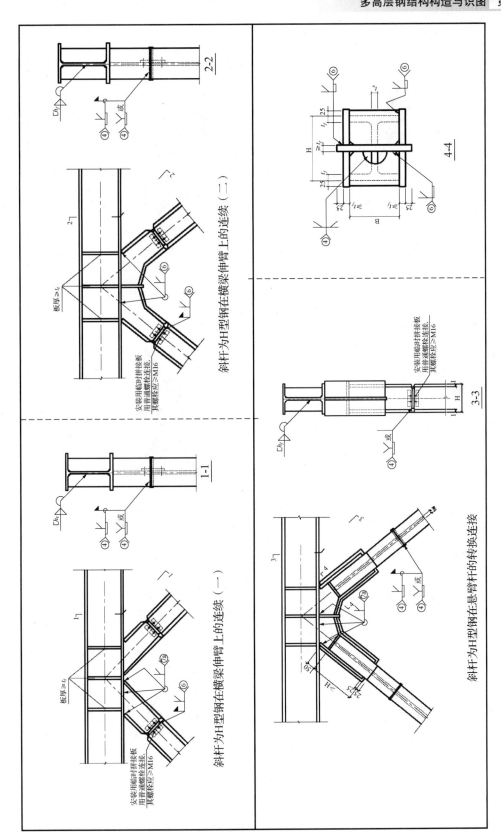

图3-76 常见支撑连接节点(续6)

图 3-76 常见支撑连接节点(续 7)

3.8 多高层钢结构的楼板构造与识图

3.8.1 组合楼板构造

钢与混凝土组合楼(屋)盖包括组合梁及压型钢板组合楼板。钢梁与梁上铺设的楼板(混凝土楼板或组合楼板)通过抗剪连接件共同组成的梁,称为组合梁。由压型钢板上浇注混凝土形成的组合楼板,称为压型钢板组合楼板,如图3-77所示。根据压型钢板是否与混凝土共同工作,压型钢板组合楼板又可分为组合板和非组合板。

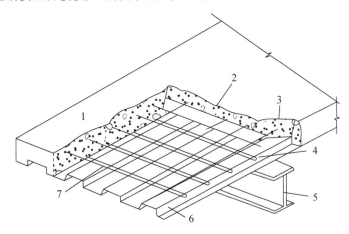

图3-77 压型钢板组合楼板

1—组合板;2—分布钢筋;3—混凝土;4—栓钉;5—钢梁;6—压型钢板;7—剪力连接钢筋

1. 钢与混凝土组合梁

1) 形式

按组合梁的翼板形式,组合梁分为现浇钢筋混凝土平板(无托板)、现浇钢筋混凝土平板(有托板)、混凝土叠合板、压型钢板—混凝土组合楼板这4种形式。

图3-78中7种形式的现浇整体钢筋混凝土楼板是结构设计中最常用的楼板,也是设计和施工人员最熟悉的结构形式。它的做法与钢筋混凝土结构中现浇板的做法基本相似,只是现浇板与钢梁之间需要增加抗剪连接件,使现浇板与钢梁形成一个整体。

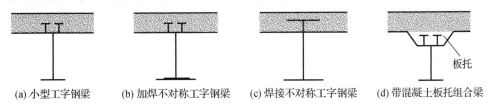

(a) 小型工字钢梁　(b) 加焊不对称工字钢梁　(c) 焊接不对称工字钢梁　(d) 带混凝土板托组合梁

图3-78 现浇钢筋混凝土平板

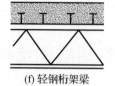
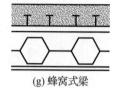

(e) 箱形钢梁　　　　　(f) 轻钢桁架梁　　　　　(g) 蜂窝式梁

图 3-78　现浇钢筋混凝土平板(续)

2) 构造

钢与混凝土组合梁由钢梁、板托、抗剪连接件及钢筋混凝土翼板组成，如图 3-79 所示。

(1) 现浇钢筋混凝土平板。翼缘为现浇混凝土平板的组合梁(无板托)(见图 3-80)时，伸出钢梁中心线不应小于 150mm，伸出钢梁翼缘边不应小于 50mm；翼缘为现浇混凝土平板的组合梁(有板托)(见图 3-81)时，组合梁边梁混凝土翼板伸出长度不宜小于板托高度。

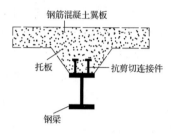

图 3-79　组合梁结构示意

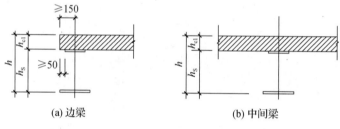

图 3-80　组合梁翼缘为现浇混凝土平板(无板托)

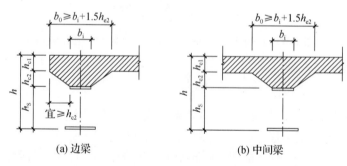

图 3-81　组合梁翼缘为现浇混凝土平板(有板托)

(2) 压型钢板—混凝土组合楼板。用压型钢板—混凝土组合板作翼板的组合梁叫压型钢板—混凝土组合楼板。压型钢板—混凝土组合楼板有肋平行于主钢梁的组合楼板和肋垂直于主钢梁的组合楼板两种形式，一般以板肋平行于主梁的方式布置于次梁上，如果不设次梁，则以板肋垂直于主梁的方式布置于主梁上(见图 3-82)。

(3) 叠合式楼板。叠合式楼板是由预制混凝土薄板与后浇混凝土两部分组成的，即首先在工厂预制厚度为 50～60mm 的预应力薄板，在施工现场，这种薄板可作为楼板现浇部分的底膜，在支好的预应力薄板上绑扎楼板钢筋，再浇筑混凝土，与预制薄板形成整体共同工作(见图 3-83)。在薄板上现浇的混凝土叠合层中可按设计需要埋设管线，叠合板的板跨一般为 4～6m，最大可达 9m。为便于现浇叠合层与薄板有较好连接，薄板上表面一般加工有排列有序的直径为 50mm、深为 20mm 的圆形凹槽，或者在薄板面上露出较规则的三角形状的结合钢筋。

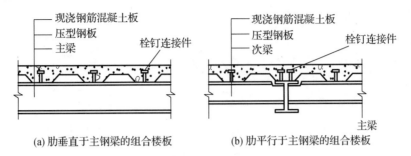

图 3-82 组合梁翼缘为压型钢板—混凝土组合楼板

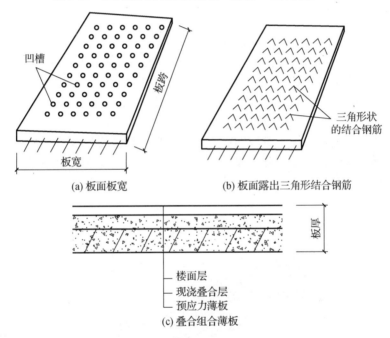

图 8-83 组合梁翼缘为叠合式楼板

(4) 板托。板托边缘距抗剪连接件外侧的距离不得小于 40mm，同时板托外形轮廓应在抗剪连接件根部算起的 45°仰角线之外；板托中邻近钢梁上翼缘的部分混凝土应配加强筋，横向钢筋的下部水平段应该设置在距钢梁上翼缘 50mm 的范围之内，横向钢筋的间距不应大于 $4h_{e0}$ 且不应大于 200mm；h_{e0} 为圆柱头焊钉连接件钉头下表面或槽钢连接件上翼缘下表面高出翼板底部钢筋顶面的距离(见图 3-84)。

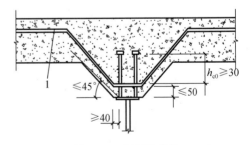

图 3-84 板托的构造

(5) 抗剪连接件。组合梁中的抗剪连接件宜采用栓钉，也可采用槽钢、弯筋等其他类型连接件，如图 3-85 所示。当用栓钉连接件时，栓钉的直径应大于 8mm；当用槽钢连接件时，槽钢的截面不宜大于[12.6；当用弯筋连接件时，弯筋连接件的直径采用大于12mm的钢筋并成对布置。圆柱头焊钉连接件钉头下表面或槽钢连接件上翼缘下表面高出翼板底部钢筋顶面的距离不宜小于30mm。

(a) 栓钉连接件　　(b) 槽钢连接件　　(c) 弯筋连接件

图 3-85　抗剪连接件

2. 压型钢板组合楼板

1) 形式

压型钢板组合楼板主要由钢梁、压型钢板、栓钉、混凝土板等组成，如图3-86所示。

组合楼板分为组合板和非组合板。组合板中，压型钢板除用作浇筑混凝土的永久性模板外，还充当板底受拉钢筋的现浇混凝土楼(屋面)板。非组合板中，压型钢板仅作为混凝土楼板的永久性模板，不考虑参与结构受力的现浇混凝土楼(屋面)板。

组合板和非组合板在施工阶段的施工方式一样，在使用阶段时，非组合楼板中梁上混凝土不参与钢梁的受力，按普通混凝土楼板计算承载力。组合楼板中考虑混凝土楼板与钢梁的共同工作。

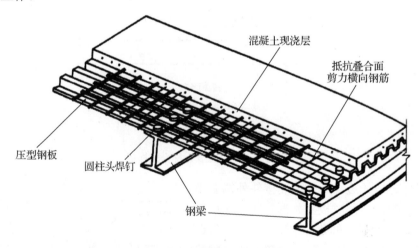

图 3-86　压型钢板组合楼板

为了保证压型钢板和混凝土叠合面之间的剪力传递，常在压型钢板上增加纵向波槽(见图 3-87(a))或压痕(见图 3-87(b))或在压型钢板上焊接钢筋(见图 3-87(c))及栓钉(见图 3-87(d))等。

2) 构造

(1) 压型钢板凹槽宽度。

压型钢板组合楼板中压型钢板宜采用带有特殊波槽或压痕的开口板、缩口板及闭口板等。

压型钢板浇筑混凝土面的槽口宽度(见图 3-88)、开口型压型钢板凹槽重心轴处宽度 b_r、缩口型压型钢板和闭口型压型钢板槽口最小浇筑宽度不应小于 50mm。当槽内放置栓钉时,压型钢板总高(h_s包括压痕)不宜大于 80mm。

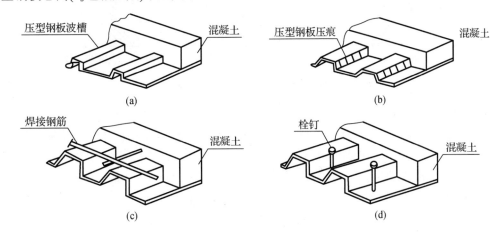

图 3-87　压型钢板组合楼板常见的 4 种组合形式

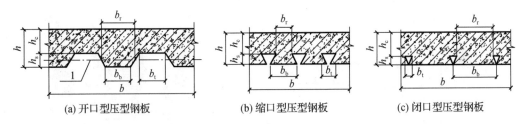

图 3-88　组合楼板截面凹槽宽度示意

(2) 支撑长度。

组合楼板支撑于钢梁上时(见图 3-89),其支撑长度对边梁不应小于 75mm;对中间梁,当压型钢板不连续时不应小于 50mm;当压型钢板连续时不应小于 75mm。

组合楼板在混凝土梁上的支撑长度(见图 3-90),对边梁不应小于 100mm;对中间梁,当压型钢板不连续时不应小于 75mm;当压型钢板连续时不应小于 100mm。

组合楼板支撑于剪力墙侧面时(见图 3-91),宜支撑在剪力墙侧面设置的预埋件上,剪力墙内宜预留钢筋并与组合楼板负弯矩钢筋连接。

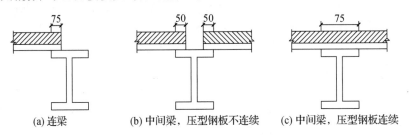

图 3-89　组合楼板支撑于钢梁上

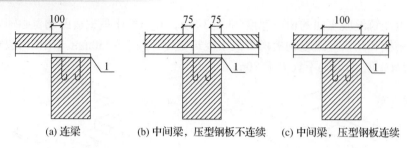

图 3-90 组合楼板支撑于混凝土梁上

(3) 栓钉。

在组合楼板的端部、中部梁上均应设置栓钉；栓钉设在压型钢板每个凹肋处，且应穿透压型钢板；栓钉和压型钢板均应焊于钢梁翼缘上。栓钉按照《电弧柱焊用无头焊钉》(GB/T 104321—2010)标准来选用。组合楼板中常用的栓钉直径有 8mm、10mm、13mm、16mm、19mm、22mm 等 6 种(见图 3-92)。栓钉长度不应小于其杆径的 4 倍；钢梁上翼缘承受拉力时，栓钉杆直径不应大于钢梁上翼缘厚度的 1.5 倍；当钢梁上翼缘不承受拉力时，栓钉杆直径不应大于钢梁上翼缘厚度的 2.5 倍。

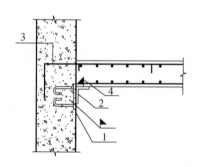

图 3-91 组合楼板与剪力墙连接构造

图 3-92 栓钉形式

1—预埋件；2—角钢或槽钢；3—剪力墙内预留钢筋；4—栓钉

3.8.2 组合楼板节点详图识读

图 3-93 所示是某钢框架结构工程结构施工图中的二层楼板平面布置图，该楼板平面布置图内有楼板配筋图和 5 个节点详图。从楼板配筋图可知，该楼板为压型钢板组合楼板，楼承板的布置方向和位置、钢筋的分布情况也可从图中看出。5 个节点详图分别为：组合楼板与梁垂直时节点大样、楼板与梁平行时的节点大样及楼承板节点大样、梁上翼缘栓钉排列大样及楼承板边缘收边大样等。

组合楼板节点详图与平面布置图在一张图纸上，无索引；详图名称都标注在详图的正下方。从节点大样图中可以看出，梁与压型钢板组合楼板通过栓钉连接，组合楼板中有楼承板、栓钉、板内钢筋等构件。

楼承板采用波高为 75mm、波距为 200mm，有效使用宽度为 600mm、厚度为 1.2mm 的压型钢板。主梁上翼缘两列栓钉，直径为 16mm，长为 110mm，栓钉间距为 150mm，沿楼板长度方向每隔 250mm 依次布置；栓钉现场焊接在主梁上，焊脚尺寸为 5mm。压型钢板板底受力钢筋每个波槽内设两根直径 10mm 的 HRB400 级钢筋(三级钢筋);板跨内与梁垂直方向铺设两排受力钢筋,每排受力钢筋采用直径为 10mm 的 HRB400 级钢筋(三级钢筋),间距为 180mm;板跨内与梁平行方向铺设两排分布钢筋,每排分布钢筋采用直径为 8mm 的 HRB400 级钢筋(三级钢筋),间距为 200mm,下层分布钢筋点焊于压型钢板顶面。

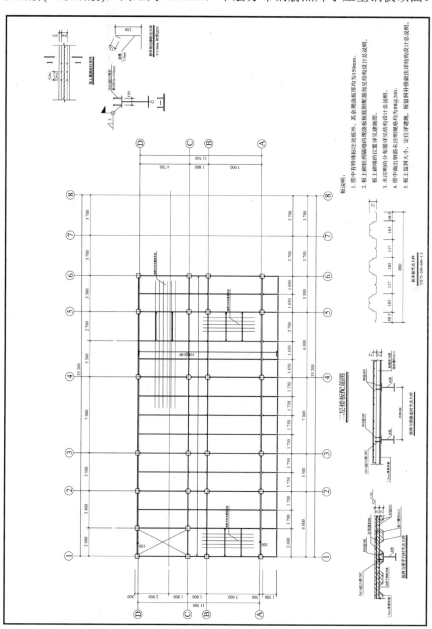

图 3-93 压型钢板组合楼板平面图

3.8.3 常见楼板节点

常见楼板连接节点如图 3-94 所示。

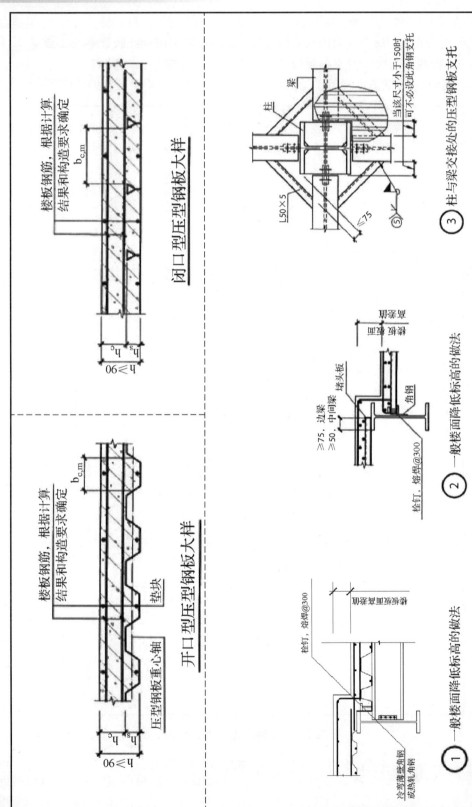

图 3-94 常见楼板连接节点

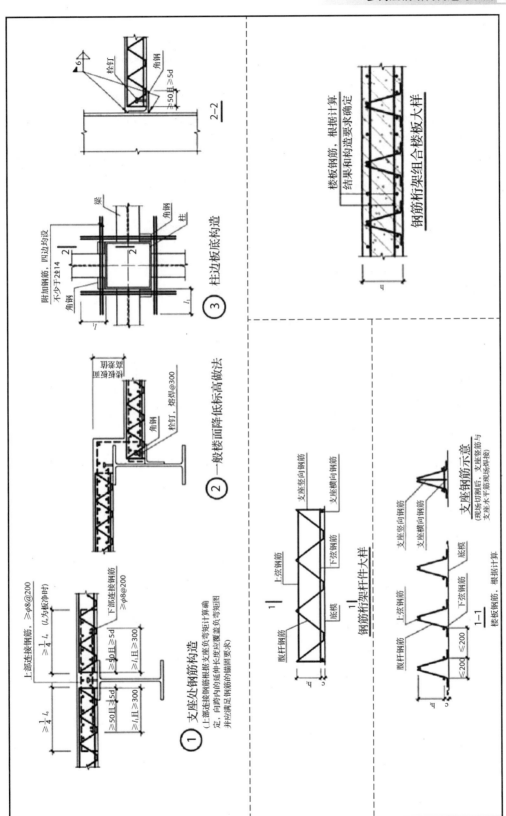

图 3-94 常见楼板连接节点(续)

3.9 多层钢框架结构施工图实例识读

钢框架结构在多层及高层房屋中广泛采用，具有质量轻、抗震性能好、施工周期短、工业化程度高、环保效果好等优点。钢框架结构施工图包括：结构设计说明、锚栓平面布置图及其详图、各结构平面布置图、各横轴竖向支撑平面布置图、各纵轴竖向支撑立面布置图、梁柱截面选用表、梁柱节点详图、梁节点详图、柱脚节点详图和支撑节点详图等。在实际图纸中，以上内容可以根据工程的繁简程度，将某几项内容合并在一张图纸上或将某一项内容拆分成几张图纸。

下面以某多层钢框架结构施工图为例，说明钢框架结构施工图的图示方法、特点和内容。

1. 工程概况

该工程为某开发总公司综合试验办公楼，采用 4 层填充墙钢框架结构，钢筋混凝土楼面、屋面，钢筋混凝土独立基础，总高为 14.400m。建筑物安全等级为二级，抗震设防类别为适度设防类，抗震设防烈度为 8 度，地面粗糙类别为 C 类，基本风压为 $0.45kN/m^2$，基本雪压为 $0.4kN/m^2$，钢材采用 Q235B，焊条采用 E43 型。

2. 柱及锚栓平面布置图

柱及锚栓平面布置图如图 3-95 所示，主要表达了底层柱以及锚栓的布置情况，读图时，首先，明确图中柱子有几种类型，每一类型柱子的截面形式如何；其次，明确锚栓的规格、直径、数量及锚栓的锚固长度等。

3. 结构平面布置图

结构平面布置图如图 3-96 所示，是确定建筑物各构件在建筑平面上的位置图，具体内容有以下几方面。

(1) 根据建筑物的宽度和长度，确定柱网平面图。
(2) 图中用粗实线表示建筑物的外轮廓线及柱的位置和截面示意。
(3) 图中用粗实线表示梁及各构件的平面位置，并标注构件定位尺寸。
(4) 在平面图的适当位置处标注所需的剖面，以反映结构楼板、梁等不同构件的竖向标高关系。
(5) 在平面图上对梁、柱构件进行编号。

结构平面布置图的数量由楼层的相同与否来决定，各层结构平面布置图相同时，可以只画某一层的平面布置图来表达相同各层的平面结构。本工程共有 4 张结构平面布置图，识读各层结构平面布置图主要明确本层梁、柱的信息，主要包括：梁、柱的类型数；各类梁、柱的截面形式；梁、柱的具体位置及与轴线的关系；梁柱的连接形式等。

4. 楼板平面布置图

楼板平面布置图如图 3-97 所示，主要表达各层钢筋混凝土楼板的配筋情况，各种类型钢筋的编号、型号、位置；楼板的标高以及混凝土和钢梁的连接情况。

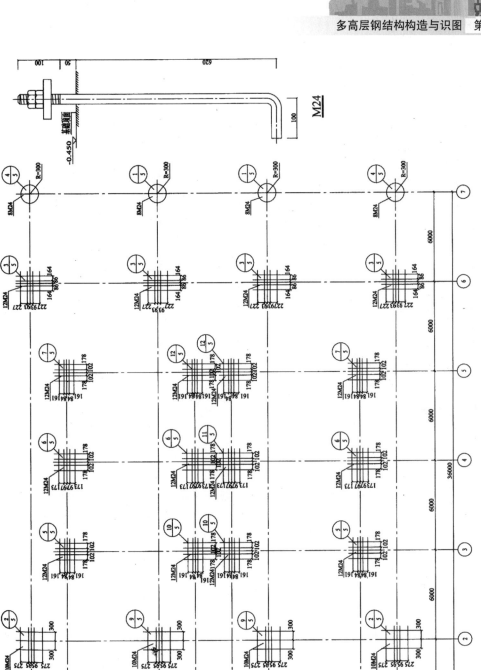

图 3-95 钢柱锚栓布置图

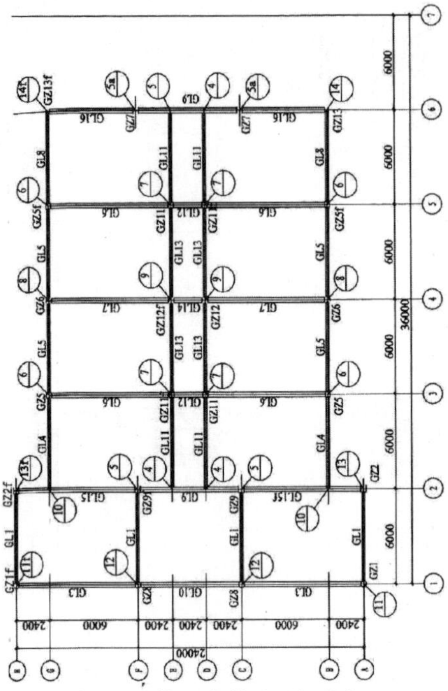

（7.400）第2层构件平面布置图

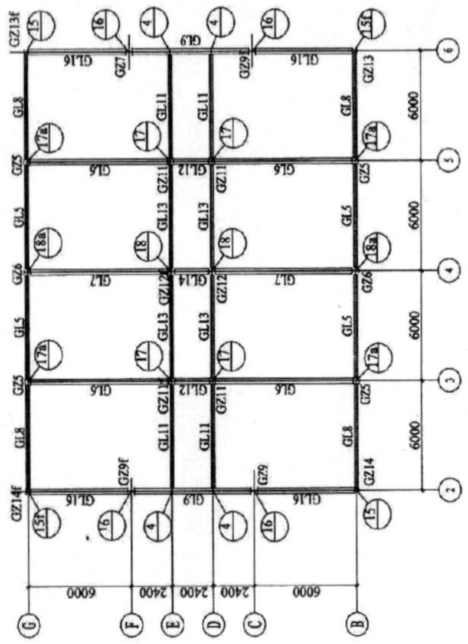

（11.400）第3层构件平面布置图

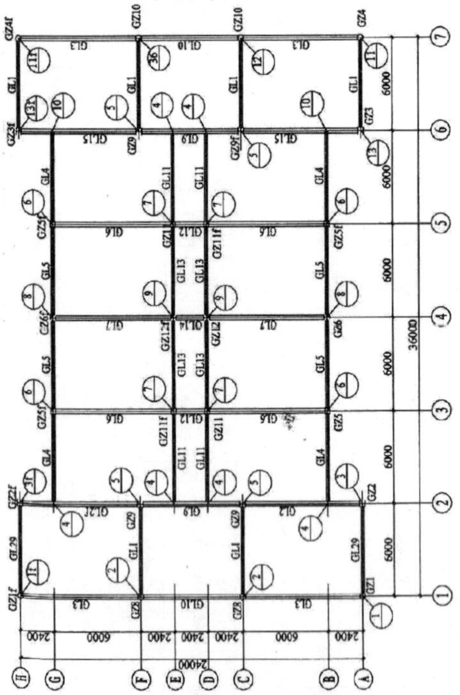

（8.800）第1层构件平面布置图

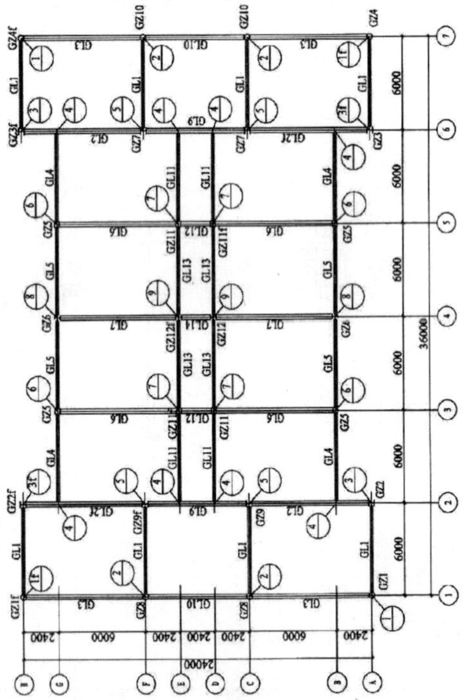

（14.640）第4层构件平面布置图

图 3-96　结构平面布置图

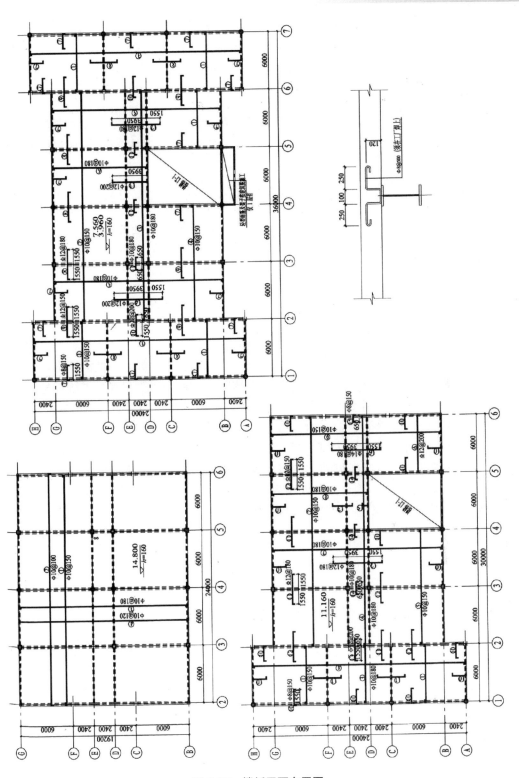

图 3-97 楼板平面布置图

本工程是在钢梁上直接支模板、绑扎钢筋、现浇钢筋混凝土。为了增加楼板与钢架梁之间的有效连接，需在钢梁上焊接弯曲钢筋。这种做法往往考虑板和梁的共同作用，形成钢—混凝土组合梁，从而减小钢梁的截面，增加净空高度。

5. 构件详图

构件详图主要表明钢柱、钢梁、支撑等构件的截面规格、长度、主要控制标高、与轴线的几何尺寸关系、零件编号等信息。本工程构件详图包括：钢柱详图(见图 3-98)和钢梁详图(见图 3-99)。

1) 梁详图

梁的连接方案曾在前文中论述，楼盖梁宜采用简支连接，并且为了减小楼盖结构的高度，主次梁通常采用平接。本工程中 GL2、GL9、GL15 需在工地现场拼接。

2) 柱详图

钢柱详图包括钢柱大样图、材料表等。图中标明了柱段控制表格、柱和各层梁的相互位置关系、细部尺寸、材料规格、编号、孔洞位置等。

6 节点详图

节点详图表示各构件间的相互连接关系及其构造特点，节点上应表明整个结构物的相关位置，即应标出轴线编号、相关尺寸、主要控制标高、构件编号和截面规格、节点板厚度及加劲肋做法等。构件与节点板采用焊接连接时，应标明焊脚尺寸及焊缝符号。构件采用螺栓连接时，应标明螺栓直径、数量。本工程节点详图包括：柱脚节点详图(见图 3-100)、钢梁和钢柱连接节点详图(见图 3-101)。

本工程中的柱脚都是刚接柱脚；钢梁和钢柱节点采用栓焊混合连接方式，刚性连接。对于节点详图的识读，先要判断该详图在整体结构中的位置(根据定位轴线或索引符号)，其次判断该连接的连接特点(构件在何处连接，是刚接还是铰接)，最后识读图上的标注。各个构件间连接详图的具体识读内容详见文中各小节。

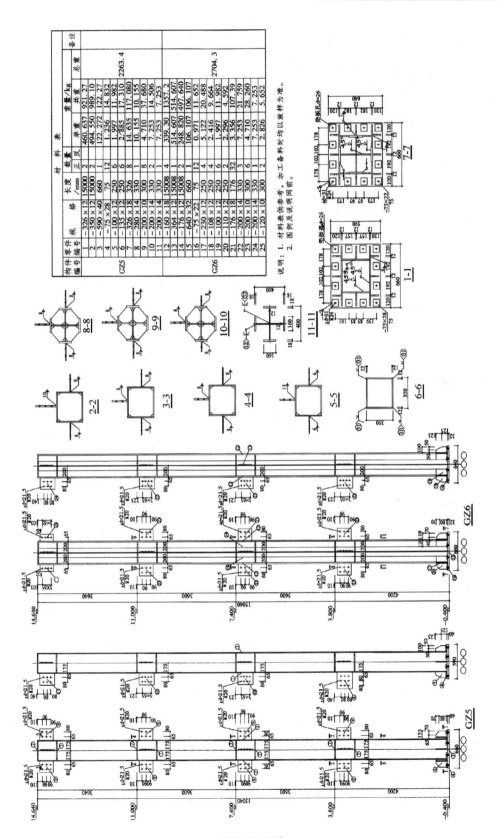

图 3-98 钢柱详图

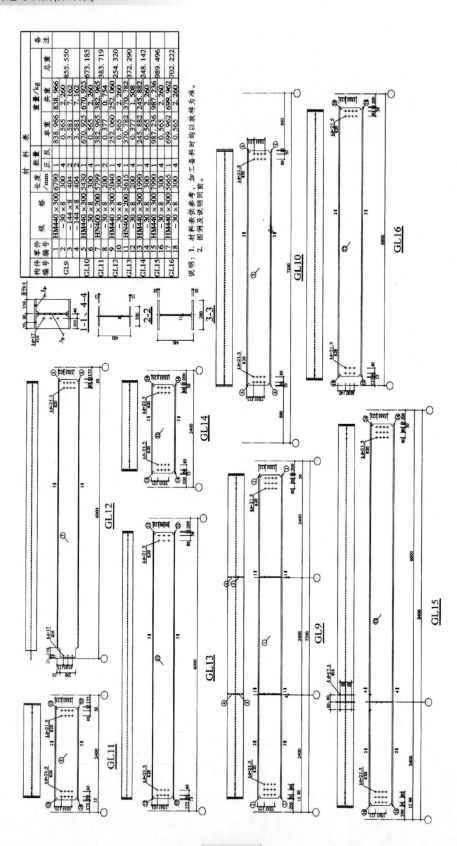

图 3-99 钢梁详图

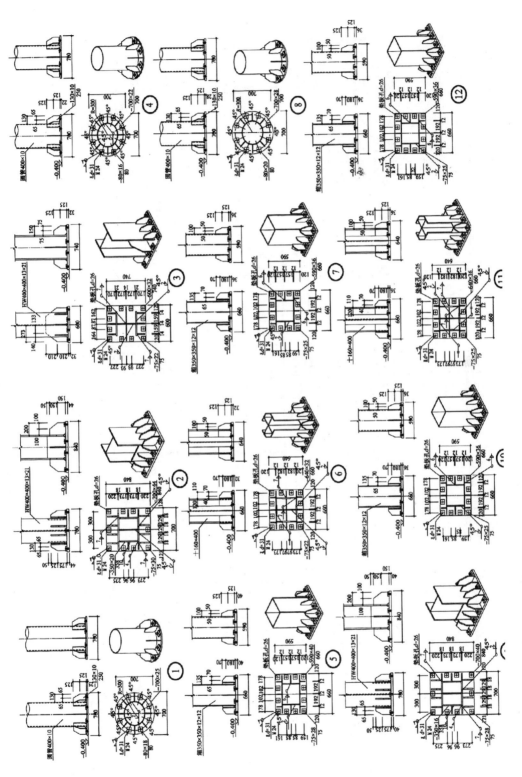

图 3-100 柱脚节点详图

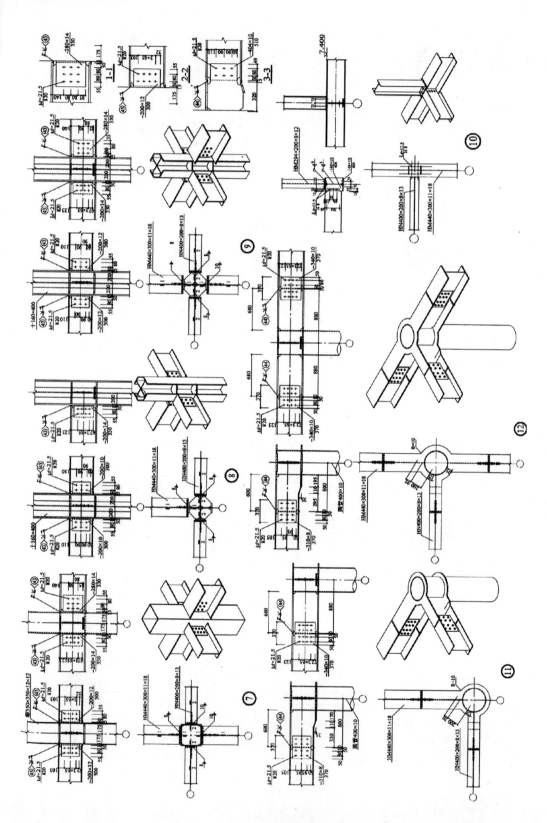

图 3-101 钢梁和钢柱连接节点详图

【思维导图】

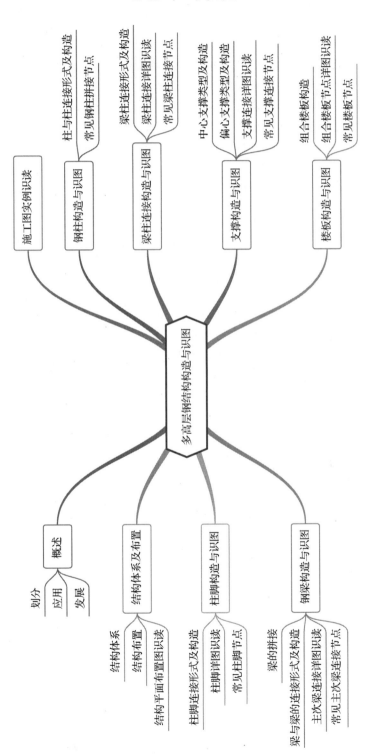

【课程练习题】

一、简答题

1. 多、高层建筑钢结构体系的分类有哪些?各类型的适用范围是什么?
2. 框架体系的做法和特点有哪些?
3. 框架支撑体系的做法和特点有哪些?
4. 剪力墙板的主要类型有哪些?
5. 多、高层钢结构中,钢柱、钢梁、支撑的常用截面有哪些?
6. 在钢框架结构中,钢梁和钢柱的常见连接方式有哪几种?
7. 钢与混凝土组合梁的形式有哪几种?
8. 压型钢板混凝土组合楼板的特点有哪些?
9. 压型钢板组合楼板中抗剪连接件的形式有哪几种?
10. 框架结构中消能梁段有哪些几何特征?它是如何耗能的?
11. 在多、高层钢结构建筑中,常见的支撑形式有哪几种?它们分别在什么情况下使用?
12. 多、高层钢结构的柱脚做法有哪些?
13. 多、高层钢结构的柱拼接形式有哪些?
14. 多、高层钢结构的梁拼接方式有哪些?
15. 多、高层钢结构的中心支撑和偏心支撑的形式有哪些?
16. 梁与柱的加强型连接包含哪些形式?

二、识图题

1. 某钢结构梁铰接支承于柱顶连接节点,如图 3-102 所示,读图并回答以下问题。
(1) 说明编号 1~4 板件的名称。
(2) 简述该节点的传力特点及路径。

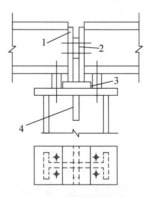

图 3-102　识图题第 1 题图

2. 某钢结构铰接柱脚节点如图 3-103 所示,读图并回答以下问题。
(1) 说明编号 1~4 板件的名称。
(2) 简述编号 4 板件的作用。

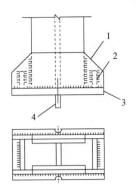

图 3-103 识图题第 2 题图

3. 某梁柱连接节点如图 3-104 所示，读图并回答以下问题。
(1) 该连接采用何种加强式连接？
(2) 该钢柱、钢梁的截面类型是什么？
(3) 连接板的截面尺寸是多少？

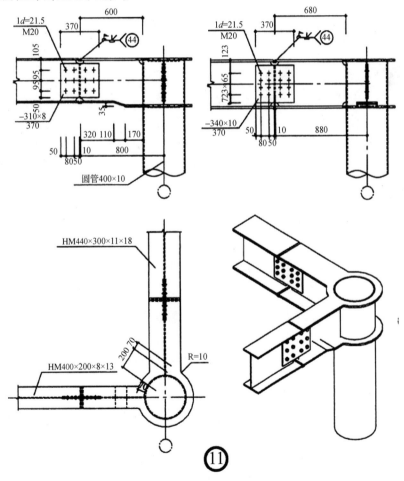

图 3-104 识图题第 3 题图

第4章 钢桁架结构构造与识图

【学习要点及目标】

- 熟悉钢桁架结构形式及构造。
- 掌握钢桁架结构施工图识读。

【核心概念】

普通钢桁架　管桁架　支撑　杆件　节点

【引用案例】

钢桁架结构是大跨度钢结构的主要形式之一，常用于公共建筑，如大会堂、影剧院、展览馆、体育场、火车站等，能满足这些公共建筑的使用要求和建筑造型的要求。钢桁架也应用于工业建筑，特别是在航空工业和造船工业中，如飞机制造厂的总装配车间、飞机库、造船厂的船体结构车间等，这些建筑采用钢桁架结构是由大型装配机器(如船舶、飞机)的尺寸或工艺过程决定的。

钢桁架应用范围很广，本章主要学习钢桁架的构造与识图，钢桁架又分为普通钢桁架和管桁架，通对过本章的学习，读者应充分认识了解钢桁架结构的组成及构造要求。

4.1　普通钢桁架屋架构造与识图

普通钢桁架屋架是主要承受横向荷载作用的格构式受弯构件。屋架由直杆通过节点板相互连接组成，各杆件一般只承受轴心拉力或轴心压力，故截面上的应力分布均匀，材料能充分发挥作用。因此，与实腹梁相比，屋架具有用钢量小、自重轻、刚度大和容易按需要制成各种不同形状的特点，所以在工业与民用建筑的屋盖结构中得到了广泛应用。

4.1.1　普通钢桁架屋盖结构的布置

钢桁架屋盖结构通常由屋面、檩条、屋架、托架和天窗架等构件组成。根据屋面材料和屋面结构布置情况的不同，钢桁架屋盖结构可分为无檩屋盖结构体系和有檩屋盖结构体系，如图4-1所示。

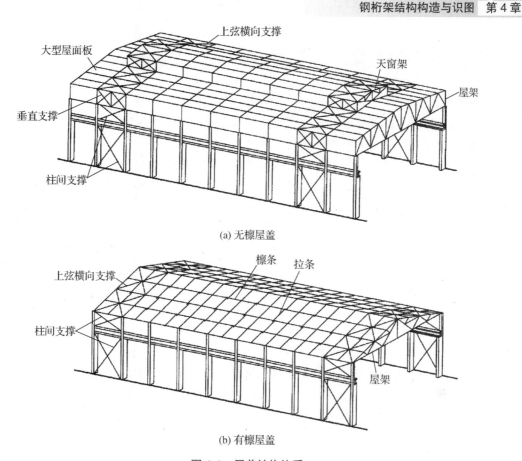

图 4-1 屋盖结构体系

1. 无檩屋盖结构体系

无檩屋盖结构体系中屋面板通常采用钢筋混凝土大型屋面板、钢筋加气混凝土板等。屋架的间距应与屋面板的长度配合一致,通常为 6m。这种屋面板上一般采用卷材防水屋面,通常适用于较小屋面坡度,常用的坡度为 1∶12～1∶8。

无檩体系屋盖屋面构件的种类和数量少、构造简单、安装方便、施工速度快,且屋盖刚度大、整体性能好;但屋面自重大,常要增大屋架杆件和下部结构的截面,对抗震也不利。

2. 有檩屋盖结构体系

有檩屋盖结构体系常用于轻型屋面材料的情况,如压型钢板、压型铝合金板、石棉瓦、瓦楞铁皮等。屋架间距通常为 6m;当柱距不小于 12m 时,则用托架支撑中间屋架,一般是用较陡的屋面坡度以便排水,常用的坡度为 1∶3～1∶2。

有檩体系屋盖结构可供选用的屋面材料种类较多,屋架间距和屋面布置较灵活,自重轻、用料省,运输和安装较轻便;但构件的种类和数量多,构造较复杂。

两种屋盖体系各有缺点,具体设计时应根据建筑物的使用要求、受力特点、材料供应情况以及施工和运输条件等确定最佳方案。

4.1.2 普通钢桁架屋架形式与组成

1. 屋架外形及选择

普通钢桁架屋架按其外形可分为三角形、梯形及平行弦和人字形等。

在确定桁架外形时，应考虑以下几方面。

(1) 考虑房屋的用途。桁架上弦的坡度须适合屋面材料的排水要求，选用的屋面材料不同，要求的排水坡度也不同。一般情况下，当采用波形石棉瓦和瓦楞铁皮等屋面材料时，其排水坡度要求较陡，选用三角形屋架；当采用大型混凝土屋面板时，排水坡度可以缓些，常用梯形屋架。

(2) 从受力角度出发，桁架外形应尽量与弯矩图相近，以使弦杆受力均匀。腹杆布置应使短杆受压，长杆受拉，腹杆数量少而总长度短。同时应尽可能地使荷载作用在节点上，避免由于节间荷载而使弦杆产生局部弯矩。屋架中部应有足够的高度，以满足刚度要求。另外，对于梯形屋架，其端部要有一定的高度，防止屋架与柱刚接时，不能有效地传递支座弯矩及使端部弦杆产生较大内力。

(3) 腹杆与弦杆轴线间的夹角一般在30°～60°之间，最好在45°左右。

上述各种要求往往难以同时满足，因此应根据具体情况，对经济技术指标进行综合分析、比较与设计。

2. 屋架特征及适用范围

1) 三角形屋架

三角形桁架多用于屋面坡度较大的屋盖结构中。根据屋面的排水要求，上弦坡度一般为 $i=1/3\sim1/2$，跨度一般在 18～24mm 之间。这种形式的屋架与柱子多做成铰接，故房屋的横向刚度较小。此外，屋架弦杆的内力不均匀，在支座处最大，跨中较小，当弦杆采用同一规格截面时，其材料不能得到充分利用。因此，在荷载和跨度较大时，采用三角形屋架就不够经济。图 4-2(a)、图 4-2(c)所示为芬克式桁架，它的腹杆受力合理，且可分为两榀小桁架运输，比较方便。图 4-2(b)所示是将三角形桁架的两端高度改为 500mm，这样改变以后，桁架支座处上、下弦的内力大大减少，改善了桁架的工作情况。

2) 梯形屋架

梯形桁架的外形较接近于弯矩图，各节间弦杆受力较均匀，且腹杆较短，适用于屋面坡度较小的屋盖体系。其坡度一般为 $i=1/16\sim1/8$，跨度可达 36m。梯形桁架与柱的连接可做成刚接，也可做成铰接。当做成刚接时，可提高房屋的横向刚度，因此是目前无檩体系的工业厂房屋盖中应用最广泛的屋盖形式。

梯形桁架的腹杆体系有人字式(见图 4-3(a)、图 4-3(c))、再分式(见图 4-3(b))。人字式腹杆体系的支座处斜杆(端斜杆)与弦杆组成的支承节点在上弦时称为上承式，在下弦时称为下承式，桁架与柱刚接时一般采用下承式，铰接时二者均可。再分式腹杆体系的桁架上弦节间短，屋面板宽度较窄时，可避免上弦承受节间荷载，产生局部弯矩，用料经济，但节点和腹杆数量增多，制造较费工，故有时仍采用使较大节间上弦杆承受节间荷载的做法，虽耗钢量增多，但构造较简单。折中的做法是在跨中弦杆内力较大处的一部分节间增加再分杆，而在支座附近弦杆内力较小处仍采用较大节间，以获得较好的经济效果。

3) 平行弦屋架

平行弦桁架具有杆件规格统一、节点构造统一、便于制造等优点，其上、下弦杆相互平行，如图 4-4 所示，且可做成不同的坡度。这种形式一般用于托架或支撑体系。

4) 人字形屋架

人字形屋架多用于跨度较大的屋盖结构，上、下弦屋架坡度可以相同[见图 4-5(a)、图 4-5(b)]，常为 1/20～1/10，节点构造比较统一；上、下弦屋架坡度也可以不同或下弦有一部分水平段[见图 4-5(c)、图 4-5(d)]，以改善屋架受力性能。

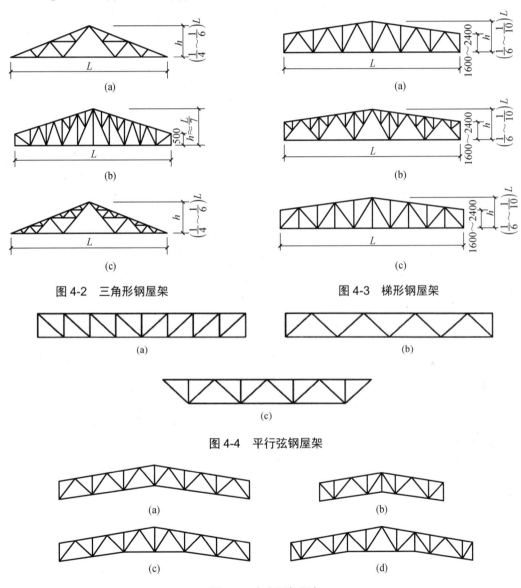

图 4-2　三角形钢屋架　　　　　图 4-3　梯形钢屋架

图 4-4　平行弦钢屋架

图 4-5　人字形钢屋架

3. 屋架的主要尺寸

屋架的主要尺寸包括桁架的跨度、跨中高度以及梯形桁架的端部高度等。

1) 屋架跨度

屋架的标志跨度一般是指柱网轴线的横向间距,在无檩体系屋盖中,屋架跨度应与大型屋面板的宽度相适应,一般以 3m 为模数。桁架的计算跨度 l_0 是指桁架两端支座反力间的距离。当桁架简支于钢筋混凝土柱或砖柱上,且柱网采用封闭结合时,考虑桁架支座处需一定的构造尺寸,一般可取 $l_0 = l - (300\sim400)$mm (见图 4-6(a));当桁架支承于钢筋混凝土柱上,而柱网采用非封闭结合时,计算跨度等于标志跨度,即 $l_0 = l$ (见图 4-6(b));当桁架与柱刚接时,其计算跨度取钢柱内侧面之间的间距(见图 4-6(c))。

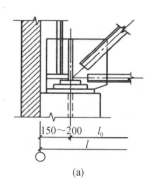 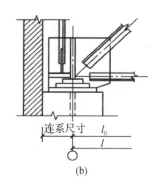 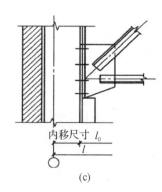

图 4-6　屋架的计算跨度

2) 屋架高度

屋架的高度应根据经济、刚度和建筑等要求,以及屋面坡度、运输条件等因素确定。屋架的最大高度取决于运输界限,最小高度根据桁架容许挠度确定,经济高度则是根据桁架杆件的总用钢量最少的条件确定。有时建筑高度也限制了屋架的最大高度。

一般情况下,屋架的高度可在以下范围内采用:三角形桁架高度较大,一般取 $h = (1/6\sim1/4)l$;梯形桁架的屋面坡度较平坦,当上弦坡度为 $1/12\sim1/8$ 时,跨中高度一般为 $(1/10\sim1/6)l$。跨度大(或屋面荷载小)时取小值,跨度小(或屋面荷载大)时取大值。梯形桁架的端部高度:当屋架与柱铰接时为 1.6~2.2m,刚接时为 1.8~2.4m。端弯矩大时取大值,端弯矩小时取小值。

对于跨度较大的桁架,在横向荷载作用下将产生较大的挠度,有损外观并可能影响桁架的正常使用。为此,对跨度 $l \geqslant 15$m 的三角形桁架和跨度 $l \geqslant 24$m 的梯形、平行弦桁架,当下弦无向上曲折时,宜采用起拱,即预先给桁架一个向上的反挠度,以抵消桁架受荷后产生的部分挠度。起拱高度一般为其跨度的 1/500 左右。当采用图解法求桁架杆件内力时,可不考虑起拱高度的影响。

4. 天窗架、托架和挡风板

1) 天窗架

为了采光和通风等要求,屋盖上常需设置天窗。天窗的形式有纵向天窗、横向天窗和井式天窗等三种。后两种天窗的构造较复杂,很少采用,最常用的是沿房屋纵向在屋架上设置天窗架,如图 4-7 所示,形成纵向天窗,该部分的檩条和屋面板由屋架上弦平面移到天窗架上弦平面,而在天窗架侧柱部分设置采光窗。天窗架支承于屋架之上,将荷载传递到屋架。

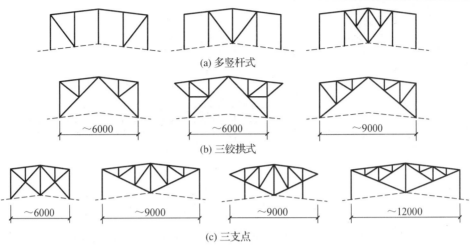

图 4-7 纵向天窗架形式

2) 托架

在工业厂房的某些部位，常因放置设备或交通运输要求而需局部少放一根或几根柱。这时该处的屋架(称为中间屋架)就需支撑在专门设置的托架上，如图 4-8 所示。托架两端支撑于相邻的柱上，跨中承受中间屋架的反力。钢托架一般做成平行弦桁架，其跨度不一定大，但所受荷载较重。钢托架通常做在与屋架大致同等高度的范围内，中间屋架从侧面连接于托架的竖杆，构造方便且屋架和托架的整体性、水平刚度和稳定性都好。

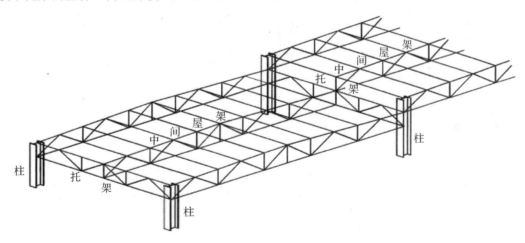

图 4-8 托架支撑中间屋架

3) 挡风板

有时为了更好地组织通风，避免房屋外面气流的干扰，对纵向天窗还设置有挡风板。挡风板有竖直式(见图 4-9(a))、侧斜式(见图 4-9(b))和外包式(图 4-9(c))三种，通常采用金属压型板和波形石棉瓦等轻质材料制作，其下端与屋盖顶面应留出至少 50mm 的空隙。

挡风板挂于挡风板支架的檩条上。挡风板支架有支承式和悬挂式，支承式的立柱下端直接支承于屋盖上，上端用横杆与天窗架相连，悬挂式挡风板支架则由连接于天窗架侧柱的杆件体系组成。

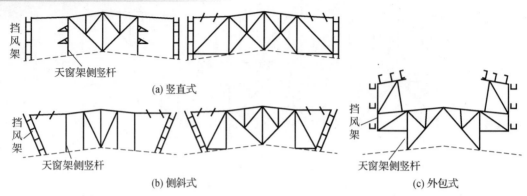

图 4-9 挡风板形式

4.1.3 普通钢桁架屋盖的支撑体系

当钢屋盖以平面桁架作为主要承重构件时,各个平面桁架(屋架)要用各种支撑及纵向杆件(系杆)连成一个空间几何不变的整体结构,才能承受荷载。这些支撑及系杆统称为屋盖支撑,它由上弦横向水平支撑、下弦横向水平支撑、下弦纵向水平支撑、垂直支撑及系杆条组成,如图 4-10 所示。

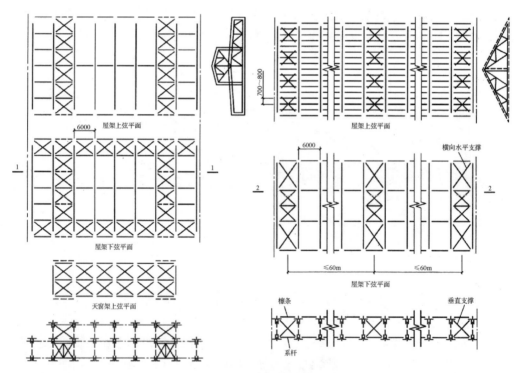

图 4-10 屋盖支撑布置

1. 屋盖支撑的作用

1） 保证结构的空间整体性能

在屋架结构中，若各个屋架仅用檩条或大型屋面板联系，没有必要的支撑，则屋盖结构在空间上仍是几何可变体系，在荷载作用下就会向一侧倾倒。只有将某些屋架在适当部位用支撑联系起来，组成稳定的空间体系，其余屋架由檩条或其他构件连接在这个空间体系上，才能使屋盖结构成为一个空间整体。

2） 为屋架弦杆提供侧向支撑点

支撑可作为屋架弦杆的侧向支承点，使弦杆在屋架平面外的计算长度得以减小，保证了上弦压杆的侧向稳定，并使下弦拉杆有足够的侧向刚度，使其不会在某些动力设备运行时产生过大振动。

3） 承受和传递水平荷载

支撑可以承受和传递水平荷载，如风荷载、悬挂吊车水平荷载和地震作用等。

4） 保证施工时的稳定与方便

支撑能保证屋架在吊装过程中的安全性和准确性，并且便于安装檩条或屋面板。

2. 屋盖支撑布置

1） 上弦横向水平支撑

上弦横向水平支撑通常设置在房屋两端(当有横向伸缩缝时设在温度区段两端)的第一个或第二个开间内，以便就近承受山墙传来的风荷载等。当设置在第二个开间内时，必须用刚性系杆将端屋架与横向水平支撑上弦横向水平支撑桁架的节点连接，保证端屋架上弦杆的稳定和把端屋架受到的风荷载传递到横向水平支撑桁架的节点上。当无端屋架时，则应用刚性系统与山墙的抗风柱连接，作为抗风柱的支撑点，并把支撑点所受的力传给横向水平支撑桁架的节点。

上弦横向水平支撑的间距不宜超过 60m。当房屋纵向长度较大时，应在房屋长度中间再增加设置横向水平支撑。

2） 下弦横向水平支撑

下弦横向水平支撑布置在与上弦横向水平支撑的同一开间，它也形成了一个平行弦桁架，位于屋架下弦平面。其弦杆即屋架的下弦，腹杆也是由交叉的斜杆及竖杆组成，其形式和构造与上弦横向水平支撑相同。

在设计中，凡属于下列情况之一者，宜设置下弦横向水平支撑。

(1) 屋架跨度大于 18m 时。

(2) 屋架下弦设有悬挂吊车，厂房内有起重量较大的桥式吊车或有振动设备时。

(3) 端墙抗风柱支撑于桁架下弦时。

(4) 屋架下弦设有通长的纵向水平支撑时。

(5) 屋架与屋架之间设有沿屋架方向的悬挂吊车时。

(6) 屋架下弦设有沿厂房纵向的悬挂吊车时。

3） 下弦纵向水平支撑

下弦纵向水平支撑通常位于屋架下弦两端节间处，沿房屋全长设置。一般情况下，屋架可以不设置下弦纵向水平支撑，但属于下列情况者之一的，宜设置屋架下弦纵向水平支撑。

(1) 当厂房内设有重级工作制吊车或起重量较大的中、轻级工作制吊车时。

(2) 在厂房排架计算时考虑空间工作时。

(3) 厂房内设有较大的振动设备时。

(4) 屋架下弦有纵向或横向吊轨时。

(5) 当屋架跨度较大,高度较高而空间刚度要求大时。

(6) 当设有托架时,在托架处局部加设下弦纵向支撑,由托架两端各延伸一个柱间设置。

4) 垂直支撑

垂直支撑位于上、下弦横向水平支撑同一开间内,形成一个跨长为屋架间距的平行弦桁架。垂直支撑中央腹杆的形成由支撑桁架的高跨比决定,一般采用 W 形或双节间交叉斜杆等形式。腹杆截面可采用单角钢或双角钢 T 形截面。如图 4-10 所示。

在一般情况下,垂直支撑宜按下列要求布置。

(1) 跨度小于 30m 的梯形屋架,通常在屋架两端和跨度中央各设置一道垂直支撑。当跨度大于 30m 时,则在两端和跨度 1/3 处分别设置一道支撑。

(2) 跨度小于 18m 的三角形屋架,只需在跨度中央设一道垂直支撑,大于 18m 时则在 1/3 处分别设置一道支撑。

5) 系杆

在未设横向支撑的开间,相邻平面屋架由系杆连接。系杆通常在屋架两端,有垂直支撑位置的上、下弦节点以及屋脊和天窗侧柱位置处,沿房屋纵向通长布置。系杆有刚性系杆和柔性系杆两种。刚性系杆常用双角钢 T 形或十字形截面,柔性系杆常用单角钢或圆钢截面。系杆在上、下弦平面内按下列原则布置。

(1) 一般情况下,竖向支撑平面内的屋架上、下弦节点处应设置系杆。

(2) 在屋架支座节点处和上弦屋脊节点处应设置刚性系杆。

(3) 当屋架横向支撑设在厂房两端或温度缝区段的第二个开间时,则在支撑节点与第一榀屋架之间应设置刚性系杆,其余可采用柔性或刚性系杆。

3. 支撑的构造

屋盖支撑的构造应力求简单、安装方便,其连接节点构造如图 4-11 所示。上弦横向水平支撑的角钢肢尖应向下,且连接处适当离开屋架节点,如图 4-11(a)所示,以免影响大型层面板或檩条安放。交叉斜杆在相交处应有一根杆件切断,另加节点板用焊缝或螺栓连接。交叉斜杆处如与檩条相连,如图 4-11(b)所示,则两根斜杆均应切断,用节点板相连。

下弦横向和纵向水平支撑的角钢肢尖允许向上,如图 4-11(c)所示,其中交叉斜杆可以肢背靠肢背交叉放置,中间填以填板,杆件无须切断。

垂直支撑可只与屋架竖杆相连,如图 4-11(d)所示,也可通过竖向小钢板与屋架弦杆及屋架竖杆同时相连,如图 4-11(e)所示。

支撑与屋架的连接通常用 M20C 级螺栓,支撑与天窗架的连接可用 M16C 级螺栓。在有重级工作制吊车或有其他较大振动设备的厂房,屋架下弦支撑及系杆宜用高强度螺栓连接,或用 C 级螺栓再加焊缝将节点板固定。

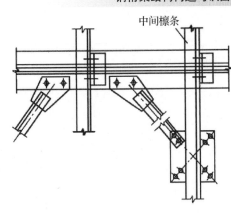
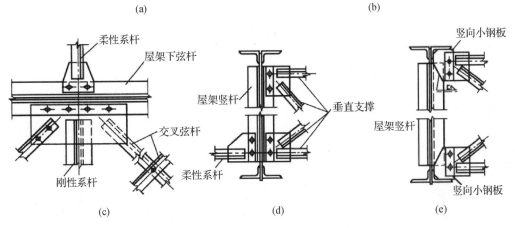

图 4-11 支撑与屋架连接构造

4.1.4 普通钢桁架屋架杆件截面

1. 截面形式

1) 单壁式(屋架跨度一般<42m)屋架杆件的截面形式

在单壁式屋架中，普通钢桁架的杆件一般采用两个角钢组成的 T 形或十字形截面，杆件由夹在一对角钢之间的节点板连接，同时通过不同角钢的截面组合，近似地满足杆件等稳定性的要求。单壁式屋架杆件的各种截面形式如图 4-12 所示。

(1) 对于屋架上弦杆，无节间荷载时，宜采用两个不等边角钢短肢相连的 T 形截面；有节间荷载时，可采用两个等边角钢组成的 T 形截面或两个不等边角钢长肢相连的 T 形截面。

(2) 对于屋架下弦杆，宜采用两个等边角钢组成的 T 形截面或两个不等边角钢短肢相连的 T 形截面。

(3) 对于梯形屋架的端斜杆和端竖杆，宜采用两个不等边角钢长肢相连的 T 形截面。

(4) 对于其他腹杆，宜采用两个等边角钢组成的 T 形截面。受力很小的再分式腹杆也可采用单角钢截面。

(5) 为了避免连接垂直支撑的屋架中央竖杆在垂直支撑传力时偏心，宜采用两个等边角钢组成的十字形截面。

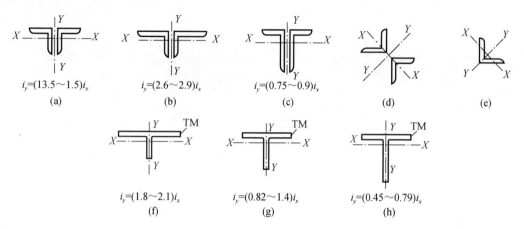

图 4-12 单壁式屋架杆件的截面形式

2) 双壁式屋架杆件的截面形式

屋架跨度较大时，弦杆等杆件较长，单榀屋架的横向刚度比较小。为保证安装时屋架的侧向刚度，跨度>42m 的屋架宜设计成双壁式，如图 4-13 所示。其中，由双角钢组成的双壁式屋架杆件的截面可用于弦杆和腹杆，横放的 H 型钢可用于大跨度重型双壁式屋架的弦杆和腹杆。

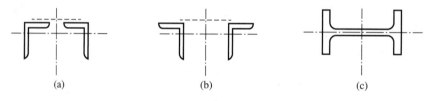

图 4-13 双壁式屋架杆件的截面形式

2. 填板的设置

为确保由两个角钢组成的 T 形或十字形截面杆件形成一个整体，杆件共同受力，必须每隔一定距离在两个角钢间设置填板并用焊缝连接，这样杆件才可按实腹式杆件计算。填板厚度同节点板厚，宽度一般取 40~60mm；长度按下列方法取值：T 形截面比角钢肢宽大 10~15mm，十字形截面则由角钢肢尖两侧各缩进 10~15mm。填板间距对压杆取 $I_d \leqslant 40i$，对拉杆取 $I_d \leqslant 80i$。在 T 形截面中，m 为一个角钢对平行于填板的自身形心轴(见图 4-14(a)中的 1—1 轴)的回转半径；十字形截面中，i 为一个角钢的最小回转半径(见图 4-14(b)中的 2—2 轴)。受压构件两个侧向支承点之间的填板数不少于两个，用十字截面的中央竖腹杆，其填板应沿两个方向交错放置。

3. 节点板的厚度

节点板的厚度，结合钢材牌号，对于梯形普通桁架等可按受力最大的腹杆内力确定，对于三角形普通钢桁架则按其弦杆最大内力确定，按规范表格选用。表 4-1 所示为单节点板桁架的节点板厚度选用表，设计时可直接查表使用。在同一榀桁架中，所有中间节点板均采用同一种厚度，支座节点板由于受力大并且很重要，厚度比中间的增大 2mm。

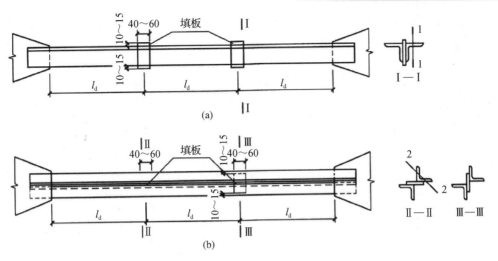

图 4-14 桁架杆件的填板

表 4-1 单节点板桁架的节点板厚度

梯形桁架腹杆最大内力或三角形桁架弦杆最大内力/kN	<170	171～290	291～510	511～680	681～910	911～1290	1291～1770	1771～3090
中间节点板厚度/mm	6	8	10	12	14	16	18	20
支座节点板厚度/mm	8	10	12	14	16	18	20	22

注：1. 表列厚度钢材按 Q235 钢考虑，当节点板为 Q345(16Mn)钢时，其厚度可按表列数值减小。
2. 节点板边缘与腹杆轴线间的夹角不小于 30°。
3. 节点板与腹杆用侧焊缝连接，当采用围焊时，节点板厚度应通过计算确定。
4. 无竖腹杆相连且无加劲肋加强的节点板，可将受压腹杆的内力乘以 1.25 后再查表。

4. 截面选择的一般原则

选择截面时应考虑下列要求。

(1) 应优先选用在相同截面积情况下宽肢薄壁的角钢，以增加截面的回转半径，这对压杆来说尤为重要。

(2) 角钢规格不宜小于∟45×4 或∟56×36×4。有螺栓孔时，角钢的肢宽须满足螺栓间距的要求。放置屋面板时，上弦角钢水平肢宽须满足搁置尺寸的要求。

(3) 同一榀桁架的角钢规格应尽量统一，一般宜调整到不超过 5～6 种，同时应尽量避免使用同一肢宽而厚度相差不大的角钢。同一种规格的厚度之差不宜小于 2mm，以便施工时辨认。

(4) 桁架弦杆一般沿全跨采用等截面，对于跨度大于 24m 的三角形桁架和跨度大于 30m 的梯形桁架，可根据内力变化改变弦杆截面，但在半跨内只宜改变一次，且只改变肢宽而保持厚度不变，以便于拼接的构造处理。

4.1.5 普通钢桁架屋架节点

桁架的杆件一般采用节点板相互连接，各杆件内力通过各自的杆端焊缝传至节点板，并汇交于节点中心而取得平衡。节点的设计应做到传力明确、可靠,构造简单、安装方便。

1. 基本要求

(1) 各杆的重心线应与屋架轴线重合,汇交于节点中心;角钢肢背至重心线的距离取 5mm 的倍数,小角钢可取 1mm 的倍数。图 4-15 所示为某下弦节点构造图,角钢肢背至重心线的距离均取 5mm 的倍数。

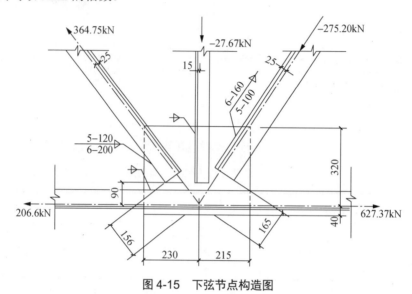

图 4-15 下弦节点构造图

(2) 弦杆截面有改变时,一般将拼接处弦杆肢背对齐,屋架轴线在两个杆件形心线中间;节点处腹杆与腹杆、腹杆与弦杆之间的净距不小于 15~20mm,如图 4-16 所示。

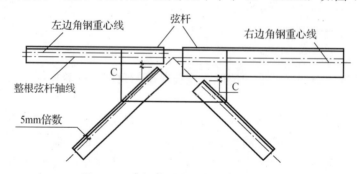

图 4-16 弦杆截面有改变时的轴线位置

(3) 角钢的切断面应与其轴线垂直,需要斜切,以便使节点紧凑时只能切肢尖。不允许一肢完全切去而另一肢伸出的斜切,如图 4-17 所示。

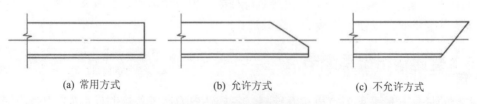

图 4-17 角钢端部的切割

(4) 节点板的形状应尽量简单规则，宜采用矩形，也可采用平行四边形和梯形等，一般至少有两条边平行。节点板尺寸尽量使焊缝中心受力，节点板边缘与杆件轴线夹角不应小于15°，如图4-18所示。

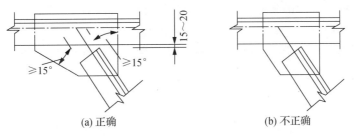

图4-18 节点板焊缝位置

(5) 支承大型混凝土屋面板的上弦杆，伸出肢宽不宜小于80mm(屋架间距6m)或100mm(屋架间距大于6m)，否则应在支承处增设外伸的水平板，以保证屋面板支承长度；当支承处总集中荷载较大时，应对水平肢按图4-19中的做法之一予以加强，以防水平肢过薄而产生局部弯曲。

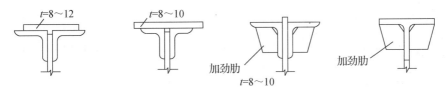

图4-19 上弦角钢加强示意

(6) 绘制节点大样(比例尺为1/10～1/5)，确定每一节点上都需要标明的尺寸，为今后绘制施工详图提供必要的数据(对于简单的节点，可不绘大样，而由计算得到所需尺寸)。节点上需标注的尺寸包括(见图4-20)以下几方面。

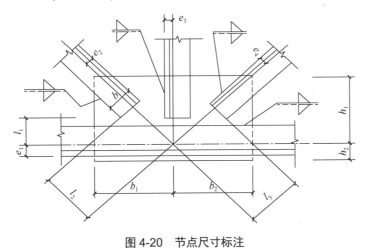

图4-20 节点尺寸标注

① 每一腹杆端部至节点中心的距离，如图4-20中l_1、l_2和l_3(若为非焊节点，则应标明节点中心至腹杆末端第一个螺栓中心的距离)。此距离主要用于制造时的拼装，还可由此

计算每一腹杆的实际长度(由腹杆两端的节点间几何长度减去两端至各自节点的距离之和)。

② 节点板的平面尺寸。应从节点中心向两边分别注明其宽度和高度,如图 4-20 中的 b_1、b_2 和 h_1、h_2,尺寸分别平行和垂直于弦杆的轴线,主要用于制造时对节点板进行定位。

③ 各杆件轴线至角钢肢背的距离,如图 4-20 中所注的 e_1、e_2 等。

④ 角钢连接边的边长 b (只当杆件截面为不等边角钢时需注明)。

⑤ 每条角焊缝的焊脚尺寸 h_f 和焊缝长度 l (当为螺栓连接时,应注明螺栓中心距和端距)。

2. 节点构造

先根据腹杆内力计算腹杆与节点板连接焊缝的长度和焊脚尺寸。焊脚尺寸一般不大于角钢肢厚。根据节点上各杆件的焊缝长度,并考虑杆件之间应留的间隙以及制作和装配的误差,确定节点板的形状和平面尺寸。

然后计算弦杆与节点的焊缝。对于单角刚杆件的单面连接,由于角钢受力偏心,计算焊缝时应将焊缝强度设计值乘以 0.85 的折减系数,焊缝的尺寸尚应满足构造要求。以下介绍几种典型节点的构造要求。

1) 有集中荷载作用的节点(上弦节点)

支承大型屋面板或檩条的屋架上弦节点,为放置集中荷载下的水平板或檩条,可采用节点板不向上伸出(见图 4-21(a))、部分向上伸出(见图 4-21(b))和全部伸出(见图 4-21(c))的做法。

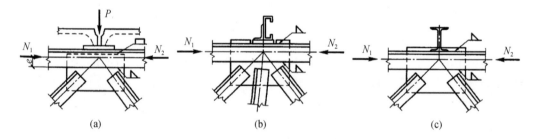

图 4-21 上弦节点节点板设置

图 4-22(a)所示为有檩屋盖中的桁架上弦节点。由于檩托的存在,节点板无法伸出角钢背面,图 4-22(a)中将节点板缩进(0.5~1.0)t (t 为节点板厚度),并在此进行槽焊。图 4-22(b)所示为有檩屋盖中上弦点的另一形式,在节点板上边缘处开一凹口以容纳檩托和槽钢檩条,凹口处节点板缩进角钢背面,凹口以外仍伸出角钢背面 10~15mm,在该处可设焊缝。

图 4-22(c)所示为无檩屋盖中上弦杆在节点处的截面,由于钢筋混凝土大型屋面板的纵肋直接支撑在节点处弦杆角钢外伸边上,为避免角钢外伸边受弯曲而变形过大,通常在角钢背面加焊一垫板(厚 8~12mm),以局部加强上弦杆角钢的外伸边。因而节点板也需如图 4-22(a)那样缩进,并于缩进处施以槽焊。

2) 一般节点(下弦节点)

一般节点是指无集中荷载和无弦杆拼接的节点,如无悬挂吊车荷载的屋架下弦的中间节点,如图 4-23 所示。腹杆与节点板连接采用两侧角焊缝、L 形围焊缝或三面围焊缝,按受轴心力角钢的角焊缝计算;弦杆与节点板间角焊缝只传递差值;节点板应伸出弦杆 10~

15mm 以便布置焊缝。

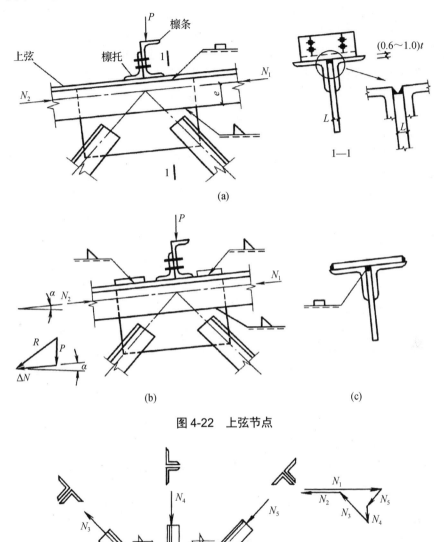

图 4-22 上弦节点

图 4-23 下弦节点

3) 屋脊节点

图 4-24 所示为梯形桁架或三角形桁架的屋脊节点示例。在此节点上，左右两弦杆断开，因而需用拼接件拼接。拼接件通常采用与弦杆相同的角钢截面，同时需将拼接角钢的棱角截去，并把竖向肢 $\Delta = t + h_f + 5\text{mm}$ 的一部分切除。对于屋面坡度较小的梯形桁架，拼接角钢可热弯成型；对于屋面坡度较大的三角形桁架，则常需将拼接角钢的竖直边割一口子，

如图 4-24(b)所示，然后冷弯成型并连接。上弦拼接角钢的长度等于焊缝实际长度加上弦杆空隙(一般为 30~50mm)。为了保证拼接节点的刚度，拼接角钢的长度不宜小于 400~600mm，跨度大的屋架取较大值。

弦杆拼接分为工厂拼接和工地拼接两种，工厂拼接是因角钢长度不足，在工厂制造的接头常设在杆力较小的节间；工地拼接是因为屋架分段运输，在工地进行的安装接头常设在屋脊节点和下弦中央节点。

在工地拼接时，屋架的中央节点板和竖杆均在工厂焊于左半跨，右半跨杆件与中央节点板的拼接角钢与弦杆连接为工地焊接。拼接角钢与弦杆连接的相应位置均要设置临时性安装螺栓，以便于工地焊接。

当桁架跨度较大时，需将桁架分成两个运输单元，在屋脊节点和下弦跨中节点设置工地拼接，如图 4-24 所示。左半边的上弦、斜杆和竖杆与节点板的连接为工厂焊接，而右半边的上弦、斜杆与节点板的连接为工地焊缝。拼接角钢与上弦的连接全用工地焊缝。为了便于工地焊接，需设置临时性安装螺栓。

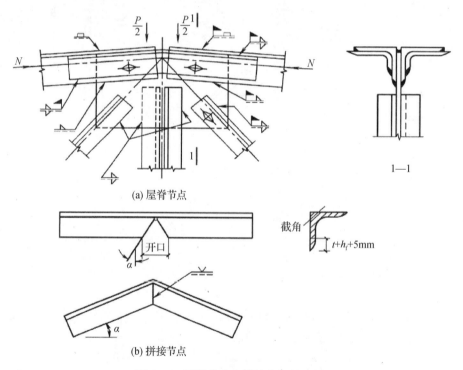

图 4-24 屋脊节点及拼接角钢的弯折

当桁架上弦设置天窗时，天窗架与桁架上弦一般采用普通螺栓连接。

4) 下弦的拼接节点

下弦一般采用与下弦尺寸相同的角钢来拼接，并保持拼接处原有下弦杆的刚度和强度，如图 4-25(a)所示。

在下弦的拼接中，为了使拼接角钢与原来的角钢相紧贴，要截去拼接角钢顶部的棱角，宽度为 r (r 为角钢内圆弧半径)；对其竖向肢应割去 $h_f+t+5mm$ (t 为角钢厚度)，如图 4-25(b)所示，以便施焊。因切割而对拼接角钢截面的削弱则考虑由节点板补偿。当节点两侧下弦杆的角钢截面不相同时，拼接角钢的截面可采用与较小截面相同的截面。

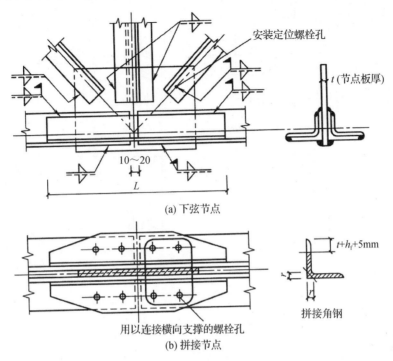

图 4-25 下弦角钢的工地拼接节点

当角钢的边长 $b \geq 125mm$ 时，为了使传力路线不过分地集中在角钢趾部的焊缝处，以改善拼接角钢中的受力情况，不使产生较大的应力集中，宜将拼接角钢的两端各切去一角，焊缝沿斜边布置，如图 4-25(b)所示(此法同样适用于拼接角钢的水平边和竖直边，图上的竖直边未切角，水平边切角，主要是为了表示 $b<125mm$ 和 $b \geq 125mm$ 时的两种处理方案)。

5) 支座节点

桁架与柱的连接有铰接和刚接两种形式。支承于钢筋混凝土柱或砖柱上的桁架一般为铰接，而支承于钢柱上的桁架通常为刚接。本节主要以铰接支座节点为例，介绍其设计方法。

图 4-26 所示为梯形桁架和三角形桁架在钢筋混凝土柱顶或砌体上的支座节点示例。这种支座由节点板、底板、加劲肋和锚栓等组成，由于其只传递桁架的竖向反力 R，因此看作为铰接。

(1) 锚栓。

铰接支座节点的锚栓用以固定桁架的位置，一般不需计算，而按构造要求采用两个直径为 $d=20 \sim 24mm$ 的锚栓。桁架跨度大时，锚栓直径宜粗一些。当轻屋面的桁架建于风荷载较大的地区，风吸力可能是桁架反力，为拉力，则锚栓有防止桁架被掀起的作用。为了方便安装桁架，底板上的锚栓孔宜为开口式，开口直径取锚栓直径的 $2 \sim 2.5$ 倍。待桁架安装就位后，再用垫板套在锚栓顶部并与底板焊接，垫板上的孔径为 $d+(1 \sim 2)mm$。锚栓可设于底板的中线上，如图 4-26(a)所示；也可设于中线旁，如图 4-26(b)所示。当为前者时，加劲肋的端部不可能伸到底板的边缘，此时底板的面积可只算到肋端的外缘，如图 4-26 中的 $2a \times 2b$ 所示。

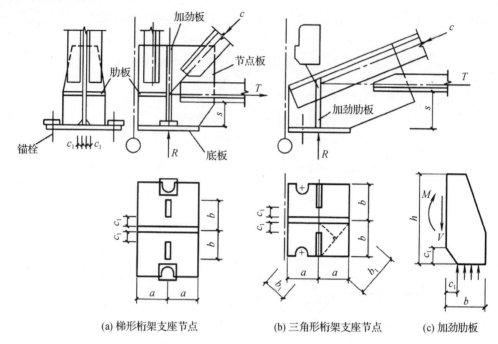

(a) 梯形桁架支座节点　　(b) 三角形桁架支座节点　　(c) 加劲肋板

图 4-26　铰接支座节点

(2) 底板。

底板反力 R 的作用线应通过底板的中心，并与下弦杆和斜杆的轴线相交于节点中心。图 4-26(a)所示的梯形桁架支座节点处的桁架竖杆，其轴线因与支座加劲肋板位置冲突，有一定的偏心，但由于此杆内力较小，引起的影响可忽略不计。

底板平面尺寸由其刚度和锚栓位置等构造要求确定，常用的尺寸为 240mm×240mm～400mm×400mm。此板的宽度和厚度均不可超出钢筋混凝土柱顶支撑面的范围。

底板厚度可按相邻两边支撑的矩形板($a×b$)承受柱顶的均布反力 $q = R/A_n$ 确定。为了使底板有一定的刚性，底板的最小厚度宜满足下列构造要求：当桁架跨度不大于 18m 时，$t ⩾ 16mm$；当桁架跨度大于 18m 时，$t ⩾ 20mm$。

(3) 加劲肋板。

加劲肋板应能增强节点板平面外刚度和减少底板的弯矩，其厚度可与节点板相同。肋底板端应切角 c_1，如图 4-26(c)所示，以避免三条互相垂直的角焊缝交于一点。肋板与节点板的竖向连接焊缝同时承受剪切 V 和弯矩 M，如图 4-26(c)所示。

为了便于下弦角钢肢背施焊，下弦角钢水平肢的底面和支座底板之间的净距 s 不应小于下弦角钢外伸长的边长，同时又不小于 130mm。

4.1.6　普通钢桁架屋架施工图识读

1. 工程概况

该工程为单跨双坡封闭式厂房，跨度 21m，总长 120m，采用梯形钢屋架，屋面坡度 $i = 1/10$，屋架间距 6m，檩距 1.508m，檩条水平投影间距 1.5m。屋架铰支于钢筋混凝土柱柱顶，有两台 5t 重级工作制吊车(A6)，外天沟。屋架下弦标高 10m，屋面采用金属夹芯板，C 形檩条。地面粗糙度类别为 B 类，结构重要性系数为 &=1.0，抗震设防烈度为 7 度。基本风压为 $0.5kN/m^2$，基本雪压为 $0.30kN/m^2$。钢材采用 Q235B，焊条采用 E43 型。

2. 支撑布置

屋架支撑布置如图 4-27 所示。在房屋两端及伸缩缝处第一开间内，钢屋盖设有上弦横向水平支撑(SC1、SC2)、下弦横向水平支撑(SC3、SC4)、系杆(XG1、XG2、XG3)、竖向支撑 (CC1、CC2)。在其余开间屋架下弦跨中设置一通长水平系杆(XG3)，上弦横向水平支撑在节点处设通长系杆(XG2、XG3)。

根据《建筑抗震设计规范》(GB 50011—2010)的规定，钢屋架应根据结构及其荷载的不同情况设置可靠的支撑系统，在建筑物每一个温度区段或分期建设的区段中，应设置独立的空间稳定的支撑系统。设置支撑系统的目的是保证钢屋架及其构件在安装和使用过程中的整体稳定性，提高结构的空间作用，减小屋架杆件在平面外的计算长度。支撑系统的设置应综合考虑工程的结构形式、跨度、房屋高度、吊车吨位、地质条件和所在地区的抗震设防烈度等因素。

支撑系杆分刚性系杆和柔性系杆两种，其截面按长细比或受力要求确定。刚性系杆(XG1、XG2)既可受拉也可受压，一般采用双角钢组成的十字形截面或 T 形截面，也可采用钢管截面；柔性系杆(XG3)只能受拉，一般采用单角钢制作，对有张紧要求的拉杆可采用圆钢。本工程中，在设置水平支撑和竖向支撑的开间，两个横向支撑交叉斜杆之间及相应于竖向支撑平面间的上、下弦节点处的系杆，除在上、下弦杆端部及上弦杆跨中的系杆外，均按柔性系杆设计；支撑中的交叉斜杆按柔性杆设计，与交叉斜杆相连或相邻的水平直杆按刚性杆设计，详见图 4-31～图 4-34。实际中，当横向支撑设在厂房单元端部第二柱间时，则第一柱间的所有系杆均按压杆设计。

3. 屋面构件布置

屋面构件布置如图 4-28 所示。屋面构件有檩条、拉条和撑杆等。有檩屋盖一般用于轻型屋面，常用檩条形式有实腹式和桁架式两种，实腹式檩条一般采用普通型钢或冷弯薄壁型钢。本工程檩条采用 C 形截面冷弯薄壁卷边槽钢(CL6-2A～CL6-2F)。为使屋架上弦杆不产生弯矩，檩条位于屋架上弦节点处；为减小屋面荷载偏心而引起的扭矩，檩条肢尖(或卷边)朝向屋脊方向；脊檩采用双檩方案，用拉条 T3 相互拉接；中间开间檩条跨度为 6m；为方便山墙与屋面连接，端开间檩条外伸 0.6m。

檩条的拉条设置与否主要和檩条的侧向刚度有关，对于侧向刚度较差的实腹式和平面桁架式檩条，为了减小檩条在安装和使用阶段的侧向变形和扭转，保证其整体稳定性，一般需根据檩条跨度设置一至两道拉条，作为其侧向支撑点。本工程在檩条跨中靠近受压翼缘设置一道拉条(T1～T3)。

檩条撑杆的作用主要是限制檐檩和脊檩以及天窗缺口处边檩向上或向下两个方向的侧向弯曲，撑杆处应同时设置斜拉条。因此，一般情况下，在屋檐和屋脊处都设置撑杆和斜拉条。斜拉条和撑杆的截面应按计算确定，撑杆的长细比应满足压杆要求，即长细比不大于 200，可采用钢管、方管或角钢制作。本工程檩条撑杆(C1)、斜拉条(T4-T7)只在檐檩处设置，撑杆采用钢管内设拉条的做法，其构造比较简单。

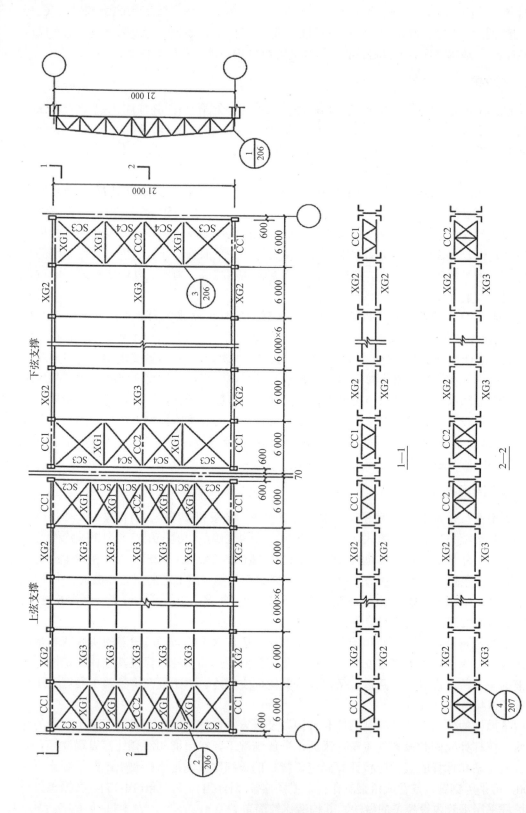

图 4-27 屋架支撑布置图

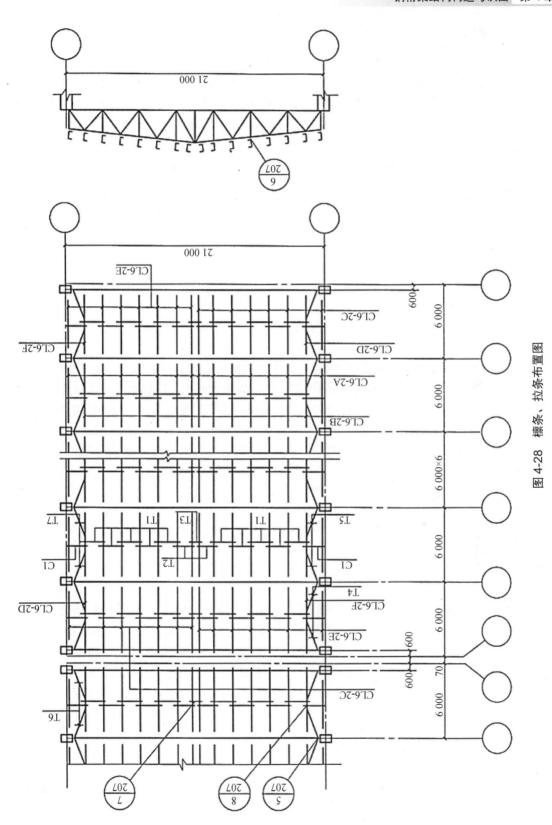

图 4-28　檩条、拉条布置图

4. 支撑与其他构件的连接

支撑连接如图 4-29～图 4-33 所示。支撑在与屋架和天窗架的连接中，一般每个连接节点处均采用两个直径为 16～20mm 的 C 级螺栓。对设有重级工作制吊车或有较大振动设备的厂房，以及抗震设防烈度大于等于 6 度时，支撑与屋架的连接，除设置安装螺栓外，还应加焊缝，并且不允许在屋架满负荷的情况下施焊。仅采用螺栓连接而不加焊接时，应待构件连接完毕校正固定后将螺钉扣打毛或将螺杆与螺母焊接，以防松动。

本工程由于上下弦角钢肢宽(75mm)较大便于制孔，上下弦交叉支撑杆(SC1～SC4)预先用焊缝与节点板在地面焊接，待屋架安装就位后，再用安装螺栓与屋架连接，最后在现场加焊节点板与弦杆连接焊缝。支撑横杆或系杆(XG1、XG2 等)应与预先焊在上弦杆及腹杆上的竖板相连，以免这些构件突出上弦杆表面影响屋面板或檩条安装。

5. 钢屋架与柱顶的连接

钢屋架与柱顶的连接如图 4-29(①)所示。本工程钢屋架与钢筋混凝土柱顶的连接支座节点设计为铰接，用两个 M24 的锚栓连接。为保证底板的刚度、力的传递以及节点板平面外刚度的需要，支座节点处应对称设置加劲板。为便于施焊，下弦角钢肢背与底板间的距离一般应不小于下弦伸出肢的宽度，且不小于 130mm；梯形屋架端竖杆角钢肢朝外时，角钢边缘与加劲板中线距离不宜小于 50mm。为便于屋架安装就位及固定牢靠，底板上应开较大的锚栓孔，待屋架安装定位后，再将套进锚栓的垫板焊于底板上；底板上的锚栓孔常用 U 形孔，孔径为 2～2.5d；垫板上的孔径取 d+1～2mm，垫板的边长尺寸取 10mm 的整数倍。锚栓预埋于柱中，锚栓的埋置深度(锚固长度)、弯钩及锚栓直径按构造要求确定，锚栓的外露长度为屋架底板厚+垫板厚+双螺母厚+15mm，丝扣长度为螺栓外露长度减 20mm 或全丝扣，锚栓的位置应便于其操作定位。

6. 屋面构件的连接

屋面构件的连接如图 4-30 所示。檩条(CL6-2A～CL6-2F)与屋架的连接处设置角钢檩托，以防止檩条在支座处扭转变形和倾覆。角钢檩托与屋架上弦焊接，但屋面坡度与屋面荷载较小时，也可用钢板直接焊于屋架上弦作为檩托。檩条端部与檩托的连接螺栓应不少于两个，并沿檩条高度方向设置。本工程中，檩条与檩托连接采用两个 M12 的螺栓。

拉条(T1～T3)、斜拉条(T4～T7)及檩条撑杆(C1)与檩条、屋架上弦全部采用螺栓连接。拉条、撑杆与檩条连接处距檩条受压翼缘距离为檩条高度的 1/3。斜拉条与檩条腹板的连接，在本工程中采用在连接处将檩条弯折的方法，弯折点距腹板边距离为 10～15mm。如条件许可，斜拉条也可不弯折，而采用在连接处设置斜垫板或角钢连接。斜拉条与屋架上弦的连接，在本工程中采用在屋架上焊一短角钢与斜拉条，当屋面坡度较小时，也可直接连接于檩条的檩托或端部的预留孔上。

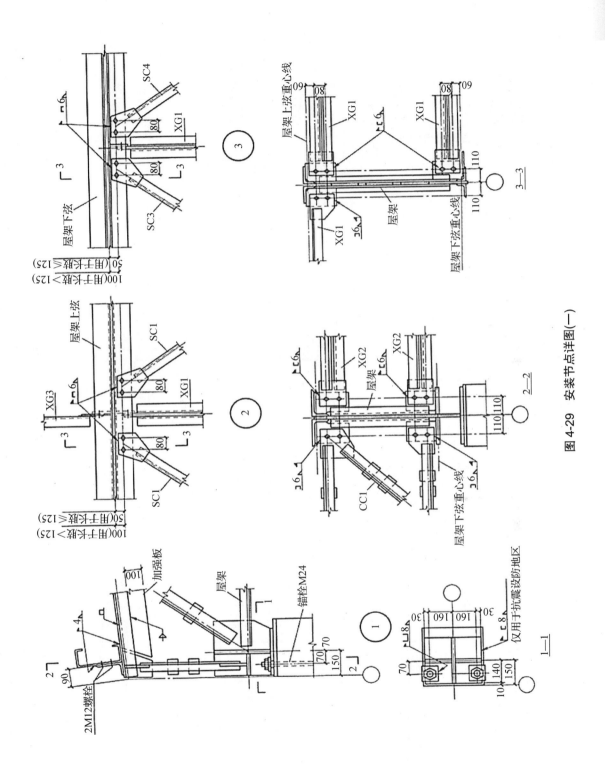

图 4-29 安装节点详图(一)

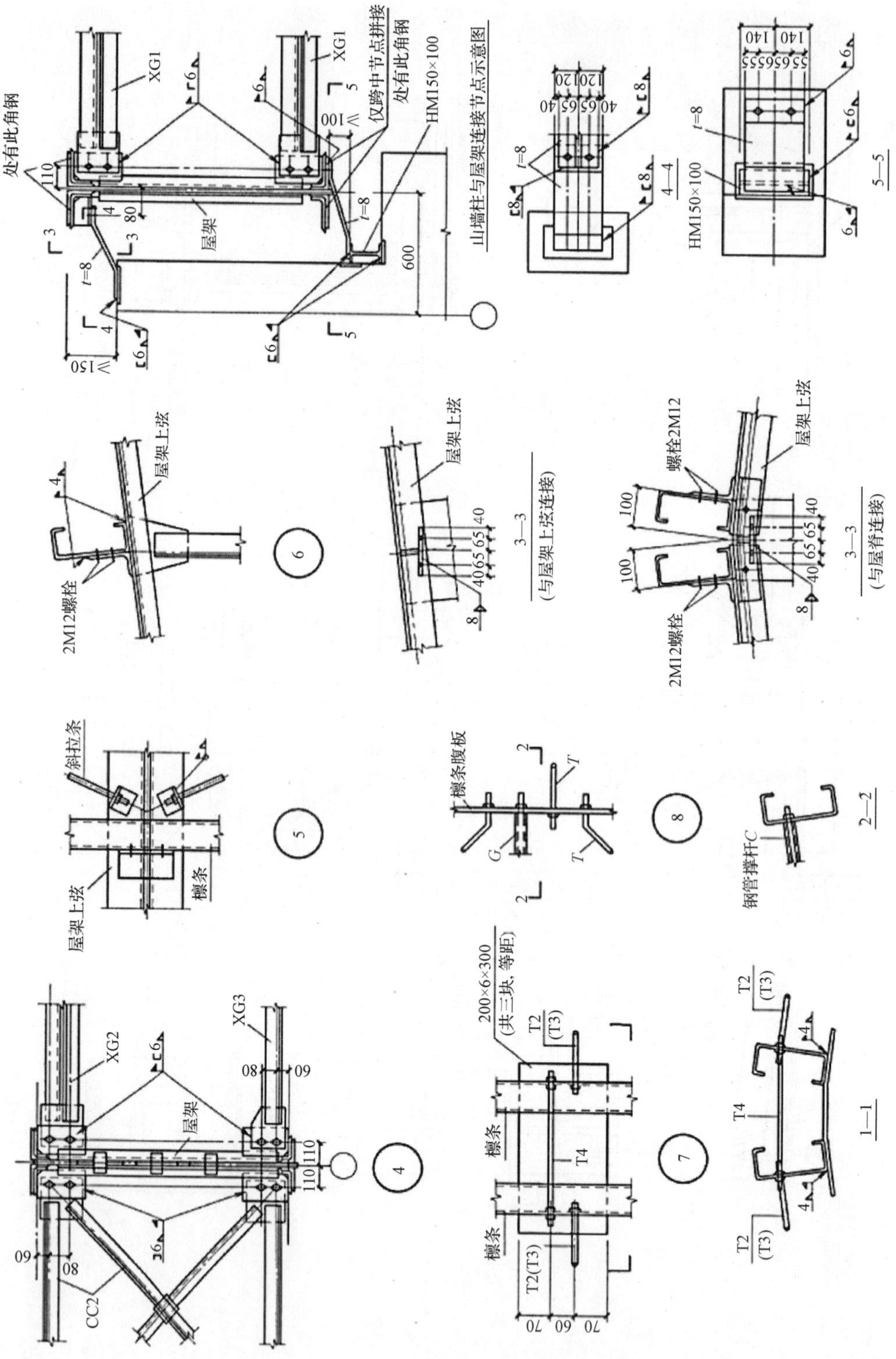

图 4-30 安装节点详图(二)

7. 支撑详图

支撑详图如图 4-31～图 4-33 所示。支撑详图包括各支撑中零件布置图、零件大样图、材料表等。支撑详图标明了各零件的相互位置关系、细部尺寸、材料规格、编号、孔洞位置以及制作安装要求。定位尺寸主要包括轴线至角钢肢背的距离，节点中心至腹杆端部的距离，节点中心至节点板上、下、左、右边缘的距离等。螺栓孔位置要符合型钢线距表和螺栓排列规定距离的构造要求。材料表依次按构件编号和零件号说明构件的截面尺寸、长度、数量和自重。材料表是构件详图在一张图样上所用全部材料的汇总表格，其统计的零件单重和构件的总重按构件轴线长度计算，不包括加工时的损耗量。零件尺寸为加工后的尺寸，弯曲零件的长度按重心线计算。如果图面允许，材料表中要设备注栏，主要注明对零件材质的特殊要求，或对零件的特殊加工要求等。材料表的用途主要是配料和计算用钢指标，其次是为吊装时配备起重运输设备。超出施工详图总说明的内容，图样又未表示清楚的，对加工及工地施工的其他要求，如零件切斜角、孔洞直径和焊缝尺寸等要在附注中作说明。

8. 屋架详图

屋架详图如图 4-34、图 4-35 所示。屋架详图包括屋架索引图、屋架正面图、上下弦平面图、必要的侧面图、某些安装节点或特殊零件的大样图、材料表和附注等。对于对称屋架，索引图中一半注明杆件几何长度(mm)，另一半注明杆件内力(kN)。按规定，屋架跨度较大时(梯形屋架 $L \geqslant 24m$，三角形屋架 $L \geqslant 15m$)挠度较大，影响使用与外观，制造时应予起拱，以避免在竖向荷载作用下屋架跨中下垂，起拱拱度一般采用 $f=L/500$。本工程屋架起拱 40mm。

钢屋架详图通常采用两种比例：杆件轴线一般为 1∶30～1∶20，以免图幅太大；节点(包括杆件截面、节点板和小零件)一般为 1∶15～1∶10 或更大，以清楚地表达节点的细部制造要求。屋架详图标明了屋架所有零件的图形、组装关系和相关尺寸。上下弦平面图着重表示弦杆的定位尺寸及其螺栓孔的位置。跨度为 21m 的屋架可分为两个运输单元，在跨中节点常用工地焊缝拼接。左半边的弦杆和腹杆与节点板连接用工厂焊缝，而右半边的弦杆和腹杆与节点板连接用工地焊缝。上下弦杆在跨中节点处用拼接角钢现场施焊拼接。连接垂直支撑和系杆的竖板则应在工厂与弦杆和腹杆焊接。在材料表中，有些零件需分别用"正"和"反"表示其数量，其原因为当组成杆件的两型钢的型号尺寸完全相同，因开孔位置或切斜角等原因，经加工后成镜面对称时，则其中一个为正，另一个为反，采用同一编号，在材料表中注明正反二字以示区别(如图 4-35 中上弦杆①、下弦杆②)。

材料表							
构件编号	零件号	断面	长度/cm	数量 正	数量 反	重量/kg 每个	重量/kg 共计	合计
SC1	1	∟70×5	5590	1		30.2	30	73
	2	∟70×5	2750	1		14.9	15	
	3	∟70×5	2665	1		14.4	14	
	4	−190×6	260	2		2.3	5	
	5	−225×6	260	2		2.7	5	
	6	−195×6	460	1		4.2	4	
SC2	1	∟70×5	6315	1		34.1	34	86
	2	∟70×5	3135	1		17.9	18	
	3	∟70×5	3065	1		16.6	17	
	4	−240×6	260	2		2.9	6	
	5	−260×6	280	2		3.4	7	
	6	−215×6	400	1		4.0	4	

附注:
1. 未注明的角焊缝焊脚尺寸为5mm。
2. 角钢两端与节点板用三面围焊,其焊脚尺寸分别为:肢背6mm,角钢端部和肢尖5mm。
3. 未注明的长度的焊缝一律满焊。
4. 未注明的螺栓为M16,孔为ϕ17。

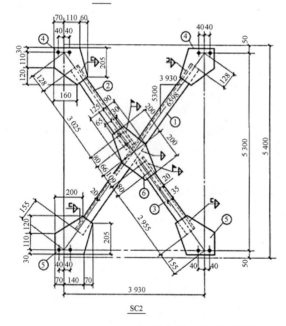

图 4-31 水平支撑 SC1、SC2 详图

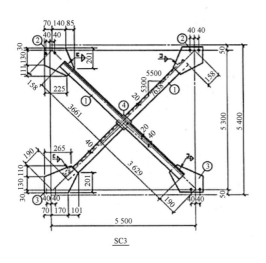
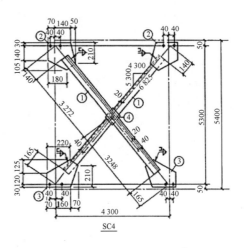
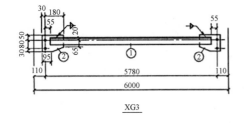

构件编号	零件号	断面	长度/cm	数量 正 反		重量/kg 每个 共计		合计
SC3	1	∟75×5	7290	2		42.4	85	102
	2	−270×6	295	2		3.7	7	
	3	−270×6	340	2		4.3	9	
	4	−100×6	105	1		0.5	1	
SC4	1	∟75×5	6520	2		37.9	86	102
	2	∟260×6	275	2		3.3	7	
	3	−275×6	300	2		3.9	8	
	4	−100×6	125	1		0.6	1	
XG1	1	∟70×5	5070	2		27.4	55	61
	2	−180×6	180	2		1.5	3	
	3	−60×6	120	9		0.3	3	
XG2	1	∟70×5	5670	2		30.6	61	67
	2	−180×6	180	2		1.5	3	
	3	−60×6	120	9		0.3	3	
XG3	1	∟75×5	5670	2		33.0	33	36
	2	−160×6	210	2		1.6	3	

附注：
1. 未注明的角焊缝焊脚尺寸为5mm。
2. 角钢两端与节点板用三面围焊，其焊脚尺寸分别为：肢背6mm，角钢端部和肢尖5mm。
3. 未注明的长度的焊缝一律满焊。
4. 未注明的螺栓为M16，孔为φ17。

图 4-32　水平支撑 SC3、SC4、XG1 ～ XG3 详图

构件编号	零件号	断面	长度 /cm	数量 正	数量 反	重量/kg 每个	重量/kg 共计	合计
CC1	1	∠63×5	5070	4		24.4	98	175
	2	∠50×5	1630	4		6.1	24	
	3	∠50×5	1690	4		6.4	26	
	4	−190×8	190	2		2.3	5	
	5	−150×8	200	2		1.9	4	
	6	−190×8	330	1		3.9	4	
	7	−215×8	335	2		4.5	9	
	8	−60×8	85	11		0.3	3	
	9	−60×8	70	8		0.3	2	
CC2	1	∠63×5	5070	4		24.4	98	182
	2	∠50×5	3300	4		12.4	50	
	3	∠50×5	2290	2		8.6	17	
	4	−185×6	195	2		1.7	3	
	5	−195×6	215	2		2.0	4	
	6	−185×6	310	1		2.7	3	
	7	−195×6	360	1		3.3	3	
	8	−60×6	85	12		0.2	3	
	9	−60×6	70	3		0.2	1	
	10	−80×6	100	2		0.4	1	

附注:
1. 未注明的角焊缝焊脚尺寸为5mm。
2. 未注明的长度的焊缝一律满焊。
3. 未注明的螺栓均为M16,孔为φ17。
4. 所有杆件均为三面围焊。

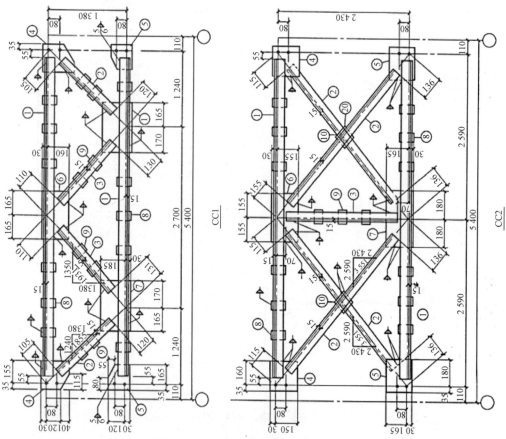

图4-33 竖向支撑CC1、CC2详图

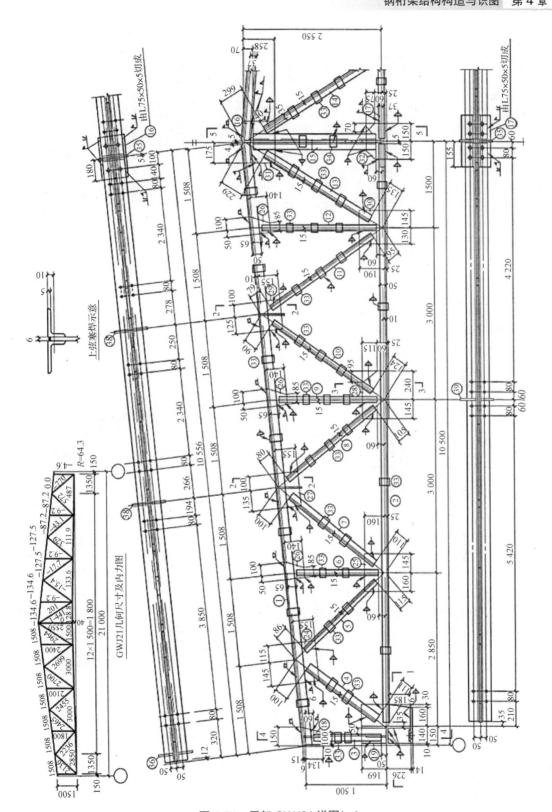

图 4-34 屋架 GWJ21 详图(一)

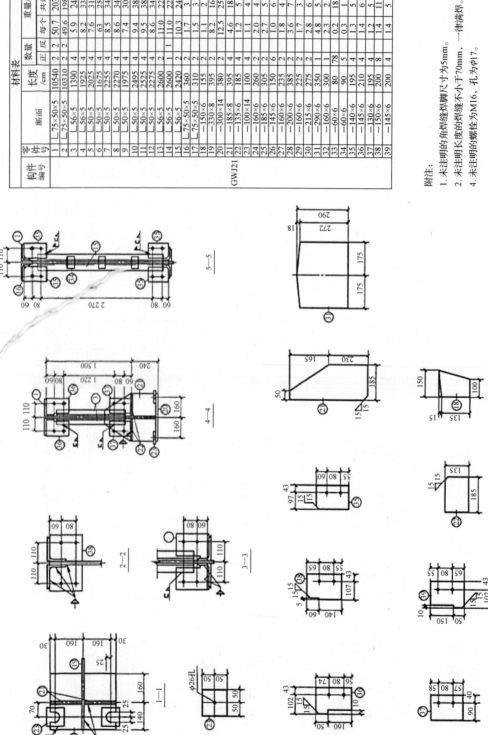

图 4-35 屋架 GWJ21 详图(二)

4.2 管桁架的构造与识图

管桁架结构在目前大跨度空间结构中得到了广泛应用。管桁架结构体系可以是平面或空间桁架，与普通钢结构的区别主要在于连接节点的构造不同。例如，网架结构常用球节点，普通钢桁架常用板节点，而管桁架则常用相贯节点。

管桁架结构具有简洁、流畅的视觉效果，造型丰富，在门厅、航站楼、体育馆、会议中心、展览中心等建筑中得到了广泛的应用。

4.2.1 管桁架的特点、材料及规格

1. 管桁架的特点

1) 优点
(1) 节点形式简单。
(2) 刚度大，几何特性好。
(3) 施工简单。
(4) 有利于防锈和清洁维护。
(5) 圆管截面的管桁架结构流体动力特性好。
2) 局限性
(1) 材料强度不能充分发挥，用钢量大。
(2) 相贯节点的加工与放样复杂。
(3) 焊接质量要求高，且工作量大。

2. 管桁架的材料及规格

1) 管桁架材料

管桁架材料主要有碳素结构钢、低合金高强度结构钢、优质碳素结构钢，重要部位或钢板过厚时可能用到 Z 向钢、铸钢等。

2) 管桁架钢材规格

钢管主要有无缝钢管和焊接钢管两种。国产热轧无缝钢管的最大外径可达 630mm，供货长度为 3~12m。焊接钢管外径可做得更大，一般由施工单位卷制。

焊接钢管又分为高频焊接钢管和普通焊接钢管。普通焊管分为直缝焊管和螺旋焊管。较小口径的焊管一般用直缝焊，大口径的焊管多用螺旋焊。

4.2.2 管桁架的分类

管桁架的结构形式与普通钢桁架的形式基本相同，根据作用不同可采取不同的外形。做屋架时，其外形可以为三角形、梯形、平行弦、拱形等。其腹杆形式有芬克式、人字式、单斜式、再分式等。

1. 按受力特点和杆件布置不同分类

管桁架按受力特点和杆件布置不同，可分为平面管桁架和空间管桁架(后者常用三角形截面)。

平面管桁架(见图4-36)由于上、下弦及腹杆均在同一平面内，故平面外刚度较差，必须加平面外侧支撑以保证侧向稳定性。而在考虑管桁架布置时应按受力简单、传力明确、构造简单、方便施工的原则进行。

三角形空间桁架截面分为倒三角形(见图4-37)和正三角形(见图4-38)两种。工程中常采用倒三角形截面管桁架，主要原因是：其上弦两根杆，在常受压的情况下，两根比一根的受压抗失稳能力要强一倍；下弦一般只受拉，无失稳问题；上弦两根杆、下弦一根杆使外观杆件轻巧，还可以缩短檩条的跨度。正三角形截面的管桁架，一般多用于管道栈桥，此时上弦为一根杆，使檩条、天窗架立柱与上弦杆连接较简单。

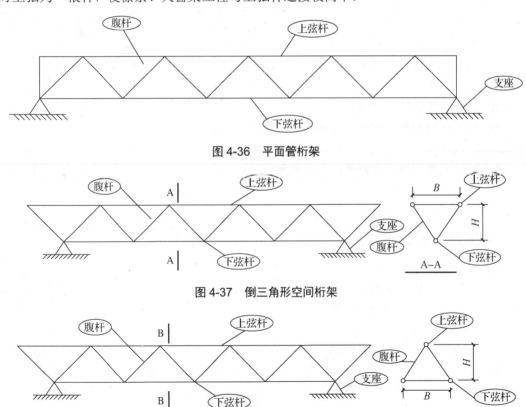

图4-36 平面管桁架

图4-37 倒三角形空间桁架

图4-38 正三角形空间桁架

2. 按连接构件截面的不同分类

(1) C-C型桁架。主管和支管均为圆管相贯，相贯线为空间马鞍型曲线。C-C型桁架在国内应用最广泛，最成熟。由于相贯线为空间马鞍形曲线，开始制造较困难，但随着钢管相贯自动切割机的出现，极大地促进了C-C型桁架的应用发展。如图4-39所示。

(2) R-R型桁架。主管和支管均为方钢管或矩形管相贯，由于方管和矩形管抗压、抗扭性能突出，国外应用广泛，国内也有应用。如图 4-40 所示。

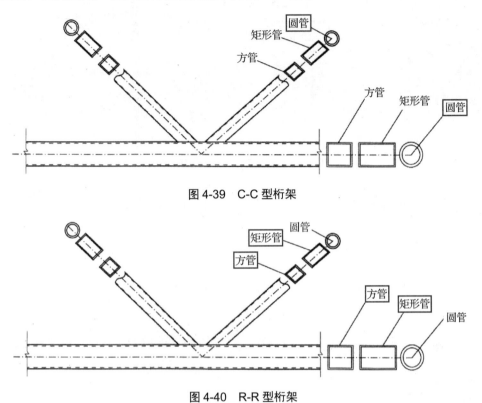

图 4-39　C-C 型桁架

图 4-40　R-R 型桁架

(3) R-C 型桁架。矩形截面主管和圆形截面支管相贯。圆管与矩形管的杂交型管节点构成的桁架形式新颖，能充分利用圆管作轴心受力构件，矩形管作压弯和拉弯构件，且矩形管与圆管相交的节点相贯线均为椭圆曲线，比圆管相贯的空间曲线易于设计和加工。如图 4-41 所示。

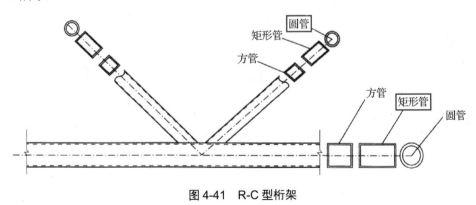

图 4-41　R-C 型桁架

3. 按桁架的外形分类

管桁架按桁架外形分为直线形管桁架和曲线形管桁架，如图 4-42 所示。当管桁架的外形为曲线形状时，若在加工制作过程中考虑成本，可由折线近似代替曲线，杆件为直杆加工；或当要求较高时，可用弯管机将杆件弯成曲管，达到完美的建筑效果。

(a) 直线形管桁架　　　　　　　　(b) 曲线形管桁架

图 4-42　直线形与曲线形管桁架

4.2.3　管桁架屋架的杆件

1. 杆件截面形式

钢管屋架的截面有方钢管和圆钢管两种形式。方钢管多为闭口或两个槽钢的焊接截面；圆钢管多为高频焊接截面或轧制无缝截面。方钢管截面主要采用正方形，必要时可采用长方形。长方形钢管用于弦杆平放时，可更好地应用于需要有较大侧向宽度和刚度的情况。

圆钢管的外径与壁厚之比不应超过 $100\sqrt{\dfrac{235}{f_y}}$，方钢管的最大外缘尺寸与壁厚之比不应超过 $40\sqrt{\dfrac{235}{f_y}}$。

屋架弦杆全长宜采用同一截面规格的型材。跨度≥24m 的屋架，可根据弦杆内力变化情况在某一节点处改变其截面尺寸，一般只改变截面壁厚而不改变截面的外形尺寸，且须保证该节点两侧弦杆的几何中心线位于同一直线上。否则，应考虑由此偏心产生的附加弯矩。

2. 管桁架杆件连接

在钢管构件连接接头处宜用对接焊缝连接，如图 4-43(a)所示；当两个钢管管径不同时，宜加锥形过渡段，如图 4-43(b)所示；当遇到直径较大或重要连接时，宜在管内加短衬管，如图 4-43(c)所示；轴心受压构件或受力较小的压弯构件可加隔板，如图 4-43(d)所示；对工地连接，可用法兰盘加螺栓连接，如图 4-43(e)、(f)所示。

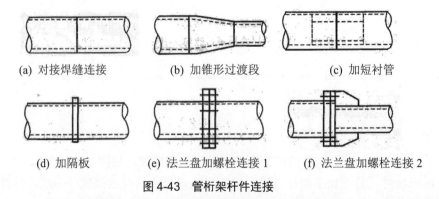

(a) 对接焊缝连接　　(b) 加锥形过渡段　　(c) 加短衬管

(d) 加隔板　　(e) 法兰盘加螺栓连接 1　　(f) 法兰盘加螺栓连接 2

图 4-43　管桁架杆件连接

4.2.4 管桁架屋架的节点

1. 节点形式

管桁架屋架常用的节点形式如图4-44所示。

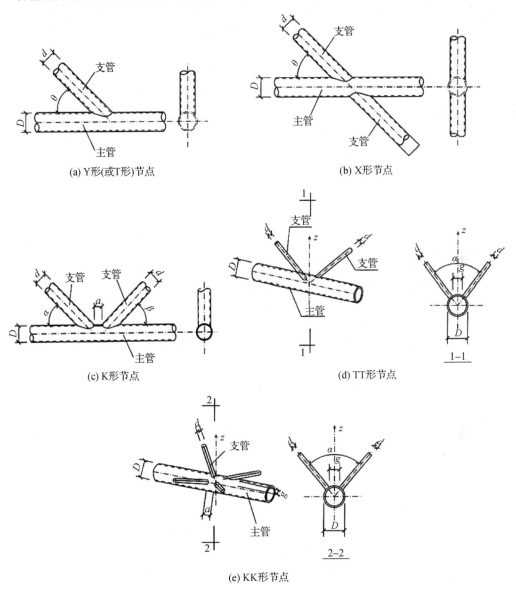

图4-44 管桁架节点形式

2. 基本要求

(1) 节点通常不用节点板,而将杆件直接汇交焊接,图4-45(a)、(b)所示即为顶接。支管端部宜使用自动切割机切割,支管壁厚小于6mm时不可破口。杆端切割稍麻烦,但构造简单,制造方便。钢管屋架杆件端部应进行焊接封闭,以防管内锈蚀。

(2) 当方钢管屋架需要加强时，可通过垫板焊接的方式连接节点，如图 4-45(c)所示。

(3) 各杆件截面重心线应汇交于节点中心，尽可能避免偏心。

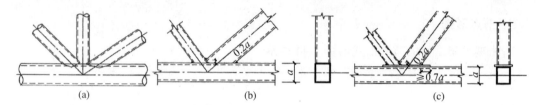

图 4-45 钢管屋架节点

(4) 支管与主管或两个支管轴线夹角不宜小于 30°。主管的外部尺寸不应小于支管的外部尺寸，主管的壁厚不应小于支管的壁厚，在支管与主管连接处不得将支管插入主管内。

(5) 支管与主管的连接焊缝，应沿全周连续焊接并平缓过渡。支管与主管之间的连接可沿全周采用角焊缝，也可以部分采用对接焊缝(见图 4-46A 区和 B 区)、部分采用角焊缝(见图 4-46C 区)；支管管壁与主管管壁之间的夹角大于或等于 120°的区域宜用对接焊缝或带坡口的角焊缝；为避免焊接应力和焊接热影响区过大，角焊缝的焊脚尺寸不宜大于支管壁厚的两倍。

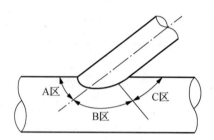

图 4-46 管端焊缝位置分区图

(6) 对于有间隙的 K 形或 N 形节点(见图 4-47)，支管间隙 a 应不小于两支管壁厚之和。

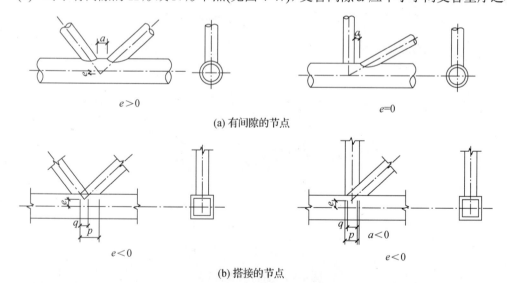

图 4-47 K 形和 N 形管节点的偏心和间隙

(7) 对于搭接的 K 形或 N 形节点，当支管厚度不同时，薄壁管应搭在厚壁管上；当支管钢材强度等级不同时，低强度管应搭在高强度管上。搭接节点的搭接率 $O_v = q/p \times 100\%$ 应满足 $25\% \leqslant O_v \leqslant 100\%$，且应确保搭接部分的支管之间的连接焊缝能很好地传递内力。

(8) 钢管构件在承受较大横向荷载的部位应采取适当的加强措施,以防止产生过大的局部变形。构件的主要受力部位应避免开孔,如必须开孔,应采取适当的补救措施。若钢管屋架上弦节点荷载较大,须设垫板加强,如图 4-48 所示。加强垫板应保证钢管屋架上弦的局部刚度及屋面板有足够的支承长度,厚度不宜小于 8mm。若方钢管屋架上弦较宽,垫板可直接焊于弦杆上,如图 4-48(a)所示;但其外伸尺寸较大时宜设加劲肋,如图 4-48(b)所示;圆钢管屋架上弦的加强垫板通过加劲肋与圆钢管相连,如图 4-48(c)所示。

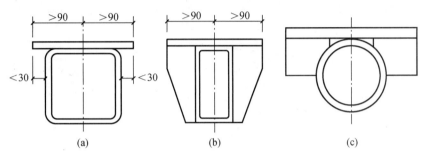

图 4-48 屋架上弦垫板示意

(9) 对于管桁架节点受力较大的部位,应采取加强措施,以防止产生过大变形。另外,钢管主要受力部位应尽量避免开孔削弱,必须开孔时,应采取适当的补强措施,可以在孔周围加焊补强板。节点加强的方法有:主管加套管、主管加垫板、主管加内隔板、主管加节点板及主管加肋环等,如图 4-49 所示。

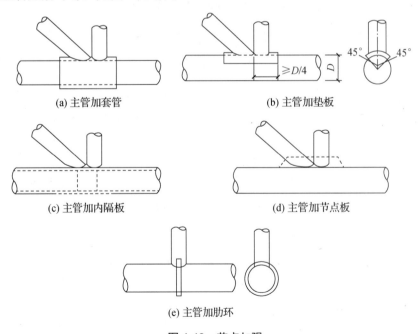

图 4-49 节点加强

3. 节点构造

1) 中间节点

(1) 方钢管屋架弦杆与腹杆的连接构造应根据杆件内力、相对尺寸及弦杆厚度等因素确定。

若腹杆内力较小，腹杆与弦杆可直接顶接，如图4-50(a)、(d)所示。当腹杆内力较大时，腹杆与弦杆宜采用以垫板加强的顶接连接，如图4-50(b)、(e)所示，垫板厚度一般不小于6mm。当腹杆与弦杆边缘间的距离大于30mm时，宜在腹杆上设加劲肋，如图4-50(c)所示。为了加强节点刚度，也可在弦杆两边布置加强板，如图4-50(f)所示。

腹杆在弦杆处交错连接时，应使较大腹杆与弦杆（或垫板）直接连接，较小腹杆可切角与较大腹杆和弦杆顶接。斜腹杆与竖杆连接时，可加设竖向垫板过渡，如图4-50(d)、(e)所示。

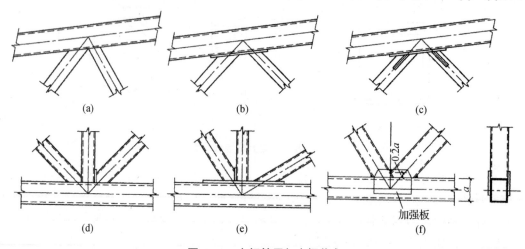

图4-50　方钢管屋架中间节点

（2）圆钢管屋架的腹杆与弦杆的连接一般采用直接顶接，杆件端部经仿形机加工或精密切割成弧形剖口，使腹杆与弦杆在相关面上紧密贴合，接触面的空隙不宜大于2mm，以确保焊接质量。

图4-51(a)、(b)所示为圆钢管屋架弦、腹杆直接顶接的节点构造示意图。一般应使较大腹杆与弦杆直接顶接，较小腹杆除与弦杆连接外，尚可与其他腹杆相连，其端部应加工成相关面，以确保弦杆与较大腹杆紧密贴合。图4-51(a)中上弦杆表面平板是为放置檩条和屋面板而设置，平板通过加劲肋与圆钢管相连。

圆钢管屋架可采用插接，即采用节点板连接，如图4-51(c)所示，连接时需要剖开钢管，以便节点板插入。图4-51(d)所示为将钢管敲扁直接连接的形式，该节点刚度较小，仅适用于中跨度的屋架。

2）屋脊节点

钢管屋架的屋脊节点采用顶接或螺栓连接，如图4-52所示。

图4-52(a)中节点适用于跨度较小、整榀制作的屋架，该节点构造简单、施工方便。

当屋架跨度较大时，宜在屋脊处分段制作，如图4-52(b)所示。工地拼装的屋架，顶接板有大、小两块，尺寸按构造确定，大板的长、宽通常比小板大20～30mm，以便施焊。若屋架设有中央竖杆，则应加长顶接板以连接竖杆。顶接板的厚度不宜小于10mm。

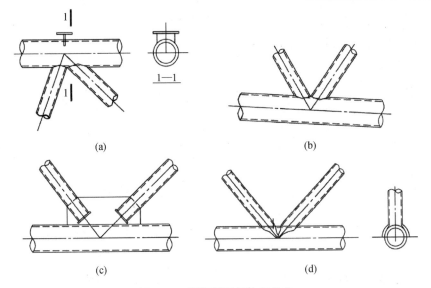

图 4-51 圆钢管屋架中间节点

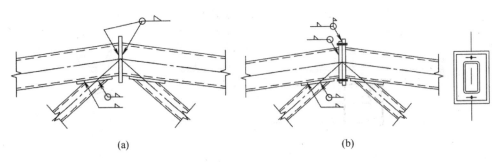

图 4-52 屋脊节点

3) 支座节点

常用的支座节点构造形式有顶接式、插接式两种。

(1) 顶接式。

图 4-53 所示为顶接式支座节点的两种形式。图 4-53(a)所示为屋架支座底板可直接搁置于柱顶，适用于跨度较小、下弦杆不加高的情况，具有构造简单、受力明确、节省材料等特点。图 4-53(b)所示为加高下弦与柱顶的连接详图，这种支座节点适应性较强，但耗钢量较多。图中加劲肋和垫板的厚度均不得小于 8mm。

(2) 插接式。

图 4-54 所示为插接式支座节点构造详图，其中杆件的连接强度取决于节点板与弦杆间的连接焊缝。

屋架支座底板上锚固螺栓及垫板设置如图 4-53、图 4-54 所示，其与角钢屋架相同。

4) 弦杆拼接节点

材料长度不足或弦杆截面有改变以及屋架分单元运输时，弦杆经常要拼接。前两者为工厂拼接，拼接点宜设在内力较小的节间；后者为工地拼接，拼接点通常在节点。

(1) 受拉构件的拼接接头。一般采用内衬垫板或衬管的单面焊接，如图 4-55 所示。接头按与杆件等强度设计。

(2) 受压构件的拼接接头。一般采用隔板焊接，如图 4-56 所示。杆件端部与隔板顶紧，隔板两侧杆件的纵轴线应位于同一直线上。

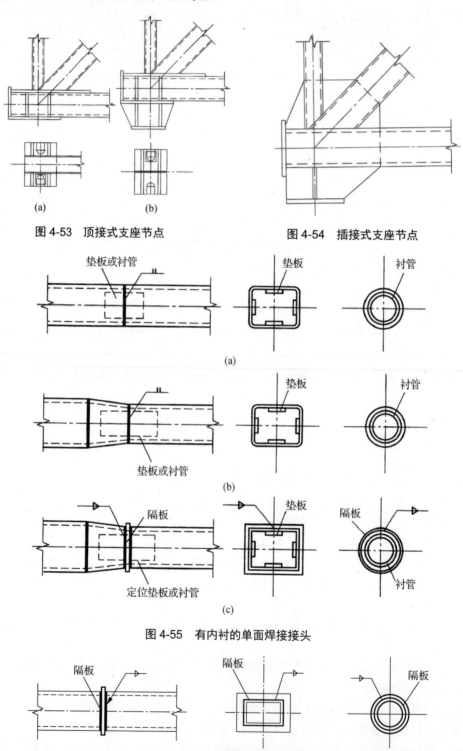

图 4-53　顶接式支座节点　　　　　图 4-54　插接式支座节点

图 4-55　有内衬的单面焊接接头

图 4-56　隔板焊接接头

若屋架受压杆件采用图 4-56 所示隔板焊接接头的强度不能满足时,可采用斜隔板顶接头,如图 4-57 所示,以增加连接焊缝长度,斜隔板与杆纵轴线的交角不宜小于 45°,隔板厚度不得小于 6mm。

当承受节间弯矩的受压弦杆截面上出现拉应力时,杆件的接头宜按图 4-55(c) 所示焊接,同时设隔板、垫板或衬管,连接焊缝由计算确定。

因制造、运输条件所限,屋架需分段制作、工地拼装时,拼装节点的位置和接头形式均需在屋架施工图中详细说明。工地拼装节点处应设定位螺栓,以利于工地定位拼装。

屋架杆件部分拼接接头构造如图 4-58 所示。拼装接头多采用图 4-58(a)、(b)所示焊接,螺栓(包括高强度螺栓)连接如图 4-58(c)所示,或焊接、栓接的混合连接,如图 4-58(d)所示。

采用螺栓连接(或高强度螺栓连接)的拼装接头如图 4-58(c)所示,不需工地焊接,施工方便,能保证质量。通常拼接螺栓数不得少于 4 个,栓径不得小于 12mm,顶接板的厚度不宜小于 12mm。

屋架所有拼装节点均需在制造厂进行屋架整体试拼,确认无误后方可出厂,以确保工地拼装质量。

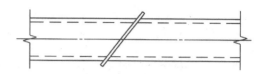

图 4-57 受压杆件的斜隔板接长接头

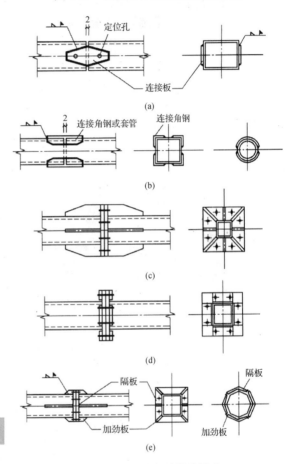

图 4-58 部分工地拼装接头

4.2.5 管桁架连接节点识图

1. 法兰盘连接

法兰盘连接(见图 4-59～图 4-63)。

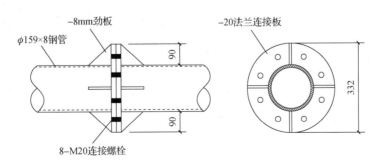

图 4-59 法兰盘连接 1

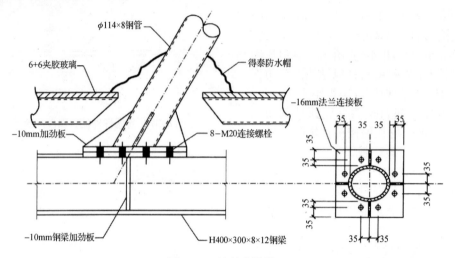

图 4-60　法兰盘连接 2

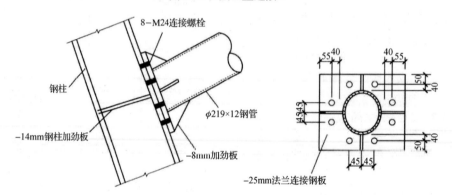

图 4-61　法兰盘连接 3

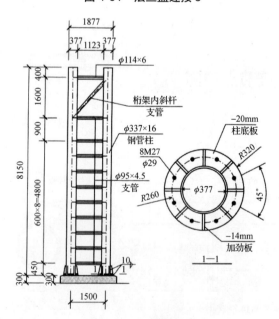

图 4-62　法兰盘连接 4

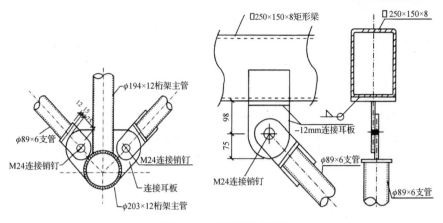

图 4-63 法兰盘连接 5

2. 销钉连接

销钉连接(见图 4-64～图 4-67)。

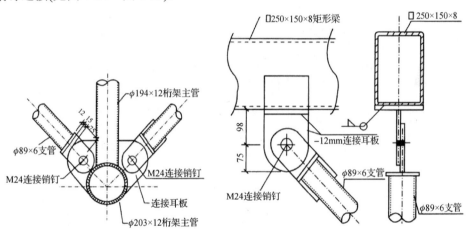

图 4-64 销钉连接 1

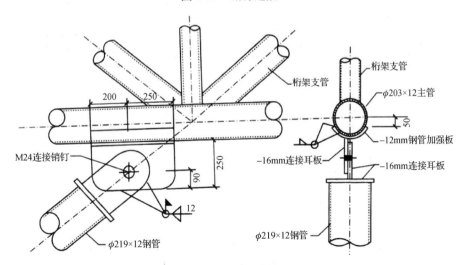

图 4-65 销钉连接 2

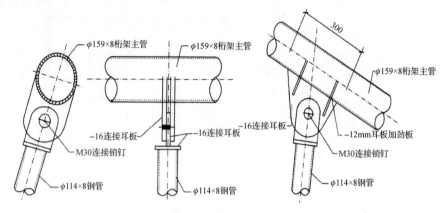

图 4-66 销钉连接 3

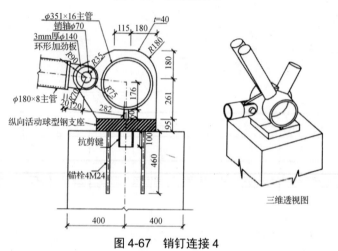

图 4-67 销钉连接 4

3. 铸钢节点

铸钢节点(见图 4-68)。

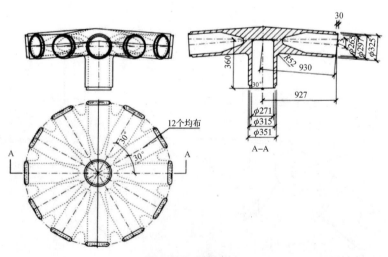

图 4-68 铸钢节点

4.3 钢桁架结构工程实例

4.3.1 梯形屋架工程实例

梯形屋架工程实例如图 4-69 所示。

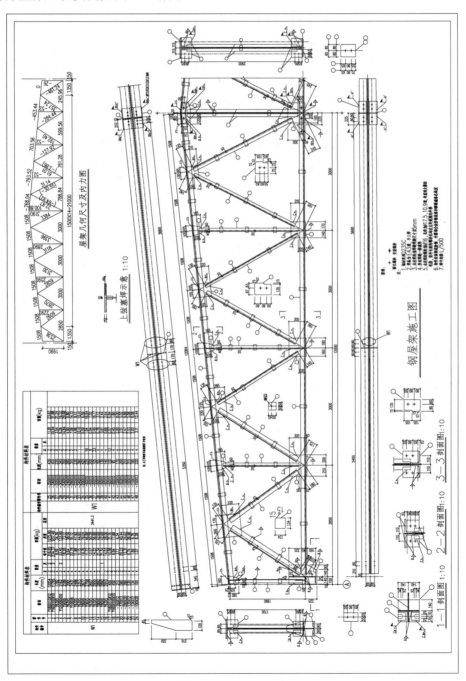

图 4-69 钢屋架施工图

4.3.2 管桁架工程实例

管桁架工程实例如图 4-70～图 4-77 所示。

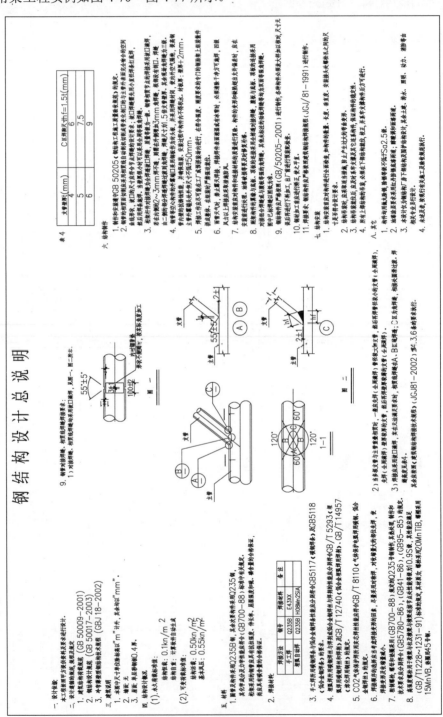

图 4-70 管桁架工程设计总说明

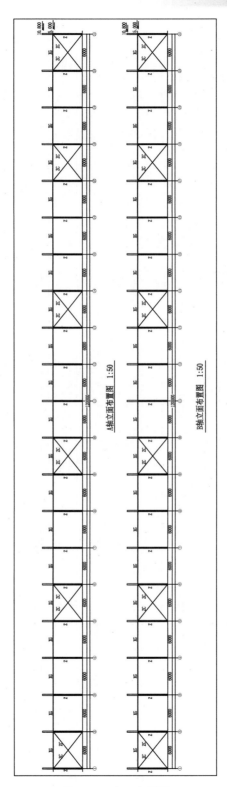

图 4-71 立面布置图

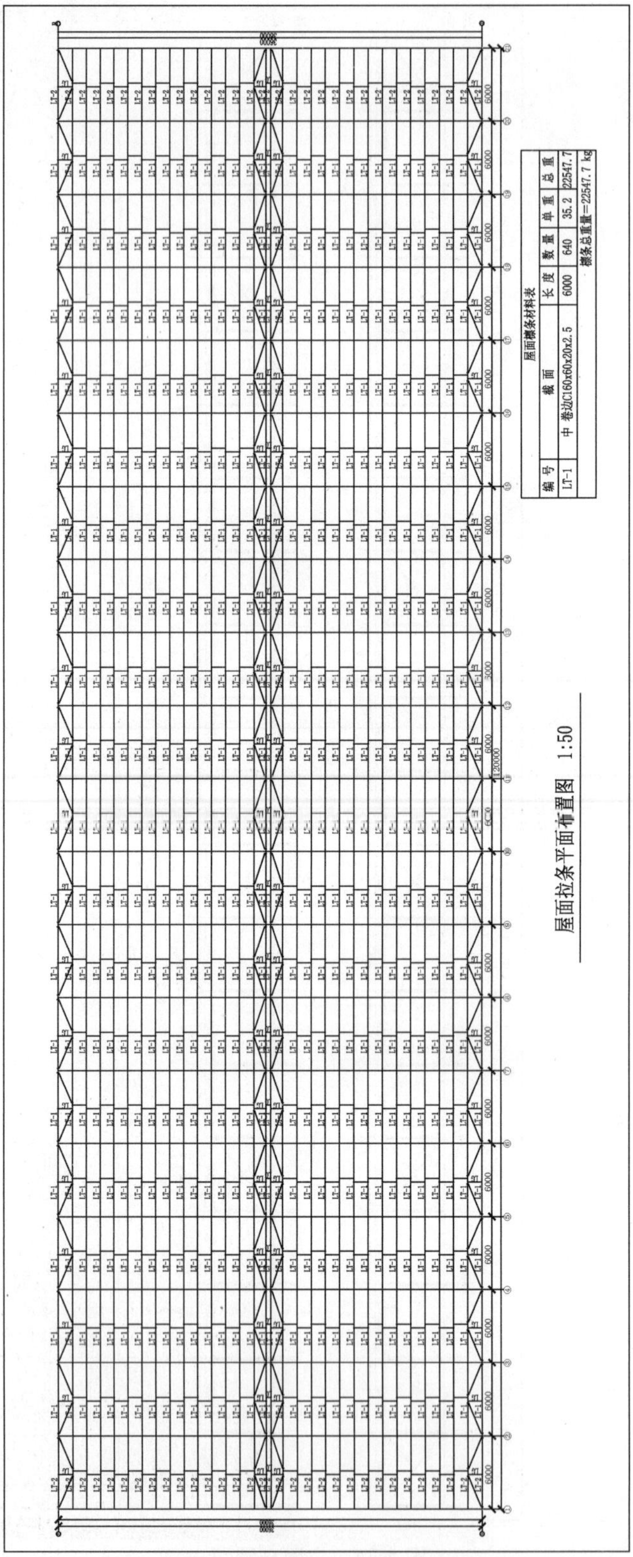

图 4-72 屋面拉条平面布置图

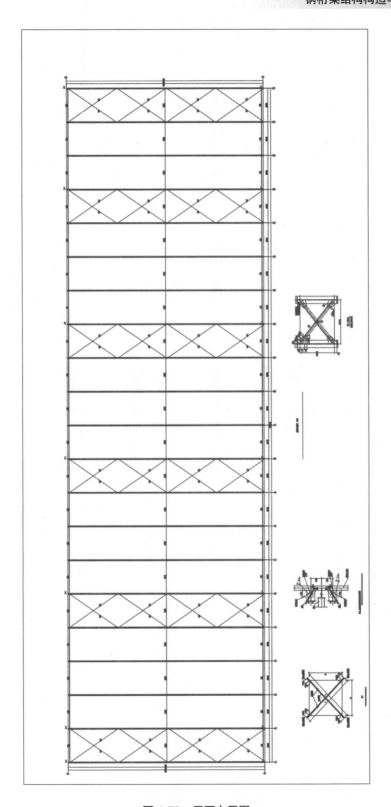

图 4-73 屋面布置图

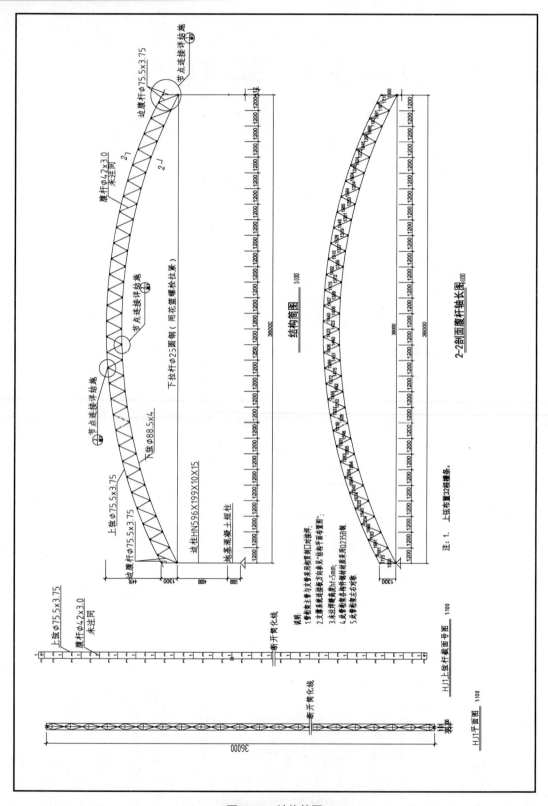

图 4-74 结构简图

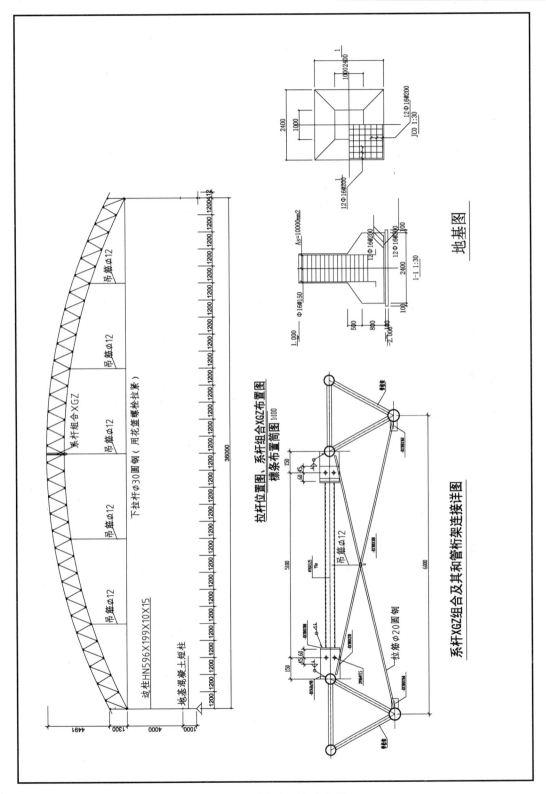

图 4-75 拉杆及系杆布置图

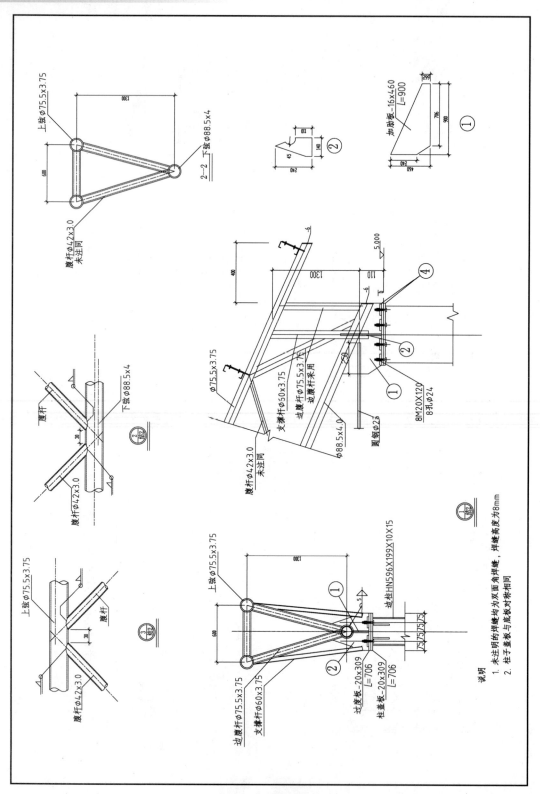

图 4-76 节点大样图

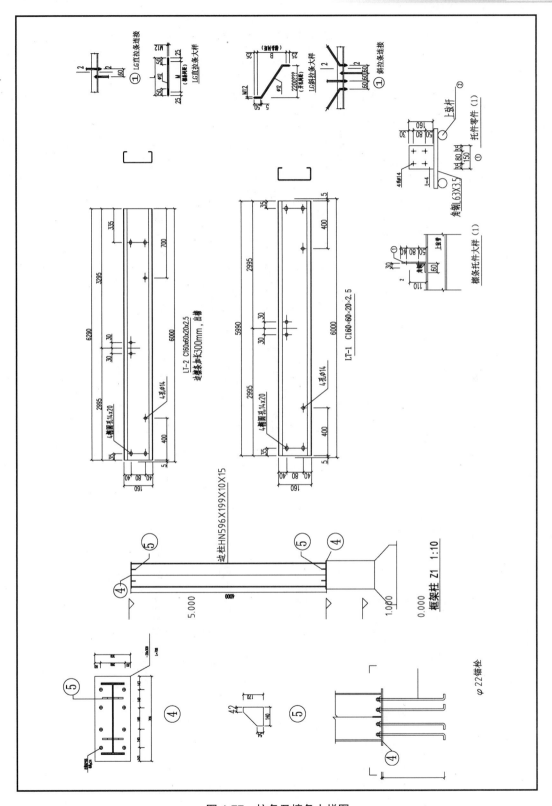

图 4-77 拉条及檩条大样图

【思维导图】

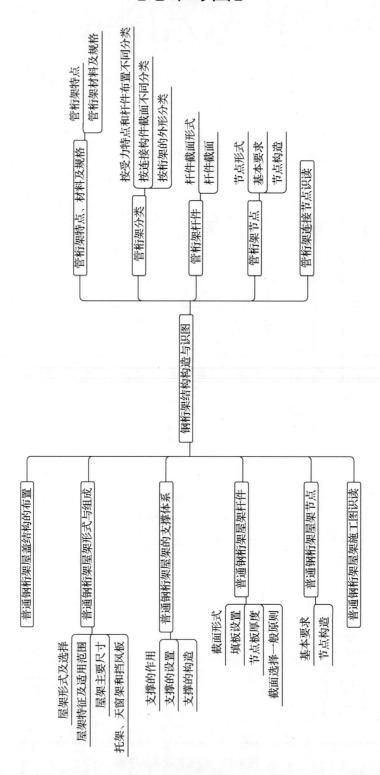

【课程练习题】

一、填空题

1. 钢屋盖结构体系主要有_____和_____两种。
2. 钢屋盖支撑体系有_____、_____、_____、_____和_____。
3. 钢屋架系杆分为_____和_____两种。
4. 为确保由两个角钢组成的 T 形或十字形截面杆件形成一整体杆件共同受力,必须每隔一定距离在两个角钢间设置填板并用焊缝连接,宽度一般取_____,T 形截面比角钢肢宽大_____;十字形截面则由角钢肢尖两侧各缩进_____。填板间距对压杆取_____,对拉杆取_____,受压构件两个侧向支承点之间的填板数不少于_____个。
5. 对搭接型 K 形或 N 形节点,当支管厚度不同时,_____应搭在上;当支管钢材强度等级不同时,_____管应搭在_____管上。应确保在搭接部分支管之间的连接焊缝能很好地传力。
6. 对间隙型 K 形或 N 形节点,支管间隙不应小于_____。

二、简答题

1. 钢屋盖体系支撑的设置有什么作用?
2. 试阐述钢屋盖体系中各种支撑设置的原则。
3. 钢屋架杆件截面设计时,对截面的选择应考虑哪些因素?
4. 试简述管桁架的类型。
5. 对于管桁架节点受力较大的部位,应采取加强措施,以防止产生过大变形,有哪些加强措施?

第5章 空间网格结构构造与识图

【学习要点及目标】

- 了解网架、网壳的结构形式。
- 认识空间网格结构的常用中间节点、支座节点形式,并掌握其构造。
- 学会识读网架结构施工图。

【核心概念】

空间网格结构、网架、网壳、中间节点、支座节点

【引用案例】

空间网格结构是近乎"全能"的适用于大、中、小跨度屋盖体系的一种良好的结构形式,可用于体育馆、俱乐部、展览馆、影剧院、车站候车大厅等公共建筑,如国家大剧院、国家体育场(鸟巢)。近年来,空间网格结构也越来越多地用于仓库、飞机库、厂房等工业建筑中。

本章主要讲述空间网格结构中网架、网壳的结构形式及其特点,空间网格结构节点连接的方法与构造,以及网架结构施工图的识读。

5.1 空间网格结构概述

5.1.1 空间网格结构的概念

空间网格结构是由多根杆件按照某种有规律的几何图形通过节点连接起来的空间结构,包括网架、网壳以及立体桁架等。其中,网架是按一定规律布置的杆件通过节点连接而形成的平板型或微曲面型空间杆系结构,主要承受整体弯曲内力;网壳是按一定规律布置的杆件通过节点连接而形成的曲面状空间杆系或梁系结构,主要承受整体薄膜内力;立体桁架是由上弦杆、腹杆与下弦杆构成的横截面为三角形或四边形的格构式桁架。

5.1.2 空间网格结构的特点

(1) 空间网格结构中的杆件,既为受力杆件,又互为支撑杆件,能够共同工作,整体

性和稳定性好，空间刚度大，具有较好的抗震性能。

（2）在节点荷载作用下，空间网格结构中各杆件主要承受轴向的拉力和压力，能充分发挥材料的强度，节省钢材。

（3）结构高度小，占用空间小，不仅可以有效地利用建筑空间，还可利用上、下弦杆之间的空间布置各种设备及管道，从而降低层高和造价，获得良好的经济效果。

（4）杆件类型较少，适用于工业化生产、地面拼装的整体吊装。

（5）对建筑的适应性强，建筑平面无论是正方形、矩形、多边形，还是圆形、扇形等都能进行合理的结构布置。

（6）可以充分发挥三维空间的优越性，特别适用于大跨度建筑。

5.2 网架结构的选型

5.2.1 网架结构的形式

网架结构可采用双层网架或三层网架的形式。双层网架是由上弦、下弦和腹杆组成的空间结构，是最常用的网架形式，如图 5-1 所示。三层网架是由上弦、中弦、下弦、上腹杆和下腹杆组成的空间结构，如图 5-2 所示。当网架跨度较大时，三层网架用钢量比双层网架用钢量省，但由于节点和杆件数量增多，尤其是中层节点所连杆件较多，使构造复杂，造价有所提高。

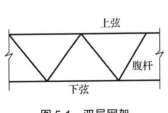

图 5-1 双层网架

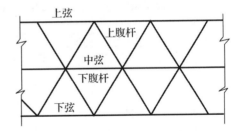

图 5-2 三层网架

双层网架的结构形式有很多，目前常用的有两类：由两向或三向平面桁架组成的网架、由三角锥体或四角锥体组成的网架。

1. 平面桁架体系网架结构

它是由平面桁架发展和演变而来的，由平面桁架交叉组成。这类网架上、下弦杆长度相等，而且其上下弦杆和腹杆位于同一垂直平面内，斜腹杆与弦杆夹角宜在 40°～60°之间。由于平面桁架系的数量和设置方向的不同，这类网架又分为四种形式，即两向正交正放网架、两向正交斜放网架、两向斜交斜放网架、三向交叉网架。

1）两向正交正放网架

它是由两组平面桁架系组成的网架，桁架系在平面上的投影轴线互成 90°夹角，而且与边界平行或垂直，所形成网格可以是矩形，也可以是正方形，如图 5-3 所示。

2）两向正交斜放网架

它是由两向正交正放网架在水平面上旋转 45°而得，但每片桁架不与建筑物轴线平行，而是成 45°的夹角，故称两向正交斜放网架，如图 5-4 所示。

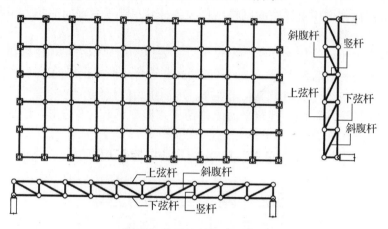

图 5-3 两向正交正放网架

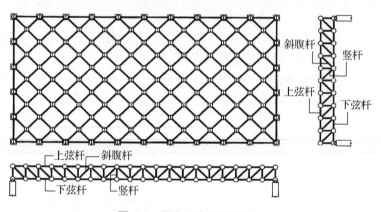

图 5-4 两向正交斜放网架

3) 两向斜交斜放网架

它是由两方向桁架相交 α 角交叉而得，形成菱形网格。它适用于两个方向网格尺寸不同，而要求弦杆长度相等的结构。这类网架节点构造复杂，因此只在建筑上有特殊要求时才选用。

4) 三向交叉网架

它是由三个方向的平面桁架相互交叉而成，相互夹角 60°，上下弦杆在平面中组成正三角形，如图 5-5 所示。三向网架比两向网架的刚度大，适合在大跨度结构中采用，其平面适用于三角形、梯形及正六边形，在圆形平面中也可采用。

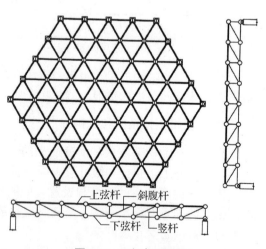

图 5-5 三向交叉网架

2. 四角锥体系网架

由四根上弦组成正方形锥底,锥顶位于正方形的形心下方,由正方形四角节点向锥顶连接四根腹杆即形成一个四角锥体,将各个四角锥体按一定规律连接起来,便成为四角锥体网架。四角锥体组成的网架可分为正放四角锥网架、斜放四角锥网架、棋盘四角锥网架、星形四角锥网架、正放抽空四角锥网架等。下面介绍几种常用的四角锥体系网架。

1) 正放四角锥网架

这种网架是四角锥底边分别与建筑物的轴线相平行,各个四角锥体的底边相互连接形成网架的上弦杆,连接各个四角锥体的锥顶形成下弦杆并与建筑物的轴线平行,如图 5-6 所示。这种网架的上下弦杆长度相等,并相互错开半个节间。

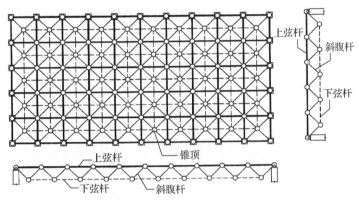

图 5-6　正放四角锥网架

2) 斜放四角锥网架

这种网架是将各四角锥体的锥底角与角相连,上弦(即锥底边)与建筑物轴线成 45°夹角,连接锥顶而形成的下弦仍与建筑物轴线平行,如图 5-7 所示。这种网架受压的上弦杆长度小于受拉的下弦杆,因而受力比较合理,每个节点交汇的杆件数量少,因此用钢量较少。其缺点是屋面板种类较多,屋面排水坡的形成比较困难。

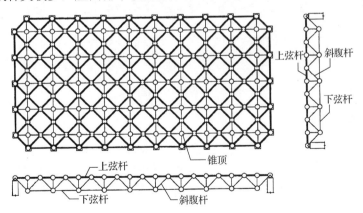

图 5-7　斜放四角锥网架

3) 棋盘四角锥网架

这种网架是将整个斜放四角锥网架水平转动 45°角,使网架上弦与建筑物轴线平行,下弦与建筑物轴线成 45°夹角，即得棋盘四角锥网架，如图 5-8 所示。这种网架可以克服斜放四角锥网架屋面板种类多、屋面排水坡形成困难的缺点。

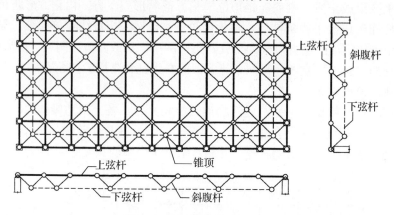

图 5-8　棋盘四角锥网架

4）星形四角锥网架

这种网架是网架单元为一星形四角锥，十字交叉的四根上弦为锥体的底边，由十字交叉点连接一根竖杆，再由交叉的四根上弦杆的另一端向竖杆下端连接，形成四根腹杆，构成星形四角锥网架单元，将各单元的锥顶相连成为下弦杆，如图 5-9 所示。这种网架的受力性能和刚度都比较好。

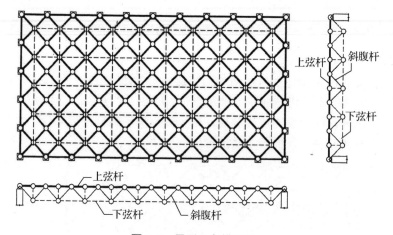

图 5-9　星形四角锥网架

3. 三角锥体系网架

三角锥体系网架的基本单元是由三根弦杆、三根斜杆所构成的正三角锥体，即四面体。三角锥体可以顺置，也可以倒置。三角锥网架的刚度较好，适用于大跨度工程，在平面为梯形、六边形和圆形的工程中尤为适宜。工程中常用的形式有：三角锥网架、蜂窝型三角锥网架。

1）三角锥网架

将三角锥体的角与角连接，使上下弦杆组成的平面图均为正三角形，即称三角锥网架，如图 5-10 所示。

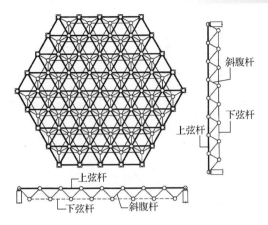

图 5-10 三角锥网架

2) 蜂窝型三角锥网架

这种网架也由三角锥体单元组成,但其连接方式为上弦杆与腹杆位于同一垂直平面内,上下弦节点均汇集六根杆件,是常见的网架中节点汇集杆件最少的一种,如图 5-11 所示。由于其受压上弦杆的长度比受压下弦杆的长度短,受力比较合理,因此用钢量较少。但其上弦组成的图形为六边形,给屋面板设计带来一定的困难。

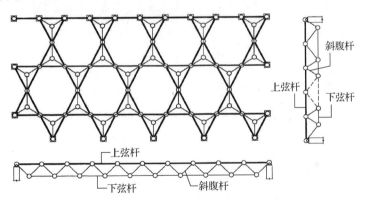

图 5-11 蜂窝型三角锥网架

5.2.2 网架结构的支承方式

网架可采用上弦或下弦支承的方式,当采用下弦支承时,应在支座边形成竖直或倾斜的边桁架。支承方式有周边支承、点支承、周边支承与点支承相结合、三边支承一边开口或两边支承两边开口的支承方式、悬挑支承等。

1. 周边支承方式

周边支承是目前采用较多的一种形式,如图 5-12 所示,它所有边界节点都搁置在柱或梁上,网架传力直接,受力均匀。当网架周边支承于柱顶时,网格宽度可与柱距一致,如图 5-12(a)所示;当网架支承于圈梁时,网格的划分比较灵活,可不受柱距影响,如图 5-12(b)所示。

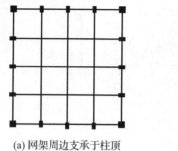
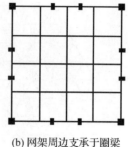

(a) 网架周边支承于柱顶　　　　(b) 网架周边支承于圈梁

图 5-12　周边支承方式

2. 点支承方式

点支承方式一般有四点支承和多点支承两种情形，如图 5-13 所示。由于支承点处集中受力较大，宜在周边设置悬挑，以减小网架跨中杆件的内力和挠度。

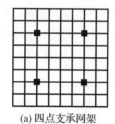
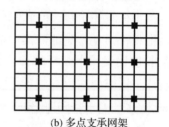

(a) 四点支承网架　　　　　　(b) 多点支承网架

图 5-13　点支承方式

3. 周边支承与点支承相结合的支承方式

在点支承网架中，当周边没有围护结构和抗风柱时，可采用点支承与周边支承相结合的形式，如图 5-14 所示。这种支承方法适用于工业厂房和展览厅等公共建筑。

4. 三边支承一边开口或两边支承两边开口的支承方式

在矩形平面的建筑中，考虑扩建的可能性或建筑功能的要求，需要在一边或两对边上开口，因而采取仅在三边或两对边上支承，另一边或两对边为自由边的方式，如图 5-15、图 5-16 所示。

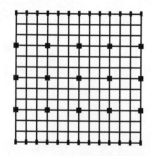
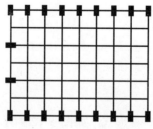
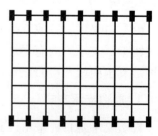

图 5-14　周边支承与点支承相　　图 5-15　三边支承一边开口　　图 5-16　两边支承两边开口
　　　　　结合的支承方式

自由边的存在对网架的受力是不利的，为此应对自由边做出特殊处理。一般可在自由边附近增加网架层数或在自由边加设托梁或托架,如图5-17、图5-18所示。对于中、小型网架,亦可采用增加网架高度或局部加大杆件截面的办法予以加强。

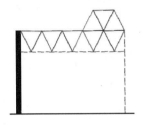

图5-17 自由边附近增加网架层数

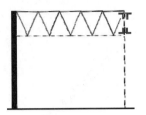

图5-18 自由边加设托架

5. 悬挑网架

为满足一些特殊的需要,有时候网架结构的支承形式为一边支承、三边自由。为使网架结构的受力合理,也必须在另一方向设置悬挑,以平衡下部支承结构的受力,使之趋于合理,比如体育场看台罩棚。

5.3 网壳结构的选型

网壳结构可采用单层(见图5-19)或双层形式(见图5-20),也可采用局部双层形式。网壳结构有球面、圆柱面、双曲抛物面、椭圆抛物面等曲面形式,以及各种组合曲面形式。

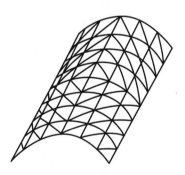

图5-19 单层网壳

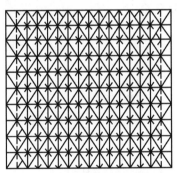

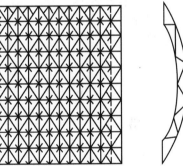

图5-20 双层网壳

常用的单层网壳形式如图5-21~图5-24所示。

(a) 单向斜杆正交正放

(b) 双向斜杆正交正放

(c) 联方网格

(d) 三向网格

图5-21 单层柱面网壳

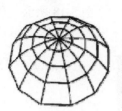  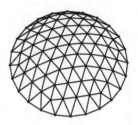

(a) 肋环型　　　　(b) 肋环斜杆型　　　　(c) 三向网格

图 5-22　单层球面网壳

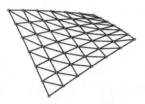 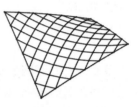

(a) 杆件沿直纹布置　　　(b) 杆件沿主曲率方向布置

图 5-23　单层双曲抛物面网壳

 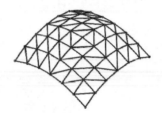 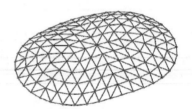

(a) 三向网格　　　(b) 单向斜杆正交正放网格　　　(c) 椭圆底面网格

图 5-24　单层椭圆抛物面网壳

5.4　空间网格结构的杆件与节点

5.4.1　空间网格结构的杆件

空间网格结构的杆件可采用普通型钢或薄壁型钢。以钢管截面为最优，宜采用高频焊管或无缝钢管，当有条件时应采用薄壁管型截面。圆钢管各方向惯性矩相同、截面封闭、回转半径大，对受压、受扭有利，端部封闭后，内部不易锈蚀，表面也难以积灰和积水，具有较好的防腐性能，适用于普遍采用的焊接空心球节点和螺栓球节点。对于中、小跨度网架可采用角钢杆件，如双角钢截面，大跨度时可将角钢拼成十字形或箱形。

杆件截面的最小尺寸应根据结构的跨度与网格大小计算确定，普通型钢不宜小于L50×3，钢管不宜小于$\phi 48 \times 3$。对大、中跨度空间网格结构，钢管不宜小于$\phi 60 \times 3.5$。

杆件采用的钢材牌号和质量等级应按现行国家标准《钢结构设计标准》GB 50017—2017的规定执行。杆件截面应按现行国家标准《钢结构设计标准》GB 50017—2017根据强度和稳定性的要求计算确定。

5.4.2 空间网格结构的节点

空间网格结构的节点包括中间节点和支座节点。节点的构造和连接应具有足够的刚度和强度，同时应尽量使节点构造与计算假定相符，以减少和避免由于节点构造的不合理而使杆件产生次应力和引起杆件内力的变化。此外，应使节点构造简单、受力合理、传力明确、制作容易、便于安装和节省材料，尽量使杆件重心线在节点交汇于一点，以避免出现偏心的影响。

1. 中间节点

空间网格结构的中间节点按构造形式可分为：焊接空心球节点、螺栓球节点、嵌入式毂节点、铸钢节点、销轴节点等。常用的中间节点形式有焊接空心球节点、螺栓球节点。

1) 焊接空心球节点

焊接空心球节点是由两个热冲压钢半球焊接成空心球的连接节点，适用于连接钢管杆件，如图 5-25 所示。焊接空心球节点可与任意方向的杆件连接，适应性强、传力明确、造型美观，但焊接质量要求高、焊接量大、易产生焊接变形，并且要求下料准确。

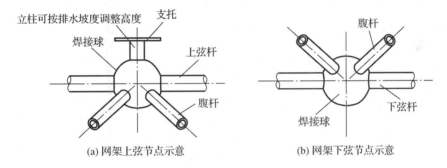

图 5-25 焊接空心球节点示意

焊接空心球节点根据受力大小可采用不加肋(见图 5-26)和加肋(见图 5-27)两种。为保证焊缝质量，钢管端头可加套管与空心球焊接。

无肋空心球的外径与壁厚之比宜取 25～45。空心球外径与主钢管外径之比宜取 2.4～3.0。空心球壁厚与主钢管壁厚之比宜取 1.5～2.0。空心球壁厚 t 不宜小于 4mm。

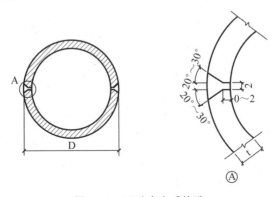

图 5-26 无肋空心球构造

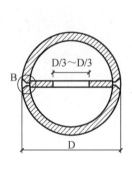 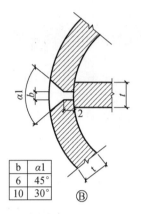

图 5-27 有肋空心球构造

当空心球外径大于 300mm，且杆件内力较大需要提高承载能力时，可在球内加肋。当空心球外径大于等于 500mm，应在球内加肋。肋板必须设在轴力最大杆件的轴线平面内，且其厚度不应小于球壁的厚度。

钢管杆件与空心球连接，钢管应开坡口，在钢管与空心球之间应留有一定缝隙并予以焊透，以实现焊缝与钢管等强，否则应按角焊缝计算。钢管端头可加套管与空心球焊，如图 5-28 所示。套管壁厚不小于 3mm，长度可为 30～50mm。

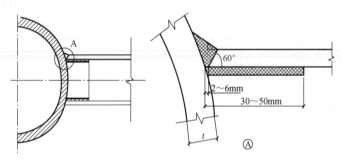

图 5-28 钢管加套管的连接

2) 螺栓球节点

螺栓球节点是由螺栓球、高强螺栓、销子(或螺钉)、套筒、锥头或封板等零部件组成的机械装配式节点，如图 5-29 所示。螺栓球节点适用于连接网架和双层网壳等空间网格结构的圆钢管杆件。

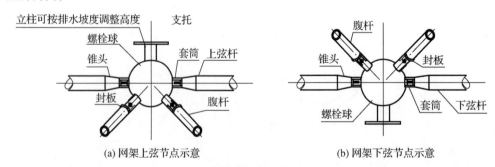

(a) 网架上弦节点示意　　　　　　　(b) 网架下弦节点示意

图 5-29 螺栓球节点

螺栓球节点具有焊接空心球节点的优点，同时不用焊接，能加快安装速度，缩短工期。但这种节点构造复杂，机械加工量大。

锥头或封板是钢管端部的连接件。锥头适用于连接直径大于等于 76mm 的钢管，避免杆件端部相碰。封板适用于连接直径小于 76mm 的钢管。

2. 支座节点

空间网格结构的支座节点必须具有足够的强度和刚度，在荷载作用下不应先于杆件和其他节点而破坏，也不得产生不可忽略的变形。空间网格结构支座节点根据主要受力特点可分为压力支座节点，拉力支座节点，可滑移、转动的弹性支座节点，以及兼受轴力、弯矩与剪力的刚性支座节点等。

1) 常用压力支座节点

(1) 平板压力支座，适用于较小跨度的空间网格结构，如图 5-30 所示。这种节点构造简单、加工方便、用钢量省。在这种节点中，预埋锚栓仅具有定位作用，安装就位后，应将底板与下部支撑面板焊牢。

(2) 单面弧形压力支座节点，适用于要求沿单方向转动的中小跨度空间网格结构，如图 5-31 所示。它是在平板压力支座节点的基础上，在支座垫板下设一弧形垫块而成，以使其能沿弧形方向移动。它适用于要求沿单方向转动的中小跨度空间网格结构。

(3) 双面弧形压力支座节点，适用于温度应力变化较大且下部支承结构刚度较大的大跨度空间网格结构，如图 5-32 所示。它是在支座和柱顶板间设上下面都是弧形的垫块。这种支座既可转动又可平移，但构造较复杂、加工麻烦、造价较高，对下部结构的抗震不利。

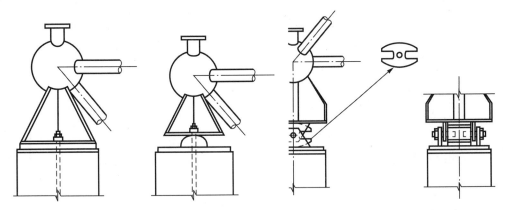

图 5-30　平板压力支座　　图 5-31　单面弧形压力支座　　图 5-32　双面弧形压力支座

(4) 球铰压力支座节点，适用于有抗震要求、多支点的大跨度空间网格结构，如图 5-33 所示。这种支座只能转动而不能平移，构造复杂。

2) 常用拉力支座节点(锚栓需按抗拉设置)

(1) 平板拉力支座节点(见图 5-30)，适用于较小跨度的空间网格结构。

(2) 单面弧形拉力支座节点(见图 5-34)，适用于要求沿单方向转动的中小跨度的空间网格结构。

(3) 球铰拉力支座节点(见图 5-35)，适用于多支点的大跨度的空间网格结构。

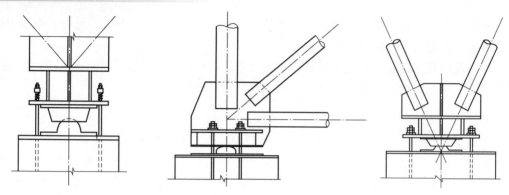

图 5-33 球铰弧形压力支座　　图 5-34 单面弧形拉力支座节点　　图 5-35 球铰拉力支座节点

3) 可滑动铰支座节点

可滑动铰支座节点适用于中、小跨度的空间网格结构,如图 5-36 所示。

4) 板式橡胶支座节点

板式橡胶支座节点适用于支座反力较大、有抗震要求、温度影响较大、水平位移较大与有转动要求的大、中跨度的空间网格结构,如图 5-37 所示。它是在支座和支承之间设置一块橡胶垫板通过橡胶垫的压缩和剪切变形以满足上部构造的位移,支座既可转动又可平移。这种节点构造简单、加工方便、节省钢材、造价较低。

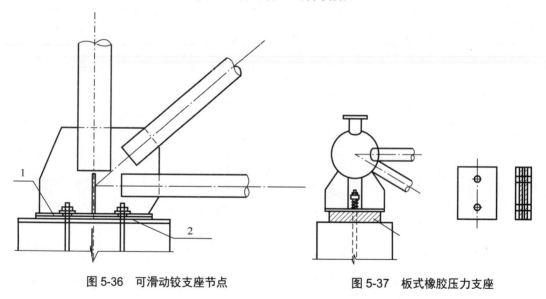

图 5-36 可滑动铰支座节点　　图 5-37 板式橡胶压力支座

1—不锈钢板或聚氯乙烯垫板;2—支座底板开设椭圆形长孔

5) 刚接支座节点

刚接支座节点(见图 5-38)适用于中、小跨度空间网格结构中承受轴力、弯矩与剪力的支座节点。支座节点竖向支承板厚度应大于焊接空心球节点球壁厚度 2mm,球体置入深度应大于 2/3 球径。

支座节点竖向支承板与底板的设计与构造应满足下列要求。

(1) 支座竖向支承板十字中心线应与支座竖向反力作用线一致,并与支座节点连接的杆件中心线汇交于支座球节点中心。

(2) 支座球节点底部至支座底板间的距离宜尽量减小,并考虑空间网格结构边缘斜腹杆与支座节点竖向中心线间的交角,防止斜腹杆与支座边缘相碰,如图 5-39 所示。

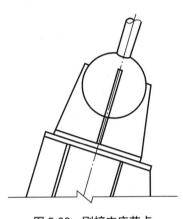

图 5-38 刚接支座节点

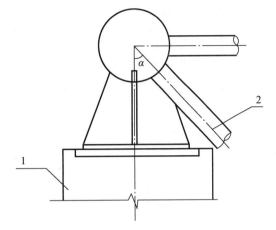

图 5-39 支座球节点底部与支座底板间的构造高度
1—柱;2—支座斜腹杆

(3) 支座竖向支承板厚度应保证其自由边不发生侧向屈曲,且不宜小于 10mm。对于拉力支座节点,支座竖向支承板的最小截面面积及相关连接焊缝必须满足强度要求。

(4) 支座节点底板的净面积应满足支承结构材料的局部受压要求,其厚度应满足底板在支座竖向反力作用下的抗弯要求,且不宜小于 12mm。

(5) 支座节点底板的锚孔孔径比锚栓直径大 10mm,并应考虑适应支座节点水平位移的要求。

(6) 支座节点锚栓按构造要求设置时,其直径可取 20～25mm,数量取 2～4 个。拉力锚栓应经计算确定,锚固长度不应小于 25 倍锚栓直径,并应设置双螺母。

(7) 当支座底板与基础面摩擦力小于支座底部的水平反力时,应设置抗剪键,不得利用锚栓传递剪力(见图 5-40)。

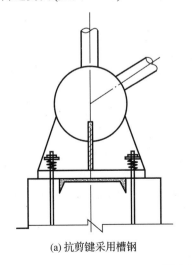

(a) 抗剪键采用槽钢　　　　　　　　(b) 抗剪键采用钢板

图 5-40 支座节点抗剪键

(8) 支座节点竖向支承板与螺栓球节点相连时，应将螺栓球球体预热至150℃～200℃，以小直径焊条分层、对称施焊，并保温缓慢冷却。

3. 网架的起拱及屋面排水

网架起拱主要是为了消除人们在视觉上或心理上对建成的网架的下垂感觉。然而，起拱将给网架制造增加麻烦，故一般网架可不起拱。当要求起拱时，拱度可取小于或等于网架短向跨度的 1/300。此时，网架杆件内力变化一般不超过 5%～10%，设计时可不按起拱计算。

网架作为屋盖的承重结构，由于屋面面积大，一般屋面中间起坡高度也比较大，对排水问题更应高度重视。通常，网架屋面排水有下述几种方式。

(1) 在上弦节点上加设不同高度的小立柱形成所需坡度，如图 5-41 所示。当小立柱较高时，须注意小立柱自身的稳定性。这种方法构造比较简单，是网架屋面排水采用较多的一种方法。

图 5-41 加小立柱找坡

(2) 对整个网架起拱，如图 5-42 所示。网架高度不变，将网架上弦平面及下弦平面与屋面坡度一致。采用这种方法起拱后，杆件、节点的规格增多，起拱过高时会使网架杆件内力变化较大。

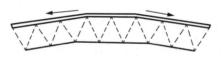

图 5-42 整个网架起拱找坡

(3) 采用变高度网架。网架高度随屋面坡度的变化使上弦杆形成所需坡度，这种方法可降低上、下弦杆的内力，但会造成杆件、节点种类多，施工麻烦。

5.5 网架结构施工图识读

5.5.1 工程概况

某中学体育馆，建筑平面总长 58.5m，宽 45.0m，底层作为风雨操场使用，二层为篮球、排球比赛场，二层以上两侧设斜板看台夹层，其看台结构平面布置图及建筑剖面图如图 5-43、图 5-44 所示。体育馆下层采用现浇混凝土框架结构，屋盖采用正放四角锥钢网架结构，网格尺寸为 3.3m×3.0m，下弦支撑，平面尺寸为 52.8m×42.0m，四周悬挑 5m，柱距 6.6m，屋面为轻型屋面。

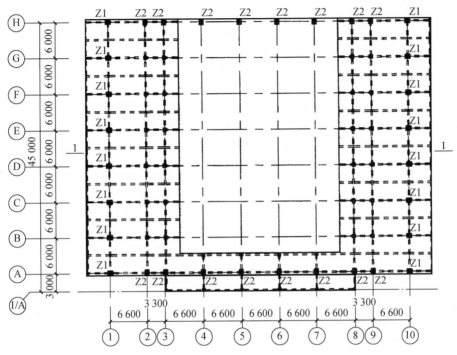

图 5-43 看台结构平面布置图

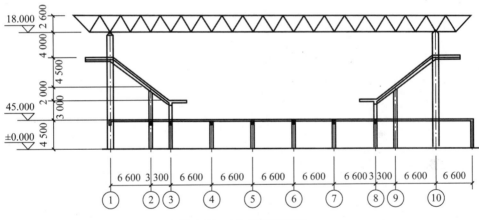

图 5-44 1-1 建筑剖面图

5.5.2 网架施工图识读

该工程的设计图纸包括：网架结构设计说明、网架平面布置图、网架上弦杆件及球编号图、网架下弦杆件及球编号图、网架腹杆编号图、网架支座布置图及节点详图、网架材料表等。

网架结构设计说明主要包括：工程概况、设计依据、材料、制作与安装要求、防腐防火要求等。阅读时，应注意材料的选用、除锈等级和油漆品种及涂层厚度等。

网架平面布置图(见图 5-45)主要是用来对网架的主要构件(支座、节点球、杆件)进行定位，一般配合纵、横两个方向剖面图共同表达。另外，从网架平面布置图中还可以看出网架的类型，本工程网架为焊接球节点、正放四角锥网架，网格尺寸为3.3m×3.0m。

结合网架上弦杆件及球编号(见图5-46)、网架下弦杆件及球编号图(见图5-47)、网架腹杆编号图(见图5-48)、网架材料表，可以知道上弦杆、下弦杆、腹杆以及空心球的规格及重量。由屋面檩条布置图及节点详图(见图5-49)看出，该工程采用内排水，小立柱找坡，坡度为5%。

由网架支座布置图及节点详图(见图5-50)可知支座的类型及详细构造。本工程ZZ1采用平板支座，ZZ2采用板式橡胶支座。

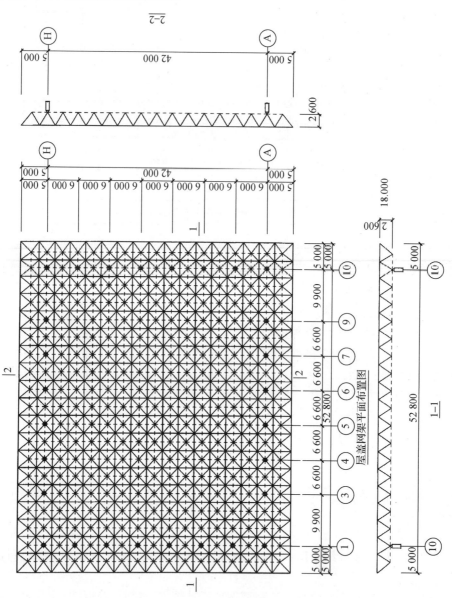

图5-45 网架平面布置图

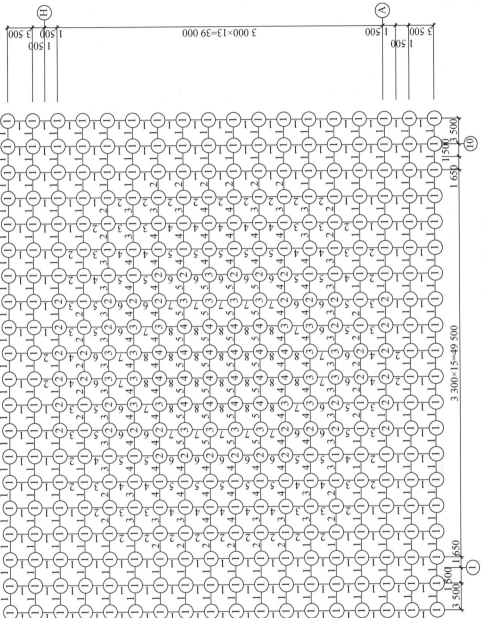

图 5-46　网架上弦杆件及球编号图

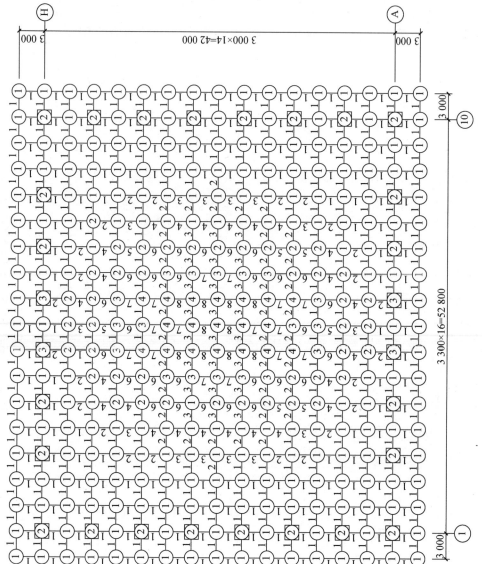

图 5-47 网架下弦杆件及球编号图

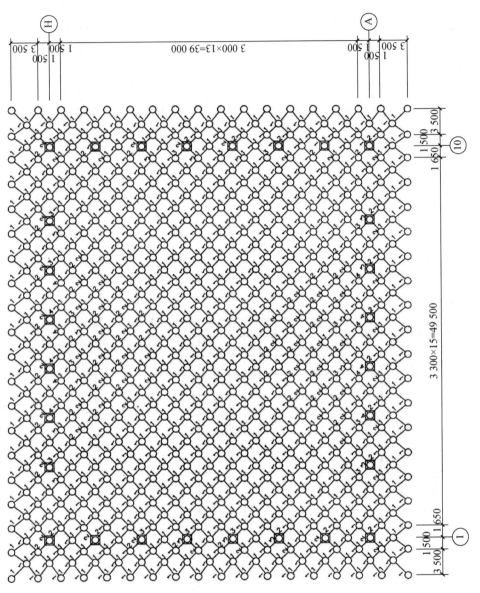

图 5-48 网架腹杆杆件编号图

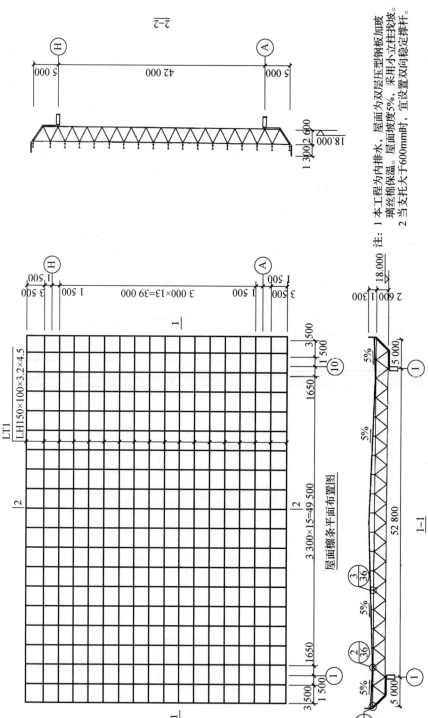

图 5-49 网架屋面檩条布置图及节点详图

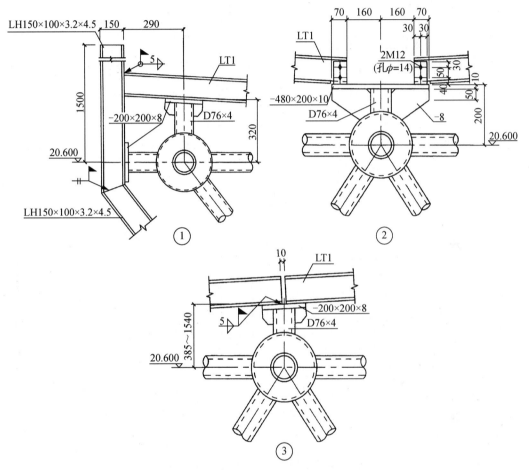

图 5-49 网架屋面檩条布置图及节点详图(续)

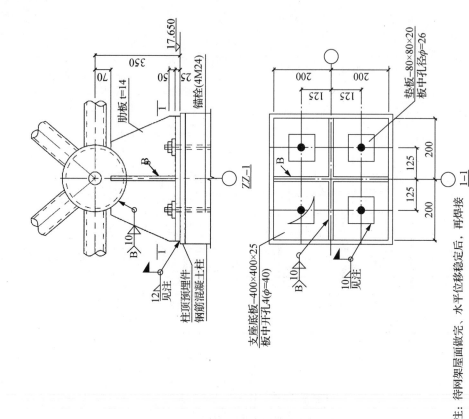

图 5-50 网架支座布置图及节点详图

【思维导图】

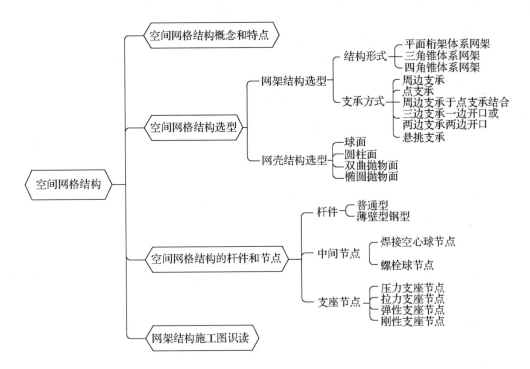

【课程练习题】

一、填空题

1. _____ 和 _____ 总称为空间网格结构。这种空间网格结构是由多根杆件按照某种有规律的几何图形通过节点连接起来的空间结构，特别适用于大跨度建筑。平板形的空间网格称为_____，曲面形的空间网格称为_____。

2. 螺栓球节点由螺栓、钢球、销子(或螺钉)、_____、或_____、_____等零件组成，适用于连接_____杆件。

3. 空间网格结构的杆件截面形式可以采用_____、_____、_____杆件，但以_____截面为最优。

二、简答题

1. 列举两种常见的网架结构的基本形式，并简述其特点。
2. 常见的空间网格结构中间节点的做法有哪几种？
3. 空间网格结构的节点构造应满足哪些基本要求？
4. 简述螺栓球节点中锥头和封板的作用。
5. 简述网架的屋面排水方式。
6. 空间网格结构支座节点有哪几种形式？

参考文献

[1] 《钢结构设计手册》编辑委员会. 钢结构设计手册. 3版. 北京：中国建筑工业出版社，2004.

[2] 门式刚架轻型房屋钢结构技术规范(GB 50122—2015)：2002. 北京：中国计划出版社，2015.

[3] 中华人民共和国建设部. GB 50017—2017 钢结构设计标准[S]. 北京：中国建筑工业出版社，2017.

[4] 中华人民共和国建设部. GB 50205—2012 钢结构工程质量验收规范[S]. 北京：中国计划出版社，2003.

[5] 中华人民共和国建设部. GB/T 324—2008 焊缝符号表示法[S]. 北京：中国标准出版社，2008.

[6] 中华人民共和国建设部. JGJ 81—2002 建筑钢结构焊接技术规程[S]. 北京：中国建筑工业出版社，2002.

[7] 中国建筑标准设计研究院. 多、高层民用建筑钢结构节点构造详图(16G519). 北京：中国计划出版社，2016.

[8] 中国工程建设协会. 钢管结构技术规程(CECS 280：2010). 北京：中国计划出版社，2010.

[9] 唐丽萍，杨晓敏. 钢结构制作与安装[M]. 北京：机械工业出版社，2015.

[10] 苏英志，张广峻. 钢结构构造与识图[M]. 北京：电子工业出版社，2015.

[11] 李婕，唐丽萍. 钢结构[M]. 北京：清华大学出版社，2017.

[12] 戴国欣. 钢结构[M]. 武汉：武汉理工大学出版社，2010.

[13] 马瑞强，何林生. 钢结构构造与识图[M]. 北京：人民交通出版社，2010.

[14] 陈绍蕃. 钢结构设计原理[M]. 北京：科学出版社，2005.

[15] 沈祖炎. 钢结构基本原理[M]. 北京：中国建筑工业出版社，2000.